中国沙漠图集

Atlas of Sandy Deserts in China

国家林业局

科学出版社
北 京

图书在版编目(CIP)数据

中国沙漠图集/国家林业局编. —北京：科学出版社，2018.2

ISBN 978-7-03-054166-6

Ⅰ.①中… Ⅱ.①国… Ⅲ.①沙漠-中国-图集 Ⅳ.①P942.73-64

中国版本图书馆CIP数据核字(2017)第192983号

审图号：GS(2017)1705号

科学出版社 出版
北京东黄城根北街16号
邮政编码：100717
http://www.sciencep.com

中煤地西安地图制印有限公司印制
科学出版社发行 各地新华书店经销

*

2018年2月第 一 版 开本：889×1194 1/8
2018年2月第一次印刷 印张：23
印数：1～1 200
定价：980.00元

（本图集中国国界线系按照中国地图出版社1989年出版的1：4 000 000《中华人民共和国地形图》绘制）

《中国沙漠图集》编纂委员会

Compilation Committee of Atlas of Sandy Deserts in China

Director:	Zhang Jianlong			
Deputy Director:	Liu Dongsheng			
Members:	Pan Yingzhen	Hu Peixing	Luo Bin	Tu Zhifang
	Jia Xiaoxia	Zhang Deping	Yang Weixi	Qu Jianjun
	Zhang Yuxing	Zhou Huanshui		

Chief Editor:	Yang Weixi			
Associate Chief Editors:	Tu Zhifang	Li Mengxian	Sun Tao	Qu Jianjun
Editors:	Zan Guosheng	Wang Junhou	Zhou Huanshui	Lu Jinhua
	Pan Hongxing	Gao Zhihai	Shen Jianjun	Li Feng
	Wu Jianwei	Liu Bin	Wang Xiumei	Fan Lin
	Ding Rong	Sun Bin		
Responsible Editor:	Peng Shengchao			
Map Technician:	Gao Xiaomei	Chang Lihua		
English Translator:	Zhao Xin			

序　一

青藏高原的隆起及其所产生的热力效应，导致季风环流取代控制我国的西风环流，加上远离海洋及地形因素的影响，使我国西北内陆形成了数百万平方千米的干旱区，以沙漠、戈壁为主的广袤荒原成为西北地区主要的景观特征，其中沙漠面积 68.78 万平方千米，占我国国土面积的7.16%。

沙漠是我国干旱区的重要地貌类型，也是荒漠生态系统的主要组成部分。我国沙漠中埋藏着丰富的石油、天然气、煤炭、有色金属等矿产资源，是国家战略资源宝库；同时，沙漠有着很多特有的野生动植物，是极为珍贵的生物种质资源库。历史上，我国沙漠是古代丝绸之路的必经之地，驼载着丝绸、茶叶、瓷器等中国特产的商队穿梭往来于此，在促进经济贸易发展的同时也把中华文明带到了西亚和欧洲，开启了中西贸易和文化交流的篇章，也孕育了灿烂的沙漠古代文明。在我国西部沙漠至今仍保留着许多珍贵的历史遗存，成为古代丝绸之路的历史见证。

但沙漠也常给人们带来灾难，沙丘流动与扩张造成的农田被毁、房屋和道路被埋，对沙区群众的生产及生活产生直接的危害。每年冬春季节，来自西伯利亚和蒙古高原的冷空气卷起的沙尘，一波又一波地肆虐中华大地，对大半国土的大气质量及数亿民众的生活环境造成严重影响。我国已成为世界上受荒漠化危害最严重的国家之一，全国有4亿多人直接或间接受到荒漠化影响。中国政府历来高度重视防沙治沙工作，采取了一系列重大举措加强荒漠化防治。党的十八大以来，以习近平同志为核心的党中央高度重视生态文明建设和防沙治沙工作。习近平总书记多次考察林区沙区，对林业改革发展和防沙治沙工作作出一系列重要指示。习近平总书记指出，荒漠化是全球共同面临的严峻挑战，荒漠化防治是人类功在当代、利在千秋的伟大事业；要巩固和扩大成果，把防沙治沙工作抓得更深更细，抓出更大的实效。这些重要论述，把我国防沙治沙工作提高到前所未有的战略高度。

我国在全球范围内率先颁布了《防沙治沙法》，先后实施了“三北”防护林体系建设、京津风沙源治理、退耕还林、退牧还草、内陆河流综合治理等一系列重点生态修复工程，建立了土地荒漠化和沙化定期监测、沙化土地封禁保护修复等制度，在荒漠地区先后建立各类国家级自然保护区33处、省级自然保护区60处。经过多年不懈努力，我国防沙治沙工作取得了显著成就。全国土地荒漠化和沙化整体趋势得到初步遏制，荒漠化和沙化土地面积持续减少，沙化土地面积由20世纪末年均扩展3 436平方千米转变为目前年均缩减1 980平方千米，沙区生态状况逐步好转，特色产业蓬勃发展，经济社会发展活力不断增强。但全国仍有荒漠化土地面积261万平方千米，沙化土地面积172万平方千米，分别占国土面积的27%和18%，治理任务十分繁重。同时，沙区生态环境仍然极其脆弱，巩固治理成果的任务十分繁重，必须坚持不懈地抓好防沙治沙工作。

《中国沙漠图集》以沙漠分布区的地质地貌、沙物质来源、自然条件及沙漠演化为主线，用凝炼的文字和300余幅各类图件及照片，对沙漠进行了解读和述说。特别是通过卫星影像的灵活运用，针对每个沙漠量身定制的数字高程地貌图、彩色沙丘形态类型图，版面恢弘，制作精细，信息丰富，具有极好的视觉效果，从多视野、多方位和多角度展现了一个个鲜活且具生命力的沙漠。《中国沙漠图集》是一部全面解读沙漠的大型学术文献，也是一部关于沙漠的教科书。我相信，该图集的出版，对展示中国防治荒漠化成就、凝聚防治力量、推动荒漠化防治事业必将产生积极影响。

国家林业局局长

2017年8月

Foreword I

The uplift of the Qinghai–Xizang Plateau and the associated thermal effects have caused a monsoonal circulation to replace the original westerlies across this region of China. An arid region of roughly millions of square kilometers has therefore been formed in the inland northwest, an area far from the ocean and affected by terrains. Within this region, a vast wasteland landscape is found, which is dominated by deserts and Gobi and which covers an area of 687,800 km^2, accounting for 7.16% of the land area of China.

Desert is one of the major geomorphic categories seen in the arid regions of China, and it is a key ecosystem type. These desert areas are also characterized by abundant mineral resources, including petroleum, natural gas, coal, and nonferrous metals, which are of national strategic significance. At the same time, desert regions contain numerous unique wild animals and plants and, as such, comprise a valuable biological germplasm repository. Historically, the deserts of northwestern China were the only route that could be used to access the ancient Silk Road; trade caravans passed across this region daily and camels were used to transport Chinese specialties including silk, tea, and porcelain. This trade promoted economic development, imported Chinese civilization into western Asia and Europe, opened a new era of trade and cultural communications between China and the West, and led to the development of a spectacular ancient desert civilization. Numerous precious historical artifacts unearthed in the deserts of western China bear witness to the history of the ancient Silk Road.

On the other hand, desert formation can be a disaster, as this process leads to the destruction of farmland and the burial of houses and roads as sand dunes flow and expand. These processes cause direct harm to agricultural production as well as to the lives of people in these regions. In winter and spring, for example, continual storms caused by cold winds blowing from Siberia and off the Mongolian Plateau ravage China in successive waves, resulting in dramatic changes to air masses and influencing the lives of hundreds of millions of people across more than half the country. China has therefore become one of the countries worldwide that are most affected by serious desertification; this process, either directly or indirectly, affects around 400 million people in China and so the national government has afforded a great deal of importance to its mitigation and control. Thus, since the 18th National Congress of the Communist Party of China（CPC）in 2012, the CPC Central Committee with General Secretary Xi Jinping as the core has given high priority to building an ecological civilization, including work to prevent and control desertification. General Secretary Xi Jinping has personally inspected forested areas and deserted regions across China on numerous occasions and has issued a series of directives aimed at the reform and development of forestry, as well as the prevention and control of desertification. As pointed out by the General Secretary, desertification is a severe global challenge; hence, the prevention and control of this process must be a major focus of initiative and effort for the benefit of future generations. It is essential for us to consolidate and expand upon the results of the current endeavors, and to formulate new proposals, if our ambitions in combating desertification are to be achieved. The President's comments have had the effect of enhancing the control and prevention of desertification within China from a strategic perspective.

China was the first country in the world to enact a law aimed at the prevention and control of desertification. A range of key ecological restoration projects have also been carried out nationwide, including a special initiative across northwestern, northern, and northeastern China, attempts to harness the sources of sandstorms in Beijing and Tianjin, the national “Grain to Green” initiative, the return of farmland to grassland, and the comprehensive treatment of inland rivers. A number of policies have also been enacted within China that necessitate regular observations of land desertification, as well as conservation and the restoration of desertified land. These changes have led to the establishment of 33 national and 60 provincial nature reserves of all kinds within desert areas. Thus, as a result of years of efforts, remarkable achievements have been attained within China in terms of both the control and the prevention of desertification. Treatments have also initially mitigated the speed of land desertification nationally so that areas of desertified and sandified land are now in continuous decline. Data show that at the end of the 20th century, sandy land within China was expanding at a rate of 3,436 km^2 per year, but this has now been reduced by just 1,980 km^2 annually. This dramatic reduction suggests that the ecological condition of sandy land is also improving, while a specialty niche industry within this area is also flourishing, constantly enhancing economic vitality and social development. At present, however, 2,610,000 km^2 of desertified and 1,720,000 km^2 of sandified lands remain within China, accounting for 27% and 18% of the total national area, respectively; the task of managing these regions remains very demanding. Although the eco–environments of these sandy lands are extremely fragile, it is nevertheless important to continue to persist in the large–scale tasks of both desertification control and prevention.

The *Atlas of Sandy Deserts in China* emphasizes geologic and geomorphologic features, as well as sources of desert materials, natural conditions, and desert evolution. The publication also provides a concise text with more than 300 figures and photographs to interpret and introduce Chinese deserts; and in particular it makes flexible use of satellite remote sensing images and customized digital elevation maps alongside color–coded charts that describe different kinds of dunes. This new volume is an ambitious and elaborate production, and it contains abundant information delivered with excellent visual impact. The Atlas therefore presents these remarkable environments from a wide range of perspectives, aspects, and horizons. It draws upon a large volume of academic literature and will become a standard text in the future. In my view, publication of the Atlas will have a marked positive effect in demonstrating national achievements in the control and prevention of desertification, in illustrating the array of resources that are available to mitigate this process, and in the promotion of the entire subject area.

Director of the State Forestry Administration

Zhang Jianlong

August, 2017

序　二

作为一名土地资源与区域开发领域的科技工作者，60年前我一办完毕业手续就参加了中国科学院新疆综合考察队，完成历时四年的新疆考察后，1962年又参加了中国科学院内蒙古宁夏综合考察队，1985年我作为中国科学院新疆资源开发综合考察队队长再次进疆，其间及以后的岁月里我又曾多次到西北内陆考察研究。60年来我跑遍了西北内陆的山川草原、大漠戈壁，让我与西北内陆、也与沙漠结下了难以割舍的情缘，以致凡与沙漠相关的事情都会引起我的关注，沙漠研究领域取得的每一个成果与进展，都会让我鼓舞和高兴。

由科学出版社出版的《中国沙漠图集》（以下简称《图集》）是我国沙漠研究领域又一项新的成果。制作精美、版面恢弘的图件，严谨简炼的文字和独具特点的表现方式，给我留下了深刻的印象。

首先，《图集》没有刻板地局限于传统“图集”的习惯表达方式，而是先以简练的文字，对每个沙漠形成的地质环境、沙物质来源、自然条件、风沙地貌类型、沙丘移动方向及沙漠演化等进行简要概括，形成一条清晰的主线，并配以与其相应的各类图件，共同围绕沙漠这一主题进行述说和解读，构成了一部以图为主、图文并茂的《中国沙漠图集》。

我们知道，沙漠是干旱环境的产物，但并非所有干旱的环境都会形成沙漠，除了干旱的气候环境，沙漠的形成还与物源、输送营力密切相关，而这两者又都受到沙漠及其周边地形地势等因素的强烈影响。因此，一幅清晰逼真反映沙漠及其周边地理环境的地貌图对于认识和研究沙漠，特别是对于研究沙漠的形成、风沙地貌的类型及其分布、沙丘的运动方向等，是非常必要的。

让人惊喜的是，我在《图集》中看到了这样的地貌图。编者基于数字高程模型为每个沙漠制作的数字高程地貌图，其地表形态的细微变化及营力侵蚀在地表刻划的细小痕迹，甚或沙垄排列与走向都跃然图上，清晰可见。其空前丰富的图面信息及恢弘的场面给人以强烈的视觉震撼，让你觉得单凭这幅数字高程地貌图，就对该沙漠形成的地理环境、沙物质来源、沙丘类型分布及移动方向有了十之八九的了解。

其次，《图集》首次完整呈现了一套全国各个沙漠的彩色沙丘形态类型图。为配合对沙漠的深入解读和描述，编者发掘老专家的技能专长，为每个沙漠编绘了彩色沙丘形态类型图，图面清晰精美，对《图集》增色不少。沙丘形态类型图是以专有符号表达沙丘形态的经典方式，为沙漠学界所推崇。以往成套的沙丘形态类型图多见于一些专著，且大多为黑白两色，《图集》中这套我国所有沙漠的彩色沙丘形态类型图为首次呈现，足显其弥足珍贵。

三是《图集》对卫星遥感数据功能的发掘与灵活运用。卫星遥感技术的出现和发展，对观察和研究沙漠是一次重大技术革命，给我们提供了可以从太空观察沙漠的条件。让我耳目一新的是，《图集》在继承传统应用方式的同时，发掘卫星遥感数据的多种应用功能，利用旋转、方位变换、俯仰角度调整等方法和手段，为读者提供了从不同方位、不同视野及不同角度去观察一个沙漠或区域内多个沙漠间沙物质流动的脉络，展示出沙漠的生命与活力。这是《图集》在解读沙漠中一个值得赞赏的探索。

《图集》的闪光点不少，以上只是我自己的几点感触，写在这里与读者分享。

《图集》为我们提供了一种新的认识和解读沙漠的方式和思考，这是最值得肯定的。

石玉林

2017年8月

Foreword Ⅱ

As a scientific researcher engaged in the field of land resources and regional development, I joined the Xinjiang Integrated Survey Team of the Chinese Academy of Sciences (CAS) immediately after graduation from college. I subsequently completed a four–year investigation of Xinjiang Uygur Autonomous Region, and then joined the Inner Mongolia – Ningxia Integrated Survey Team of the CAS in 1962. I then ventured into Xinjiang again in 1985 as the team leader of the Integrated Survey Team of the CAS for Xinjiang Resources Development, and over subsequent years participated in a number of investigations within inland northwestern China. Thus, over the course of 60 years, I have traversed all of the mountains, hills, and deserts of this Gobi region; this wealth of experience has strengthened my personal bond with this desert inland area so that everything relating to these environments captures my attention, while the achievements that are being made in our greater understanding of them give me a deep sense of pride and satisfaction.

The ***Atlas of Sandy Deserts in China*** to be published by Science Press is a new and significant achievement in desert research. This exquisitely crafted work contains numerous marvelous pictures, maps, and drawings, and I am deeply impressed by both the elegance and precision of the text and the quality of the final publication.

In the first place, it is clear that the Atlas does not conform to the usual idiom. This volume opens with an initial brief summary of the regional geological environment, sources of desert materials, natural conditions, the types of eolian landforms, the movement directions of sand dunes, and desert evolution. The Atlas develops a clear overarching theme that is supported with relevant pictures, maps, and drawings of all kinds, all of which emphasize the special qualities of desert environments. Illustrations therefore play a major role in the Atlas, complemented by a succinct and easily readable text.

It is well known that deserts are the outcome of arid environments; however, what is less well known is that not all such environments inevitably lead to the formation of deserts. Thus, in addition to an arid climatic environment, desert formation is closely related to the nature of original materials, including their delivery agents, both of which are strongly affected by other elements including the local topography and terrain, as well as those of surrounding areas. The use of a clear geomorphologic map that accurately expresses the geographic environment of a desert and its surrounding areas is therefore necessary as the basis both for a clear understanding and for research in these regions, especially in terms of desert formation, the types and distribution of eolian landforms, and the direction of sand dune movement.

I was extremely pleasantly surprised to be able to find these kinds of maps in the Atlas, as the editors have provided digital elevation (DE) maps for each Chinese desert. These images enable us to see all the slight changes in surface configuration, the small traces left behind by erosive agents, and even permutations and trends. The abundance of pictorial information contained in this publication and its impressive scope are sure to make a favorable impact on readers; indeed, on reaching the end of the Atlas, people will feel that they possess a near–complete understanding of the geographical environments underlying the formation of deserts, the sources of desert materials, and the distributions and directions of movement of sand dunes.

Secondly, the Atlas is also the first such publication to present a comprehensive series of colorful morphological maps of the types of sand dunes seen in all the Chinese deserts. In order to fully interpret and describe these unique environments, the Atlas editors have explored the full range of illustrative techniques and compilation methods to depict each particular Chinese desert in the most appropriate way. The wonderful pictures included in this volume add extra value to the publication, while the maps used to illustrate the different morphological sand dune types make use of special symbols to reveal distinct forms, a strategy that has been praised highly within the field. Previous attempts in this area have mainly included a series of maps, usually black and white, maps as part of monographs; for this reason alone, the Atlas is a new and very valuable research resource within our field.

Thirdly, the Atlas fully explores and applies satellite remote sensing (RS) data. The emergence and development of RS as a technique has been revolutionary, as it has provided us with the possibility to observe deserts from Outer Space. It is therefore refreshing that the *Atlas* not only retains the use of traditional applications and methods, but also utilizes the multiple functions of satellite RS data. As these approaches include rotation, orientation conversion, and the adjustment of elevation angles, the Atlas offers readers new ways to observe the evolution of deserts and the chance to view the diversity of such environments within a single region from a range of different orientations, horizons, and viewpoints. The *Atlas* therefore brings Chinese deserts to life, an achievement that should be celebrated.

The Atlas has a number of different highlights, in my view, but just a few of them have been shared with the readers in this Foreword.

Academician of Chinese Academy of Engineering

Shi Yulin

August, 2017

前　言

沙漠是我国内陆干旱区的重要地貌类型，也是重要的国土资源，在国民经济发展及国土安全方面具有不可或缺的重要地位。长期以来，我国沙漠科学工作者坚持不懈地探索，在沙漠研究方面取得了丰硕成果，特别是古风成沙地层学研究的长足进展，出版了大量的学术专著及论文，把我国沙漠形成和历史演化方面的研究提高到一个新的水平。

20世纪90年代初以来，我国林业部门结合全国荒漠化和沙化土地定期监测，对广泛分布在我国北方内陆的沙漠进行了深入的调查监测，积累了大量的基础数据。依据这些监测成果，在充分参考现有沙漠研究成果的基础上，借助数字高程地貌图、卫星遥感影像、沙丘形态类型图及大量的专业照片和专题图件，编制了《中国沙漠图集》（以下简称《图集》）。

《图集》对沙漠的定位，是纯地学意义上的沙漠概念，即除符合沙漠的一般定义外，还强调具有起伏的外部形态，而与“沙漠化”或“沙化”等带有强烈人类活动干扰痕迹的退化土地无关。

《图集》旨在通过以图为主、图文结合的方式，认识和解读沙漠的形成、分布、区域环境、沙物质来源、沙丘类型及分布、移动方向以及沙漠的历史演化，力求直观、形象、简明的效果，回避艰涩的理论表述。

我国沙漠（含沙地）总面积 68.78万平方千米，约占国土面积的7.16%。《图集》共包括主要沙漠沙地18个，其中沙漠11个、沙地7个。此外，还有一些零星分布的沙漠沙地。对于沙漠的名称和数量，《图集》在遵循和继承传统习惯的前提下，根据我国沙漠分布的实际，做了适当的细化和取舍，相较传统上的“八大沙漠”“四大沙地”，增加了鄯善库木塔格沙漠、狼山以西的沙漠和库木库里盆地沙漠等3个沙漠及共和盆地沙地、乌珠穆沁沙地、河东沙地等3个沙地。其中位于鄂尔多斯高原西南部缓起伏西倾剥蚀高地上的河东沙地，以往文献多将其划入毛乌素沙地范畴，但从其分布区地质环境及其沙物质来源看，都与毛乌素沙地具有很大差异，且两者之间以明显的地形脊线分界，故将其作为一个独立的沙地处理。除此之外，其余3个沙漠、2个沙地都曾在以往的全国性或区域性文献或沙漠区划中被作为独立沙漠或沙地出现过，也具有作为独立沙漠、沙地予以介绍的条件，《图集》沿用了其传统名称，并作为独立沙漠沙地处理。松嫩沙地曾作为独立沙地屡见于各种文献，但在长期垦殖下，目前除了部分盐沼，昔日沙丘已变成连片的耕地，罕有明显起伏形态的风沙地貌，已无“沙地”应有的基本特征。鉴此，《图集》没有将其纳入，但这并不影响其作为沙化土地的属性。

我国沙漠分布的西北内陆地区，多为少数民族聚居的游牧区域，在交通阻隔、信息不通及部落割据的历史时代，使同一完整沙漠的不同区域被赋予了多个不同的名称，但相互之间却没有明显的边界。例如，古尔班通古特沙漠的北部、中部及东南部就分别有“阔布北沙漠”“德佐索腾艾里松沙漠”及“霍景涅里辛沙漠”等多个名称，但却无法划出它们的具体范围和边界。在以往的文献中，大多传承了这一情况。对此，《图集》只采用了沙漠主体的传统名称，对于这种由于历史原因造成的同一沙漠不同区域的不同名称均未涉及。

《图集》以沙漠为主题，采用卫星影像、数字高程地貌图、沙丘类型分布图、照片与简要文字说明相结合的方式，认识和解读沙漠。《图集》共包括各类图件（含卫星影像和照片）306幅。每个沙漠配有简介文字3000字左右，图件约15～20幅，每幅图件附有数十至上百字的简要说明，以使每个图件都与沙漠简介文字有机结合，紧紧围绕沙漠这个核心主题进行阐释和解读。

《图集》中的数字高程地貌图系编者与中国林业科学院资源信息研究所利用全球数字高程模型（ASTER GDEM）数据合作研制，制作时充分考虑了每个沙漠的海拔及其周边区域的实际高程差异，力求使构造运动及自然侵蚀形成的地表起伏形态和刻蚀痕迹在每幅图中都得到尽可能清晰的呈现，为深入揭示和分析沙漠的地质构造与地貌、区域地理环境、地形对气流的影响、沙漠成因、沙物质来源及沙丘的排列方式和移动方向等提供重要参考。

沙丘形态类型图是以形象符号直观表达沙丘形态类型及其分布的传统方式，长期以来为沙漠学界所推崇。《图集》中的沙丘形态类型图系编者以项目合作形式委托我国沙漠领域独有专长的老专家陆锦华研究员专门绘制，是截至目前我国所有沙漠沙丘形态类型彩色分布图的首次完整呈现。

卫星遥感技术的出现为深刻认识和解读沙漠提供了有效的途径。《图集》充分利用卫星遥感数据蕴含的功能，在采用卫星影像传统表现方式的同时，更多地发掘或借助于一些特殊的表现手段和方式，尽力把从不同的方位、不同的视野或不同的俯仰角度看到的沙漠或沙漠的某些部位呈现在读者的面前。

《图集》共分四个部分。第一部分是中国沙漠概况，简要介绍了中国沙漠的分布特征、分布格局、自然环境、沙漠形成及演化；第二部分是中国的主要沙漠，分别从地质构造与地貌、沙物质来源及风沙地貌特征、沙漠的自然条件、沙漠环境演化等4个层面依次对11个沙漠进行了简要介绍；第三部分是中国的主要沙地，按照与沙漠相同的4个层面依次对7个沙地进行了简要介绍；第四部分是其他零散分布的沙漠沙地，是对那些分布相对零散、面积相对较小，在以往全国性文献中常不被独立录入，但有独立名称的沙漠沙地进行分别介绍，包括雅鲁藏布江河谷沙地、青海湖滨沙地、阿克别勒沙漠、黑河中游的沙带和塔克莫乎尔沙漠。

申元村研究员、高尚玉教授对《图集》初稿进行了认真审读，并提出了具体修改意见或建议；张克斌教授为图集编撰提出了有益建议及具体支持，邸醒民、李增元研究员对图集的编制给予了热情鼓励与建议；沙漠分布省区林业调查规划设计院参与了沙漠的调查；文青对《图集》编制提供了有关支持；内蒙古林业监测规划院邢桂春、刘玉萍高级工程师参与了部分区域实地考察，赤峰、锡林郭勒、巴彦淖尔、鄂尔多斯盟市林业局对现地考察提供了支持和帮助；赵学勇研究员提出过部分建议，宋张亮参与了数字高程地貌图的部分工作；许多著名摄影师提供了精美的专业照片，让《图集》增色不少。在此一并表示衷心感谢。

国家林业局张建龙局长、中国工程院石玉林院士为本《图集》作序，在此深表敬意和谢忱。

科学出版社彭胜潮编审对《图集》的编撰和出版给予积极的鼓励、支持和建议，中煤地西安地图制印有限公司在图集的编辑、修饰、印制过程中精益求精、一丝不苟，在此一并表示感谢。

《图集》中的沙漠数据来自于国家林业局全国荒漠化和沙化土地监测数据库；地形高程数据来自中国科学院计算机网络信息中心地理空间数据云平台（http://www.gscloud.cn）提供的美国国家航空航天局（NASA）和日本经济产业省（METI）共同发布的全球数字高程模型（ASTER GDEM），其分辨率水平方向为1″（约30 m），垂直方向为 ±20 m，在制图过程中，根据图幅范围大小和分辨率需要，采用最邻近法进行了重采样；卫星遥感图像除特别注明外，均来自谷歌地球（Google Earth）现势性遥感数据。

《图集》编撰中重点参考了近 20 部与沙漠相关的重要专著及众多相关学术期刊历年刊发的数百篇学术论文，由于篇幅有限，除专著外恕未一一列出。这些文献为《图集》提供了丰富的营养和支持，在此对相关作者致以衷心的谢意。

《图集》编撰中在充分汲取沙漠研究成果的基础上，试图用不同的方式，从不同的方位、视野和角度认识和解读、述说沙漠，以揭示其丰富的外在和内涵信息，但由于编者水平所限，其中难免存在缺憾以至错误，对此，敬请不吝赐教。

编　者

2017年8月

Introduction

Deserts are one of the major geomorphic components of Chinese inland arid regions. These environments are also important territorial resources that play vital roles in national economic development and homeland security. Chinese desert scientists have a long history of important research achievements, notably in relation to ancient eolian sand stratigraphy. Numerous academic monographs and papers have been published in this field, raising the status of Chinese research into the formation and historical evolution of deserts to a new level.

Since the early 1990s, Chinese forestry departments have monitored the extent of land desertification across the country on a regular basis and have thoroughly investigated and observed the arid environments of the inland areas of northern China. A great deal of basic data have therefore been accumulated; drawing on previous observational results and existing research, the *Atlas Sandy Deserts in China* has been compiled utilizing digital elevation (DE) maps, remote sensing (RS) satellite images, and morphological type maps of sand dunes, as well as numerous additional thematic pictures and diagrams.

The Atlas defines Chinese deserts from the perspective of geoscience; in other words, in addition to other common definitions for these environments, emphasis is placed in the Atlas on the external wavy deserts. This definition bears no relationship to the processes of desertification or sandification that are the result of intense human activities.

The Atlas aims to explore and interpret the formation, distribution, regional environment, sources of desert materials, types, distribution, and movement directions of sand dunes, as well as the historical evolution of Chinese deserts, by utilizing abundant pictures in conjunction with succinct text. This project therefore tries to achieve the goal of direct visualization, while at the same time remaining concise and avoiding obscure theoretical expressions.

The total desert area (including sandy land) within China is 68,780,000 km^2, or 7.16% of the total national area. The Atlas therefore covers 11 major deserts and 7 sandy lands (seven), in addition to other regions of this type that are more sporadically distributed. The Atlas follows and adheres to traditional customs in terms of the names and number of Chinese deserts; it also details information and makes decisions about the data to include based on the actual national distribution of these environments. Thus, besides the traditionally recognized eight deserts and four sandy land areas within China, the Atlas includes three deserts, specifically the Shanshan–Kumtag Desert as well as those located to the west of the Langshan Mountains and examples within the Kumukuli Basin, in addition to three sandy lands within the Gonghe Basin, at Ujimqin, and at Hedong. The last of these, Hedong Sandy Land, is located within a denudated highland region that is slightly undulated towards the west in the southwestern Erdos Plateau. This region has usually been referred to as the Mu Us Sandy Land in previous studies; however, in terms of its geological environment and desert material sources, this region is actually quite distinct from Mu Us Sandy Land and there is a clear terrain ridge dividing the two areas. The Atlas therefore also considers the Hedong Sandy Land to comprise an independent region. Similarly, the other three deserts and two sandy lands have also been considered as independent entities in previous national and regional literature–based classifications. As these can therefore be considered as independent deserts or sandy lands, their original names are retained within the Atlas and they are dealt with as independent units. One other example, Songnen Sandy Land, is not included in the Atlas, even though it has often been viewed as independent in previous literature; as a result of a long period of reclamation, this region now only contains a small portion of salt marsh and the sandy areas have been converted to cultivated land and contain no obvious fluctuated eolian landforms. It is nevertheless noteworthy that this region retains some characteristics of desertified land.

The majority of sandy deserts in China are found within the inland areas of northwestern China and are mainly inhabited by nomads, themselves aggregates of minority ethnic groups. Inconvenient access to these regions, the absence of information, and widespread tribal fiefdoms have historically meant that these areas bear a range of different names and have no obvious boundaries. The northern, central, and southeastern parts of the Gurbantunggut Desert, for example, have been referred to as the Kuobubei Desert, the Dezo Alfonso Ten Eli Song Desert, and the Hojingniricin Desert, respectively, and it remains impossible to determine their precise scopes and boundaries. Although this confusing situation is characteristic of most previous studies, only traditional names are applied in the *Atlas* and additional historical monikers are not included.

The Atlas initially introduces Chinese deserts using satellite images, DE, and dune type distribution maps, as well as traditional pictures and images in concert with straightforward text, to allow readers to explore these regions. The Atlas therefore contains a total of 306 figures (including satellite images and pictures); each desert is afforded a 3,000–word overview alongside between 15 and 20 figures, and the authors have attached between ten and 100 Chinese characters in each case so that readers can attain a complete picture of the deserts.

The compilers, together with the Institute of Resource Information, Chinese Academy of Forestry, have utilized publicly accessible global DE mapping data to examine and render a series of DE maps. The authors have considered the elevation of each desert, as well as differences with respect to its surroundings, to generate a clear presentation of surface relief and corrosion due to tectonic movement and natural erosion in each map. The Atlas affords special importance to the comprehensive analysis and interpretation of the geological tectonics and landforms of deserts, as well as to regional geographical environments, the influences that landforms exert on airflow, causes of formation, sources of desert materials, and the arrangement mode and direction of movement of dunes.

Dune morphological type maps are traditional methods used to directly express the type and distribution of such features that have been utilized in desert studies over many years. A range of experts, authorized by the authors via project cooperation agreements, compiled the type maps in the Atlas, the first time that such colorful coverage has been achieved for Chinese deserts and dunes.

Satellite remote sensing （RS） techniques are useful and effective methods for in-depth characterization and interpretation of deserts. These approaches are utilized to their fullest extent in the Atlas; however, this publication also makes use of traditional visualizations, while at the same time applying a number of novel approaches to display these regions, or parts thereof, from a range of different angles for readers.

The *Atlas of Sandy Deserts in China* comprises four parts. The first section provides an overview of these environments by introducing their distribution characteristics and patterns, and their natural environments, and presenting a discussion of desert formation and evolution. The second section of the Atlas discusses the 11 major Chinese deserts while emphasizing four aspects, their geological structure and landforms, sources of desert materials and the characteristics of eolian landforms, natural desert conditions, and the evolution of these environments. In the third part, the Atlas introduces the main sandy lands within China from the same four perspectives outlined above, while the final part focuses on other deserts and sandy lands. As these deserts are scattered and encompass relatively small areas, they are not often listed in national literature even though they do have names; they include the sandy lands within the Yarlung-Zangbo River Valley and around the Qinghai Lake, as well as the Akbar Desert, the sand belts in the middle reaches of the Heihe River, and the Tacoma Desert.

Thanks are due to professors Shen Yuancun and Gao Shangyu who checked and proofread the first edition of the Atlas and provided detailed suggestions, alongside Professor Zhang Kebin who gave useful advice and support. Professors Di Xingmin and Li Zengyuan encouraged, supported, and made numerous suggestions during production of the Atlas, while forestry survey planning and design institutes from all provinces containing desert areas participated in this study. Wen Qing is thanked for his valuable contribution in editing the Atlas, while senior engineers Xing Guichun and Liu Yuping also participated in some of the regional investigations, Song Zhangliang contributed to the generation of DE maps, and Professor Zhao Xueyong shared his suggestions on the atlas. A number of well-known photographers offered images which have been included to enhance the Atlas; thanks are due to all for their kind assistance.

Thanks are due to Zhang Jianlong, director of the State Forestry Administration, and to Shi Yulin, academician of Chinese Academy of Engineering, who both wrote forewords for the Atlas.

Peng Shengchao at Science Press encouraged and supported this project throughout, while Xi'an Mapping & Printing Company of ARSC continued to introduce improvements throughout the editing, perfecting, and printing stages. Thanks are due to all for the efforts that they have expended on the Atlas.

All the desert data included in the Atlas were derived from national desertification and sandy land observational databases maintained by the State Forestry Administration.

Terrain elevation data were derived from the geospatial data cloud platform （http://www.gscloud.cn） of the Computer Network Information Center, Chinese Academy of Sciences. This organization also provided the Global DE Model（ASTER GDEM） that was jointly published by the United States' National Aeronautics and Space Administration（NASA） and Japan's Ministry of Economy, Trade and Industry （METI）. The horizontal resolution ratio of these data is around one（i.e., ca. 30 m）, while the vertical resolution ratio is ± 20 m. The nearest neighbor method was utilized during the charting process of the Atlas in order to resample according to the scope and demands of individual maps and their resolution. Unless noted, all satellite RS images used in the Atlas are derived from current Google Earth data.

In compiling the Atlas, we referred primarily to 20 recent major works on deserts, which are listed in the atlas, as well as hundreds of related research papers published over the years in scholarly journals. These have provided the Atlas with a rich source of nourishment and support, so here we would like to express our sincere and heartfelt gratitude.

The Atlas makes use of available research data to present the widest possible range of perspectives on Chinese deserts and to explore their numerous interesting features. Inevitably, there will be errors and omissions, and the contributions of readers in identifying them, and in suggesting improvements, will be warmly received.

The Authors
August, 2017

目　录

序　图

第一部分　中国沙漠概况

第二部分　主要沙漠

第三部分　主要沙地

Contents

Introductory Maps

Section One General Introduction to Chinese Deserts

Section Two Major Deserts

Section Three Major Sandy Lands

图　例

序图组 Introductory Maps

- 首都 Capital
- 省级行政中心 Provincial capital
- 地级市行政中心 Political center of prefecture-level city
- 那曲　自治州行政中心 地区、盟行政公署 Political center of autonomous prefecture (prefecture / league)
- 县级行政中心 County seat
- 国界、未定国界 National boundary / Undefined national boundary
- 省、自治区、直辖市界 Provincial boundary
- 特别行政区界 Special administrative region boundary (SAR boundary)
- 常年河、常年湖 Perennial river / lake
- 时令河、湖 Seasonal river / lake
- 干涸河、湖 Dry-up river / lake
- 运河 Canal
- 珊瑚礁 Coral reef

其他图组 Other Maps

- 首都 Capital
- 省级行政中心 Provincial capital
- 地级市行政中心 Political center of prefecture-level city
- 喀什市　自治州行政中心 地区、盟行政公署 Political center of autonomous prefecture (prefecture / league)
- 县级行政中心 County seat
- 镇级行政中心 Political center of town-level administrative unit
- 村级行政中心 Political center of village-level administrative unit
- 关隘、山口 Mountain pass
- 国界、未定国界 National boundary / Undefined national boundary
- 省、自治区、直辖市界 Provincial boundary
- 特别行政区界 Special administrative region boundary (SAR boundary)
- 常年河、常年湖 Perennial river / lake
- 时令河、湖 Seasonal river / lake
- 干涸河、湖 Dry-up river / lake
- 运河 Canal
- 珊瑚礁 Coral reef
- 盛行风向 Pravailing winds
- 盛行风向 Pravailing wind
- 腾格里沙漠景观　照片文字说明 Photo introduction
- 复合型沙漠　影像文字说明 Image introduction

序图

中国年降水量

中国年蒸发量

中国水分盈亏

中国大风日数

中国年降水量

1 : 13 000 000

0 130 260 390 520 km

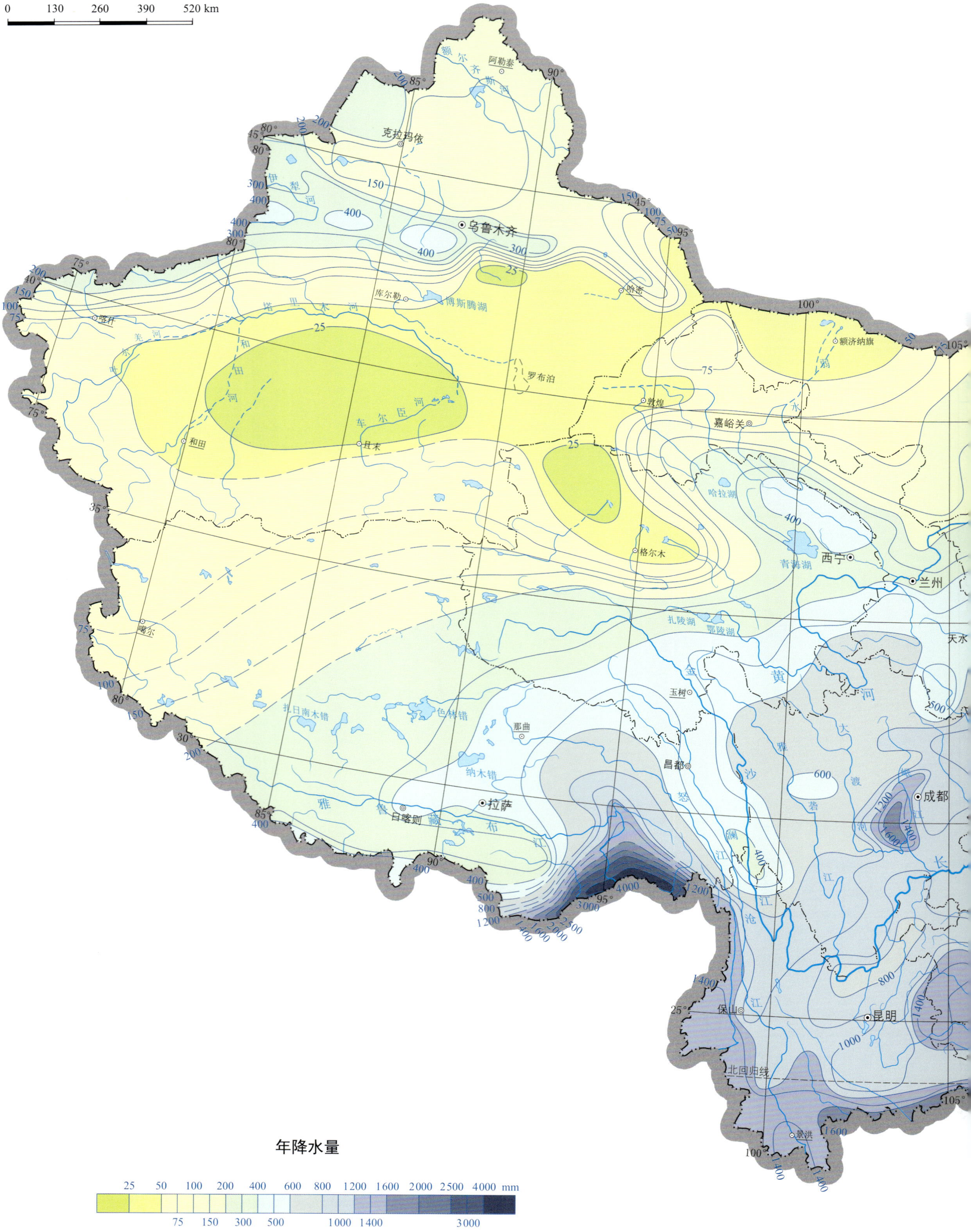

本图引自《中华人民共和国气候图集》，气象出版社2002年出版。

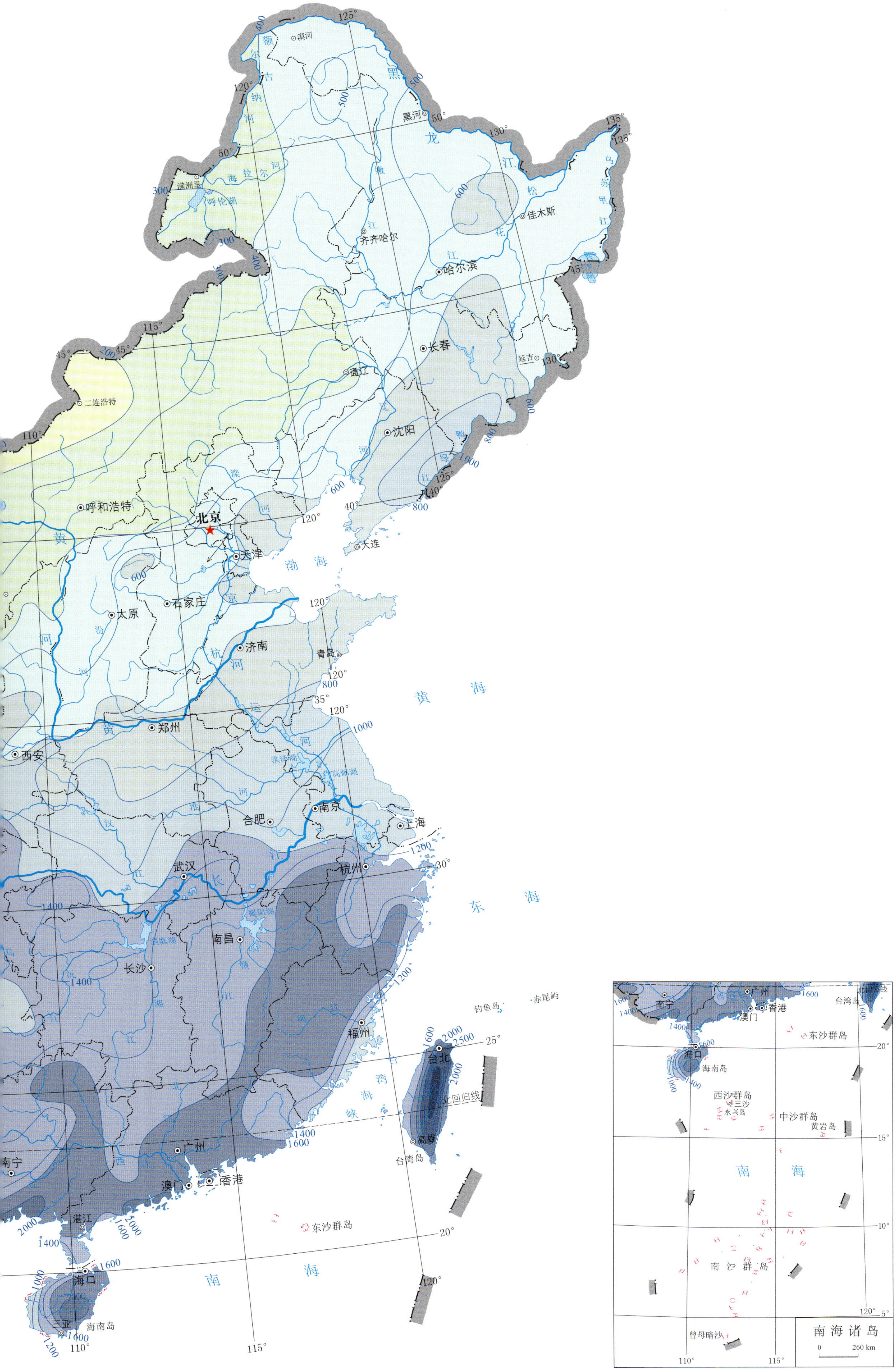
漠河
额尔古纳河
黑龙江
黑河
满洲里
海拉尔河
呼伦湖
嫩江
齐齐哈尔
佳木斯
松花江
乌苏里江
哈尔滨
长春
延吉
通辽
二连浩特
沈阳
鸭绿江
辽河
大连
呼和浩特
北京
天津
渤海
石家庄
太原
济南
青岛
黄海
京杭运河
黄河
郑州
西安
洪泽湖
南京
合肥
上海
汉江
武汉
长江
杭州
东海
鄱阳湖
洞庭湖
南昌
长沙
钓鱼岛
赤尾屿
福州
台北
北回归线
台湾海峡
高雄
台湾岛
广州
南宁
西江
澳门
香港
东沙群岛
湛江
海口
南海
三亚
海南岛
南海诸岛
西沙群岛
三沙
永兴岛
中沙群岛
黄岩岛
南沙群岛
曾母暗沙
260 km

中国年蒸发量

1 : 13 000 000

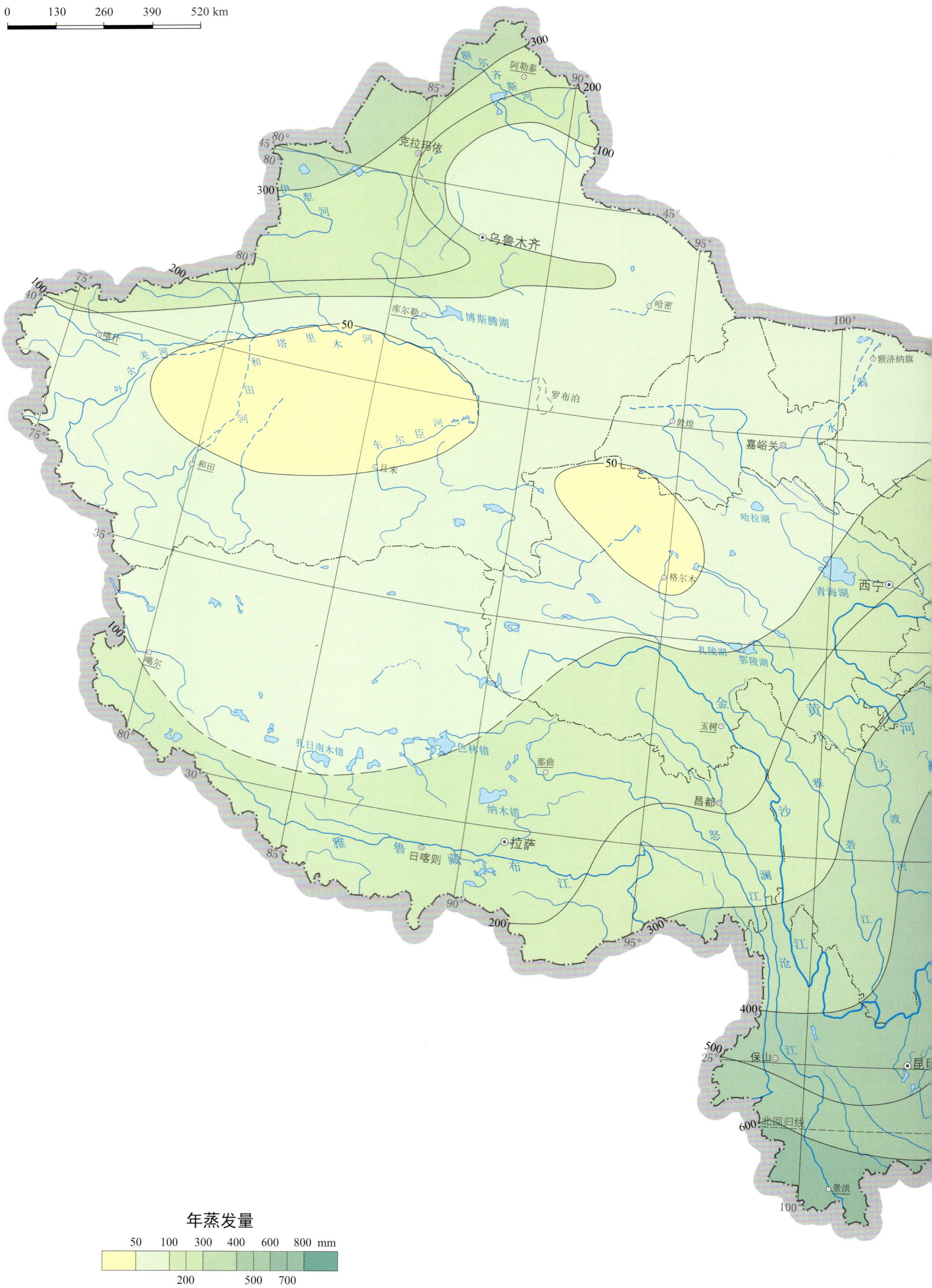

* 台湾省资料暂缺

本图引自《中华人民共和国气候图集》，气象出版社2002年出版。

漠河
额尔古纳河
黑龙江
黑河
满洲里
呼伦湖
海拉尔河
乌苏里江
松花江
佳木斯
嫩江
齐齐哈尔
哈尔滨
兴凯湖
长春
延吉
通辽
二连浩特
辽河
沈阳
鸭绿江
呼和浩特
巴彦淖尔
北京
滦河
大连
天津
渤海
乌审旗
黄河
太原
石家庄
京杭运河
济南
青岛
汾河
黄海
郑州
渭河
西安
洪泽湖
高邮湖
淮河
南京
上海
合肥
汉江
太湖
杭州
长江
武汉
东海
重庆
洞庭湖
鄱阳湖
南昌
长沙
乌江
沅江
湘江
赣江
贵阳
钓鱼岛
赤尾屿
闽江
福州
台湾海峡
台北
北回归线
红水河
北江
郁江
南宁
广州
西江
高雄
台湾岛
澳门
香港
东沙群岛
湛江
南海
海口
三亚
海南岛
100
200
300
400
500
600
700
800

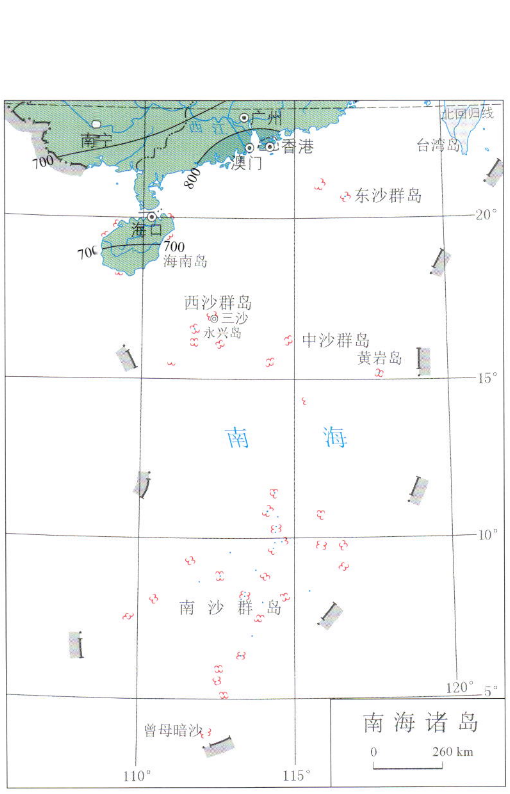
南宁
广州
北回归线
台湾岛
澳门
香港
东沙群岛
海口
海南岛
西沙群岛
三沙
永兴岛
中沙群岛
黄岩岛
南海
南沙群岛
曾母暗沙
南海诸岛
260 km
700
800

中国水分盈亏

1 : 13 000 000

0 130 260 390 520 km

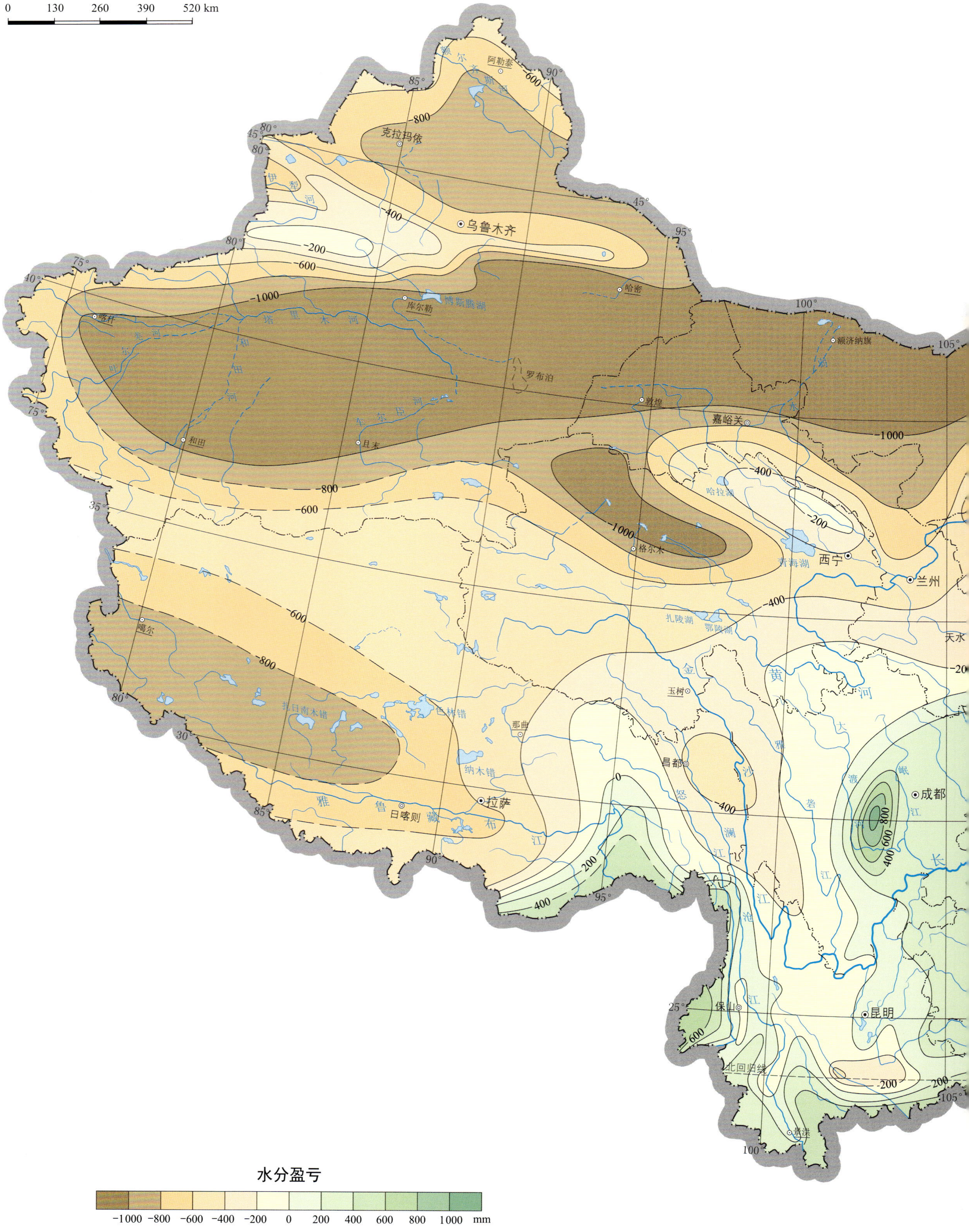

本图引自《中华人民共和国国家自然地图集》，中国地图出版社2005年出版。

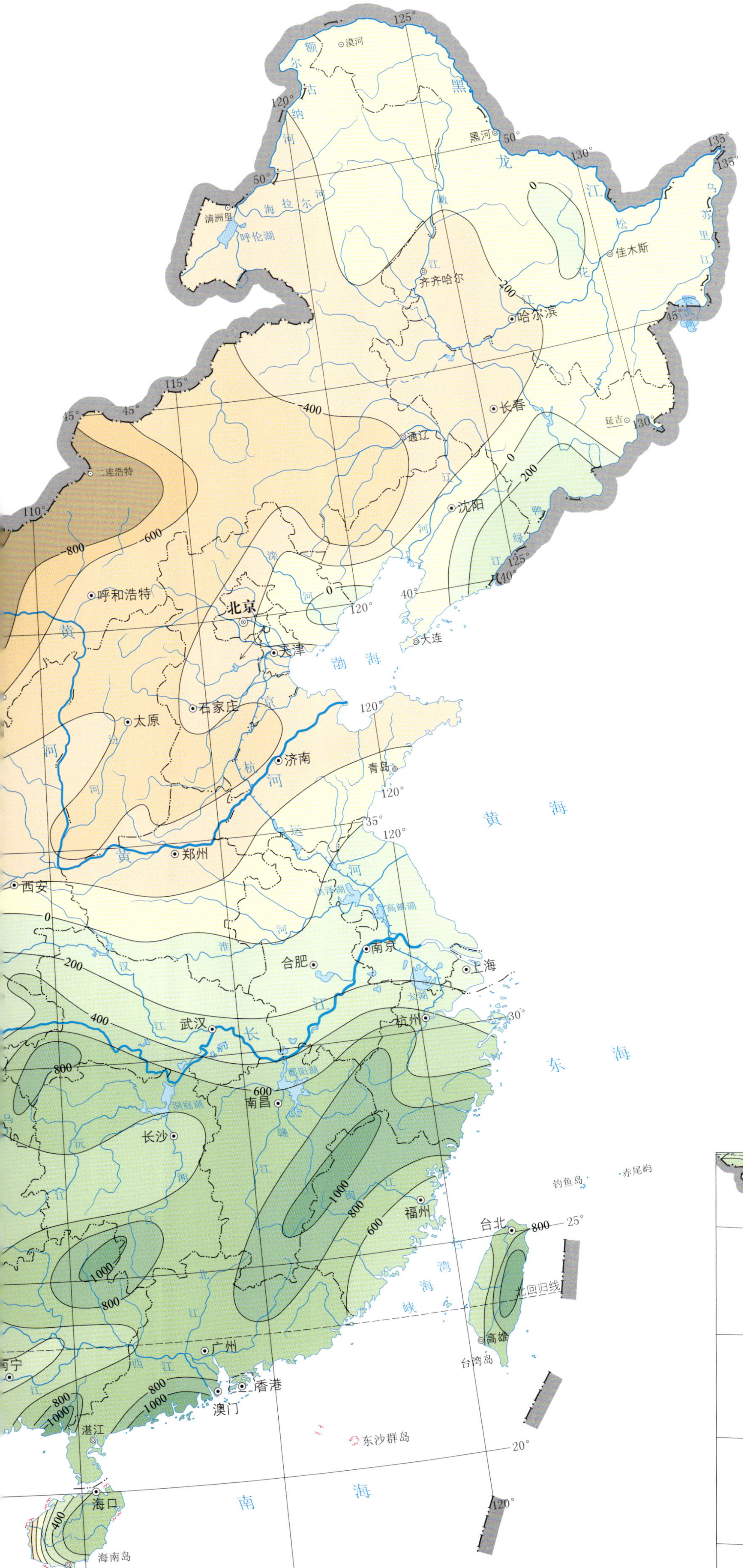

漠河
黑河
满洲里
呼伦湖
齐齐哈尔
佳木斯
哈尔滨
长春
延吉
通辽
二连浩特
沈阳
呼和浩特
北京
天津
大连
石家庄
太原
济南
青岛
郑州
西安
南京
合肥
上海
武汉
杭州
南昌
长沙
福州
台北
高雄
台湾岛
广州
香港
澳门
湛江
海口
海南岛
三亚
东沙群岛
钓鱼岛
赤尾屿
北回归线
额尔古纳河
海拉尔河
黑龙江
乌苏里江
松花江
嫩江
辽河
鸭绿江
滦河
黄河
淮河
汉江
长江
湘江
赣江
西江
京杭运河
洪泽湖
高邮湖
太湖
鄱阳湖
洞庭湖
渤海
黄海
东海
南海
台湾海峡
0
200
400
600
800
1000

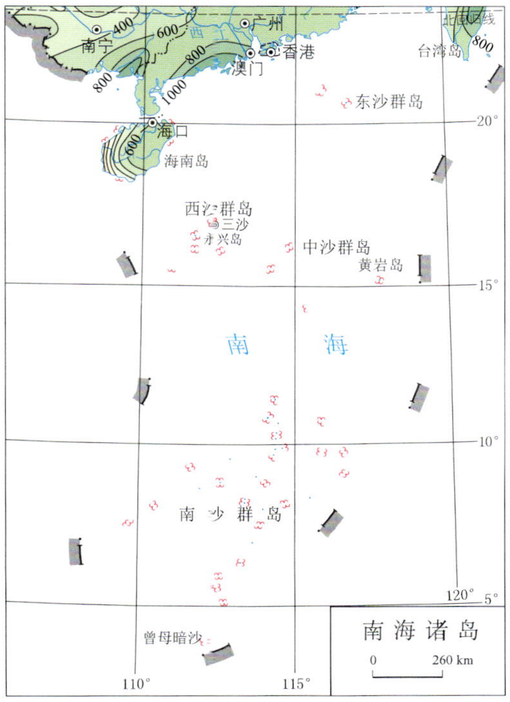

南宁
广州
香港
澳门
台湾岛
海口
海南岛
东沙群岛
西沙群岛
三沙
永兴岛
中沙群岛
黄岩岛
南海
南沙群岛
曾母暗沙
南海诸岛
0
260 km
400
600
800
1000

中国大风日数

1 : 13 000 000

0 130 260 390 520 km

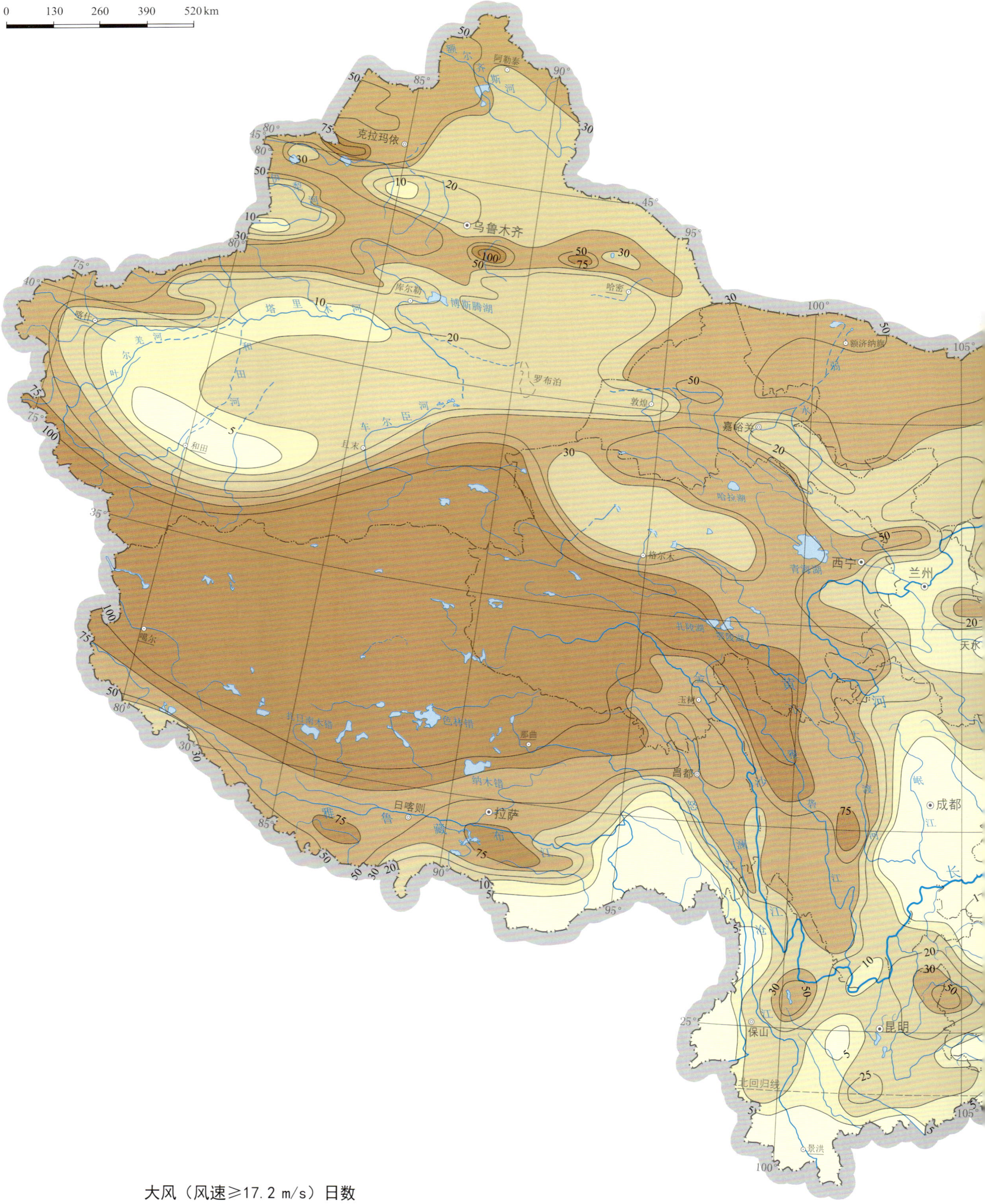

大风（风速≥17.2 m/s）日数

100 75 50 30 20 10 5 1 天

本图引自《中国自然灾害系统地图集》，科学出版社2003年出版。

漠河
黑河
佳木斯
齐齐哈尔
哈尔滨
满洲里
呼伦湖
长春
延吉
通辽
沈阳
二连浩特
呼和浩特
北京
天津
大连
渤海
太原
石家庄
济南
青岛
黄海
郑州
西安
南京
合肥
上海
杭州
武汉
南昌
长沙
福州
东海
钓鱼岛
赤尾屿
台北
高雄
台湾岛
北回归线
广州
澳门
香港
湛江
海口
三亚
海南岛
东沙群岛
南海
南海诸岛
南宁
西沙群岛
三沙
永兴岛
中沙群岛
黄岩岛
南沙群岛
曾母暗沙
0 260km

第一部分

中国沙漠概况

1　中国沙漠的面积及分布

沙漠是指气候干旱、降水稀少且变率较大、植被稀疏低矮、地表由起伏不一、形态各异的风成沙丘所覆盖的广袤荒原。一般又将分布在干旱区且具上述地表特征的地域称为沙漠，将分布在半干旱区且具上述地表特征的地域称为沙地。

我国的沙漠比较集中地分布在35° 50′ ~49° 43′ N，76° 59′ ~123° 50′ E之间的辽阔地域，在西起塔里木盆地西缘，东至辽河干流，北达内蒙古高原东北端的海拉尔河，南抵共和盆地南缘之间，一个个相互独立的沙漠（含沙地，下同），构成了一个近似弧形的沙漠带。展布在其间的11个沙漠、7个沙地构成了我国沙漠的主体。此外，在蒙新高原、青藏高原等地还零散分布着一些面积较小的带状、片状沙漠、沙地。我国沙漠总面积68.78万km^2（表 1），行政区划上主要涉及新疆、内蒙古、甘肃、青海、宁夏、陕西、西藏、吉林、辽宁、河北等10个省、区的45个盟（州、市）、195个县（旗）、1 252个乡镇（苏木）。其中以新疆维吾尔自治区分布面积最大，占全国沙漠总面积的60.58%；内蒙古自治区分布的沙漠数量最多，其中全部面积分布在其域内的沙漠5个，部分面积分布在域内的沙漠6个（表 2）。

▼中国沙漠分布图　0　260　520　780 km

表 1　中国沙漠总面积及其在省级行政区划中的分布

省区 \ 面积及比例	合计		其中			
			沙漠		沙地	
	面积/km^2	比例/%	面积/km^2	比例/%	面积/km^2	比例/%
新疆	416 661.25	60.58	416 661.25	60.58		
内蒙古	210 899.45	30.66	106 000.99	15.41	104 898.47	15.25
甘肃	23 414.06	3.40	23 414.06	3.40		
青海	16 022.62	2.33	13 112.95	1.91	2 909.67	0.42
陕西	10 812.09	1.57			10 812.09	1.57
宁夏	4 636.80	0.67	469.88	0.07	4 166.92	0.61
西藏	2 648.50	0.39			2 648.50	0.39
吉林	1 509.28	0.22			1 509.28	0.22
河北	691.79	0.10			691.79	0.10
辽宁	522.98	0.08			522.98	0.08
总计	687 818.83	100.00	559 659.13	81.37	128 159.70	18.63

表 2　中国主要沙漠面积及其分布

序号	沙漠名称 \ 项目	地理位置	涉及行政区划			沙漠面积/km^2			
			省级		县级	合计	其中		
			简称	数量	（数量）		流动沙丘	半固定沙丘	固定沙丘
1	塔克拉玛干沙漠	36° 15.46′ ~42° 03.27′ N，76° 14.08′ ~90° 04.20′ E	新	1	32	346 904.97	263 621.89	59 900.22	23 382.86
2	库姆塔格沙漠	39° 08.33′ ~40° 40.48′ N，90° 31.43′ ~94° 53.45′ E	新、甘	2	4	20 763.56	20 489.20	13.80	260.56
3	鄯善库木塔格沙漠	42° 26.16′ ~42° 52.39′ N，89° 35.04′ ~90° 45.22′ E	新	1	1	2 145.10	1 951.97	135.79	57.34
4	柴达木盆地沙漠	35° 50.43′ ~38° 52.54′ N，90° 10.58′ ~98° 34.42′ E	青、甘、新	3	8	13 499.58	7 250.68	4 240.21	2 008.69
5	库木库里盆地沙漠	36° 10.25′ ~37° 26.44′ N，86° 57.04′ ~92° 39.21′ E	新、青	2	4	2 357.29	1 832.66	505.59	19.04
6	古尔班通古特沙漠	44° 08.32′ ~48° 25.26′ N，82° 38.19′ ~91° 41.39′ E	新	1	22	49 883.74	1 289.37	13 246.10	35 348.27
7	巴丹吉林沙漠	39° 20.04′ ~42° 15.15′ N，99° 23.49′ ~104° 27.42′ E	内蒙古、甘	2	4	49 083.76	36 937.63	8 440.01	3 706.12
8	腾格里沙漠	37° 26.24′ ~40° 02.02′ N，102° 25.51′ ~105° 43.04′ E	内蒙古、甘、宁	3	6	39 071.07	27 856.30	5 264.79	5 949.98
9	乌兰布和沙漠	39° 07.14′ ~40° 54.39′ N，105° 33.12′ ~107° 01.40′ E	内蒙古	1	5	9 760.40	4 171.41	2 310.09	3 278.90
10	库布齐沙漠	39° 34.37′ ~40° 48.48′ N，107° 03.12′ ~111° 23.10′ E	内蒙古	1	5	12 983.83	5 328.78	2 531.47	5 123.58
11	狼山以西的沙漠	39° 41.37′ ~42° 17.23′ N，104° 16.39′ ~106° 59.23′ E	内蒙古	1	4	7 340.63	4 067.46	2 446.41	826.76
12	共和盆地沙地	35° 30.41′ ~36° 26.44′ N，99° 36.20′ ~101° 06.12′ E	青	1	2	2 214.81	1 036.30	375.97	802.54
13	毛乌素沙地	37° 25.23′ ~39° 43.19′ N，107° 07.18′ ~110° 35.22′ E	内蒙古、陕、宁	3	15	38 022.50	1 112.49	3 933.00	32 977.01
14	河东沙地	37° 15.92′ ~39° 05.18′ N，106° 14.75′ ~107° 21.76′ E	宁、内蒙古	2	10	5 923.75	752.96	1 175.18	3 995.61
15	浑善达克沙地	42° 52.85′ ~44° 11.02′ N，111° 42.24′ ~117° 46.49′ E	内蒙古、冀	2	13	33 331.63	585.93	4 277.27	28 468.43
16	乌珠穆沁沙地	44° 15.41′ ~45° 37.08′ N，116° 14.64′ ~119° 13.96′ E	内蒙古	1	3	2 473.53	20.31	84.63	2 368.59
17	呼伦贝尔沙地	47° 22.73′ ~49° 34.02′ N，117° 6.92′ ~120° 38.23′ E	内蒙古	1	7	7 773.05	22.17	320.35	7 430.53
18	科尔沁沙地	42° 33.25′ ~45° 44.43′ N，117° 48.19′ ~124° 29.02′ E	内蒙古、吉、辽	3	22	35 077.07	1 184.35	1 691.69	32 201.03
	合计			9	144	678 610.27	379 511.86	110 892.57	188 205.84

卫星影像中的中国沙漠分布

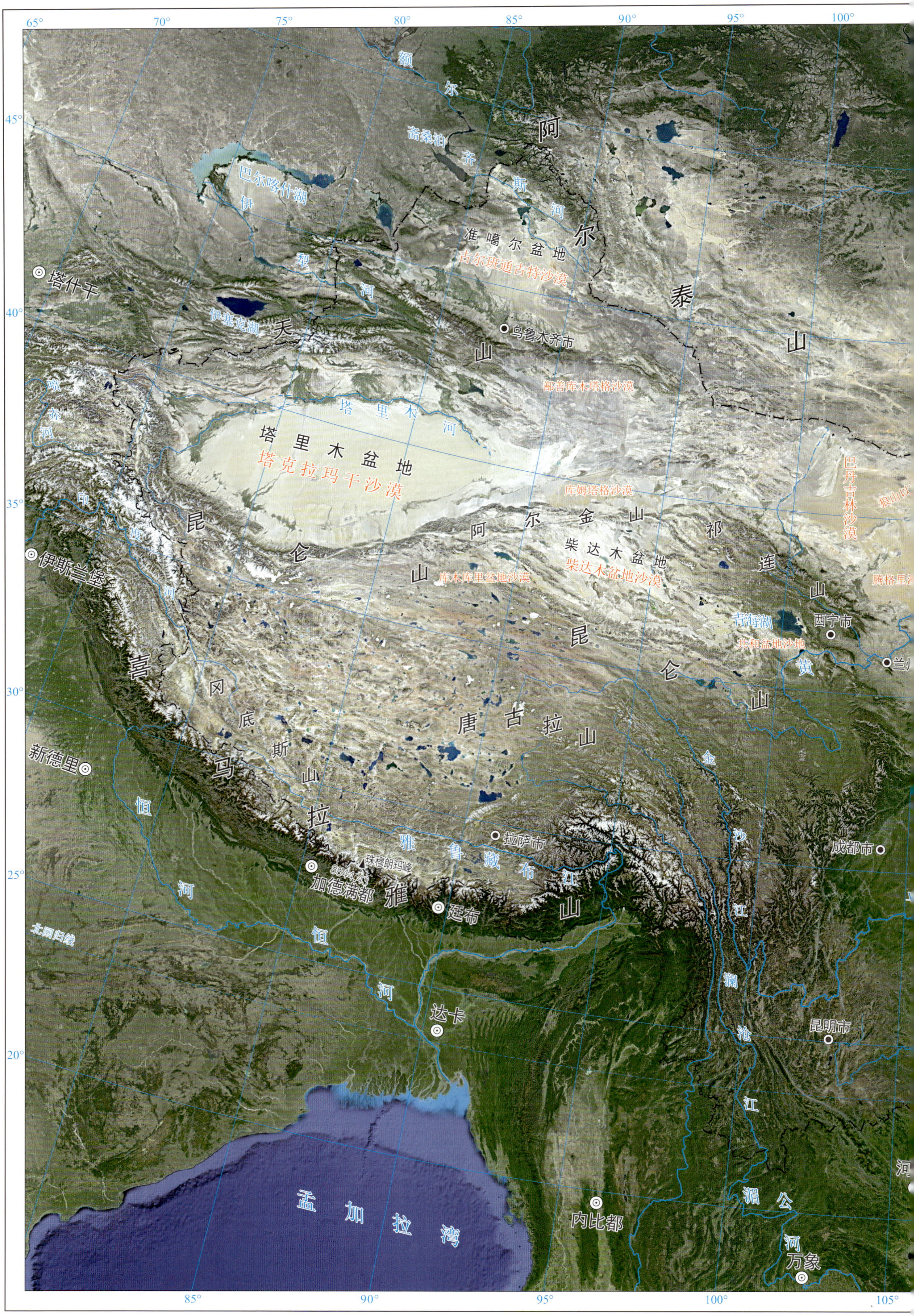

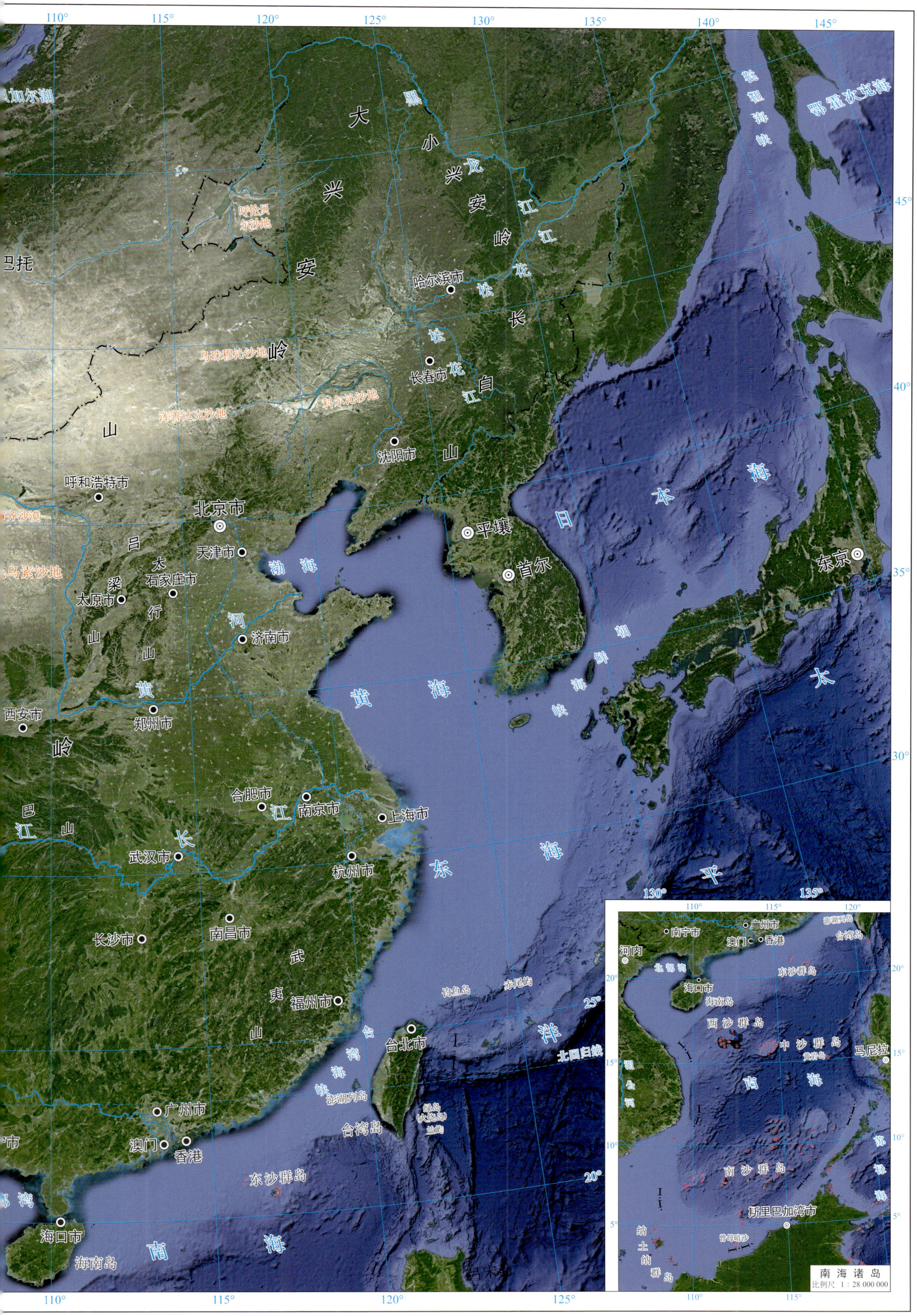
110°
115°
120°
125°
130°
135°
140°
145°
45°
40°
35°
30°
25°
20°
加尔湖
大兴安岭
小兴安岭
黑龙江
呼伦贝尔沙地
哈尔滨市
松花江
长白山
长春市
沈阳市
乌珠穆沁沙地
科尔沁沙地
浑善达克沙地
呼和浩特市
北京市
天津市
石家庄市
太原市
太行山
吕梁山
济南市
黄河
郑州市
西安市
秦岭
合肥市
南京市
上海市
长江
武汉市
杭州市
南昌市
长沙市
武夷山
福州市
台北市
台湾海峡
澎湖列岛
台湾岛
钓鱼岛
赤尾屿
北回归线
广州市
澳门
香港
东沙群岛
海口市
海南岛
南海
东海
黄海
渤海
平壤
首尔
日本海
朝鲜海峡
东京
太平洋
鄂霍次克海
南海诸岛
比例尺 1 : 28 000 000
南宁市
河内
北部湾
西沙群岛
中沙群岛
黄岩岛
马尼拉
南沙群岛
曾母暗沙
斯里巴加湾市
纳土纳群岛

▼ 数字高程地貌图中的中国沙漠分布

大兴安岭
小兴安岭
黑龙江
松花江
长白山
吕梁山
太行山
秦岭
巴山
武夷山
呼伦贝尔沙地
乌珠穆沁沙地
科尔沁沙地
浑善达克沙地
兰巴托
呼和浩特市
北京市
天津市
石家庄市
太原市
济南市
西安市
郑州市
合肥市
南京市
上海市
杭州市
武汉市
长沙市
南昌市
福州市
台北市
广州市
澳门
香港
海口市
海南岛
台湾岛
澎湖列岛
钓鱼岛
赤尾屿
东沙群岛
吕宋岛
哈尔滨市
长春市
沈阳市
平壤
首尔
东京
渤海
黄海
东海
南海
日本海
朝鲜海峡
台湾海峡
太平洋
鄂霍次克海
北回归线
南海诸岛
比例尺 1：28 000 000
南宁市
河内
西沙群岛
中沙群岛
黄岩岛
南沙群岛
马尼拉
斩里巴加湾市
曾母暗沙
纳土纳群岛

2 中国沙漠的自然环境

我国沙漠分布区的降水主要受西风带及东亚季风两大环流系统控制，大体以大兴安岭-狼山-雅布赖山一线为界，以西为西风环流影响区，以东为东亚季风环流影响区，但夏季风强盛时也常前伸到阿拉善高原中西部一带，带来降水。此外，极地冷气团及西南季风也对新疆地区及柴达木盆地南部的降水产生一定影响。在上述气候环流的综合影响下，特别是东南夏季风由东向西递减分布的影响，大体在35°～50°N间，从最东部的长白山地到最西端的塔里木盆地，形成了一条南北宽数百千米、东西长数千千米经向分布的6个水平自然带，由东向西依次梯度分布，带间自然特征分异明显。我国沙漠除最东部森林带无分布外，森林草原、干草原、荒漠草原（半荒漠）、干旱荒漠、极旱荒漠等5个自然（亚）带均有分布。

▼中国北方水平自然带分布示意图

通常认为，南疆盆地的极端干旱是天山及帕米尔高原对西风带水汽遮蔽的结果，但从东南季风对降水分布规律的影响看，也可解释为因其地处东南季风影响末端，水汽到此已经耗尽的必然结果。因此，无论其干旱的成因如何归属，都不影响这片极旱区域处于经向自然带谱序列最西端的现实。鉴此，不妨也可将其看作经向自然带谱中极旱荒漠带的向西延续。

极旱荒漠带的风沙地貌景观（库姆塔格沙漠）（George Steinmetz 摄）

2.1 极旱荒漠带的沙漠

本带位于玉门–北山一线以西，天山以南，阿尔金山–昆仑山以北，帕米尔高原以东的区域。此外，柴达木盆地虽处青藏高原，但更具西北内陆干旱气候特征，其中西部亦属极旱荒漠类型。区内有塔克拉玛干沙漠、库姆塔格沙漠、鄯善库木塔格沙漠及柴达木盆地沙漠的中西部，沙漠面积共 37.93 万km^2，占全国沙漠总面积的55.14%，是5个生物气候带中沙漠面积最大的一个。区域年均降水量不足 50 mm，其中塔里木盆地东南部、柴达木盆地西北部、吐鲁番盆地年降水量不足20 mm，为我国乃至中亚最为干旱的区域。地带性植被为零星分布的超旱生矮小灌木、半灌木极旱荒漠，仅在低湿地段有湿生、盐生植物生长，部分河流沿岸有胡杨河岸林发育。全域沙丘几乎全为流动状态，仅沙漠边缘及河湖沿岸有极少量半固定或固定沙丘分布。

2.2 干旱荒漠带的沙漠

本带大体位于乌力吉–哈拉乌拉山西端–贺兰山一线以西，玉门–北山–巴里坤山一线以北，西至准噶尔盆地西缘之间的区域，其间包括阿拉善高原、河西走廊东、中段及准噶尔盆地，为一东南–西北走向、长约2 000 km的狭长地带，西部的古尔班通古特沙漠受西风环流控制，东部的巴丹吉林沙漠虽为西风带影响区，但也受到东南季风的惠顾，为两大环流的过渡区。极地冷气团也给准噶尔盆地带来北冰洋水汽，印度洋水汽亦偶尔到达柴达木盆地东南部，并致降水。区内年降水量约在50 ~ 100 mm之间，其中准噶尔盆地东部和腾格里沙漠东南部可达100 ~ 150 mm。受青藏高原东北边缘凸出前伸对冬季风的挤压加速影响，阿拉善高原风沙活动及流沙扩散极其活跃，巴丹吉林沙漠北部的拐子湖一带为我国沙尘暴的高频发区域。区域总体呈现典型干旱荒漠景观，东部区域地带性植被主要为以白刺、沙拐枣、绵刺等耐旱灌木、矮灌木及盐生植物组成的荒漠植被。除古尔班通古特沙漠外，其余以流动沙丘为主，东南部有少量半固定沙丘。巴丹吉林沙漠东南部湖泊众多，与沙丘相间分布，腾格里沙漠多盐湖或干涸湖盆。古尔班通古特沙漠环境较为湿润，发育了以梭梭为主并伴有短命植物及地衣、藓类等低等植物为代表的植被类型，是我国荒漠带唯一以固定半固定沙丘为主的沙漠。

受风向及地形等因素影响，巴丹吉林沙漠以沙丘高大（沙丘最高可达500 m）、湖泊密布著称；腾格里沙漠以格状沙丘居多；古尔班通古特沙漠以纵向复合型沙垄为主，特别是纵向复合型树枝状沙垄别具特色。

巴丹吉林沙漠南缘的复合型沙山卫星影像

巴丹吉林沙漠中的湖泊与沙山（诺敏·何　摄）

2.3 荒漠草原带的沙漠

本带位于干旱荒漠带以东，苏尼特左旗-达茂旗（百灵庙）-河套东缘-盐池一线以西，主要包括阿拉善高原东部和东北部及鄂尔多斯高原北部。区内分布着乌兰布和沙漠、狼山以西的沙漠、库布齐沙漠的中西部及宁夏河东沙地，年均降水量100～200 mm，地带性植被以荒漠草原丛生矮禾草及灌木、半灌木为主，盖度多在30%以下。区内狼山-桌子山间的开阔地形，对掠过阿拉善高原的蒙古-西伯利亚高压向东扩散产生导向作用，致乌兰布和沙漠南部、库布齐沙漠中西部沙丘多以流动为主，乌兰布和沙漠北部及东部多为半固定、固定沙丘。狼山以西沙漠虽以流动沙丘为主，但多有稀疏的梭梭散生其间。

2.4 干草原带的沙漠

本区位于荒漠草原带以东，大兴安岭-张家口-大同-榆林一线以西的内蒙古高原中、东部，鄂尔多斯高原，以及青藏高原东北缘的共和盆地-青海湖一带。毛乌素沙地、浑善达克沙地、乌珠穆沁沙地、呼伦贝尔沙地、共和盆地沙地以及库布齐沙漠的东部分布在本区，是我国沙地集中分布的区域。区内年均降水量

狼山以西沙漠中的半固定沙丘（杨维西　摄）

浑善达克沙地南部的疏林草原景观（正蓝旗）（丁　荣　摄）

200～400 mm，从东向西呈递减分布。植被以羊草、针茅等禾草草原为主，总盖度可达40%～70%或更高。西部草原中蒿类、锦鸡儿属成分增高，本区东部的浑善达克沙地、乌珠穆沁沙地广布的榆树疏林也属我国仅有的温带稀树草原分布区。西北或偏西风为区域盛行风向，中东部因地形开阔平坦，风力总体上较其以西的荒漠带有所减弱，沙丘以固定、半固定状态为主，向西随植被盖度减低，流动沙丘比例渐增。共和盆地因受掠过柴达木盆地的蒙古-西伯利亚干燥气流控制，沙地流动沙丘占比最大，但丘间低地多有零散或片状植被分布。

2.5 森林草原带的沙漠

位于大兴安岭南段及其东侧，仅科尔沁沙地分布在此区，沙地年均降水量约400 mm左右，但因西侧山地的庇护，风力和蒸发力都明显降低，沙地环境较为湿润。伴有沙地锦鸡儿、灌木柳、蒿类的针茅草原及榆树疏林草原为本区地带性植被。沙地以固定半固定沙丘为主，流动沙丘多分布在西部山口及河谷多风地带。因植被较好，科尔沁沙地亦作牧场利用。

3 中国沙漠的分布特征与格局

3.1 中国沙漠的分布特征

3.1.1 中国沙漠为中纬度的温带沙漠

青藏高原的隆起及其产生的热力效应，打破了控制我国大陆的行星风系，季风环流成为影响我国大陆的主要风系，特别是高原隆起导致的西风带分支绕流，使长江以南的低纬度地区变得湿润多雨，避开了全球性“回归沙漠带”的魔咒，却让地处中纬度的我国西北内陆更加干旱，成为沙漠、戈壁广布的地域。我国沙漠属典型的中纬度温带沙漠，且大约92%的面积分布在以蒙新高原为主的中国地势二级阶梯。

3.1.2 山间盆地型沙漠是中国沙漠的主体类型

山间盆地及湖盆凹地是我国西北内陆的重要地貌类型，山间盆地型沙漠在我国沙漠中占有很大比例，塔克拉玛干沙漠、古尔班通古特沙漠、柴达木盆地沙漠、库木库里盆地沙漠、鄯善库木塔格沙漠、共和盆地沙地属于典型的山间盆沙漠，腾格里沙漠、巴丹吉林沙漠、毛乌素沙地、浑善达克沙地则处于类似地形特征的湖盆洼地。山间盆地或低洼湖盆是区域的汇水中心，堆积了来自周边山地的丰富风化沉积物，在气候干旱或湖盆构造抬升时，湖面下降以至干涸，湖盆底部深厚的湖相地层出露地表，在强风作用下，成为沙漠形成的物质来源。此外，盆地的封闭地形，有利于沙物质的积累，而不利于沙物质向盆地外扩散流失，为内陆干旱区山间盆地沙漠的形成和发育提供了有利的地形条件。山间盆地型（或具有类似地形特征）沙漠面积约占全国沙漠总面积的83.50%，是我国最主要的沙漠类型。

▼山间盆地型沙漠分布区卫星影像

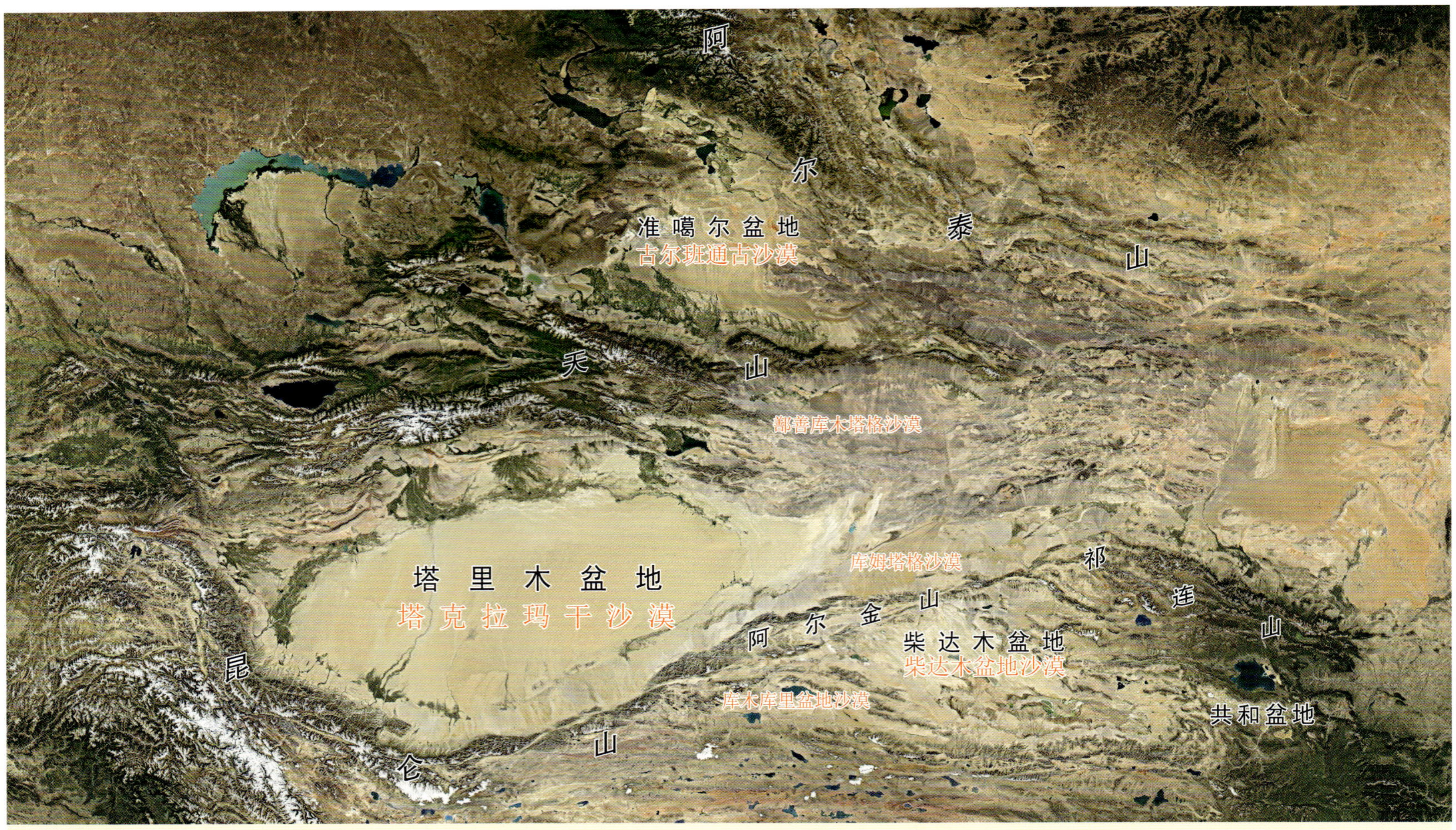

新甘蒙三角区以西是我国大型山间盆地型沙漠的主要分布区，除了塔克拉玛干沙漠外，库姆塔格沙漠、古尔班通古特沙漠、鄯善库木塔格沙漠、柴达木盆地沙漠、库木库里盆地沙漠及共和盆地沙地都分布在这里。由于地形封闭，典型的山间盆地型沙漠多为相互独立的封闭体系，沙漠的物源主要来源于盆地中的湖相沉积及周边山地剥蚀物，相互间极少发生沙物质的流动。

山间盆地型沙漠分布区数字高程地貌图

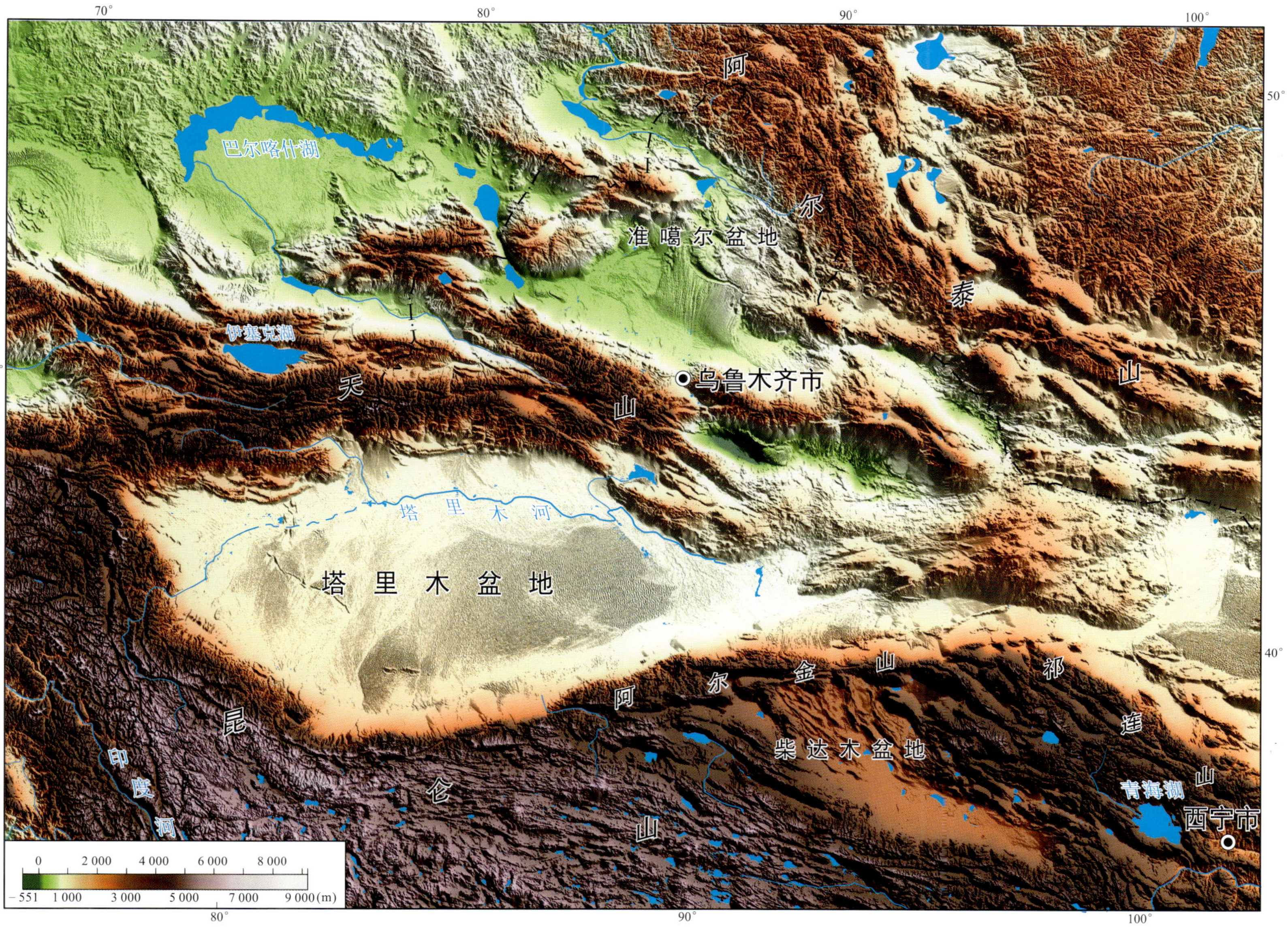

西部大山中的几个垭口

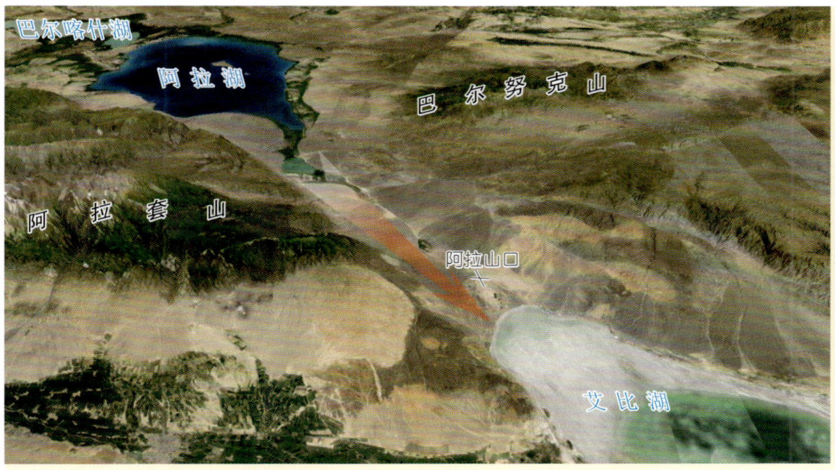

（a）准噶尔盆地西部界山垭口（阿拉山口）

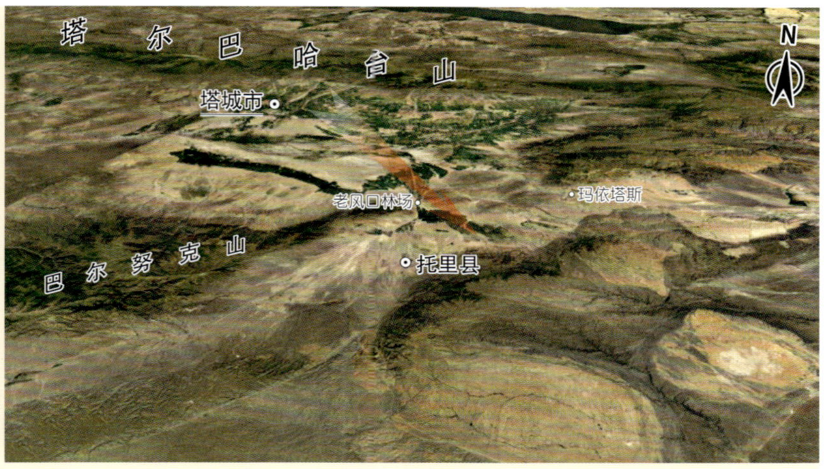

（b）准噶尔盆地西部界山垭口（老风口）

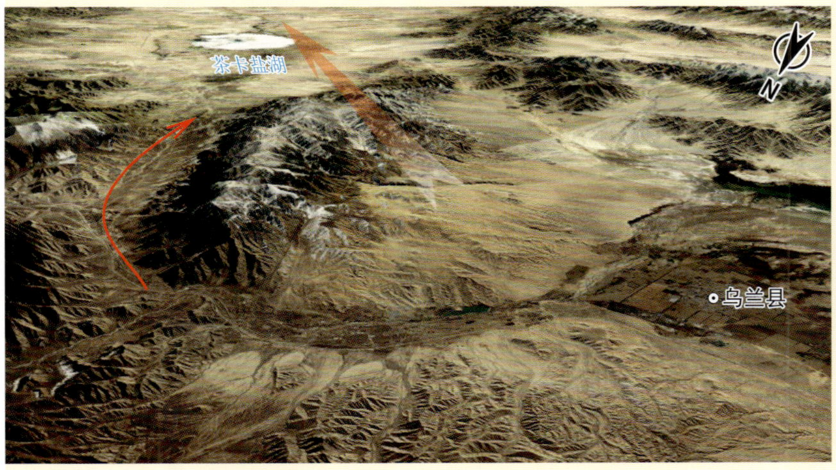

（c）共和盆地与柴达木盆地间的界山垭口

（d）天山中部垭口（达坂城风口）

西北内陆的高大山脉有许多低矮的垭口，成为封闭盆地间气流流动的通道，对内陆山间盆地型沙漠的气候、风沙地貌的形成，特别是沙丘的形态类型、排列走向及移动方向等都具有重要的影响作用。上图为几个典型垭口的卫星影像。

3.1.3 中国沙漠的沙丘类型、排列方式及移动方向均受盛行冬季风的控制

分析我国沙漠的沙丘形态类型、排列方式及移动方向，可以发现从西北边陲到东北平原西缘，几乎所有沙丘都有规律地呈现出与盛行冬季风大体相同的移动方向，沙丘排列方式也呈现与冬季风运行方向的高度契合。即使像塔克拉玛干沙漠这样的大型山间盆地，不管冬季风风向随盆地地形发生怎样的变化，但其沙丘

▼中国沙漠分布区盛行风向

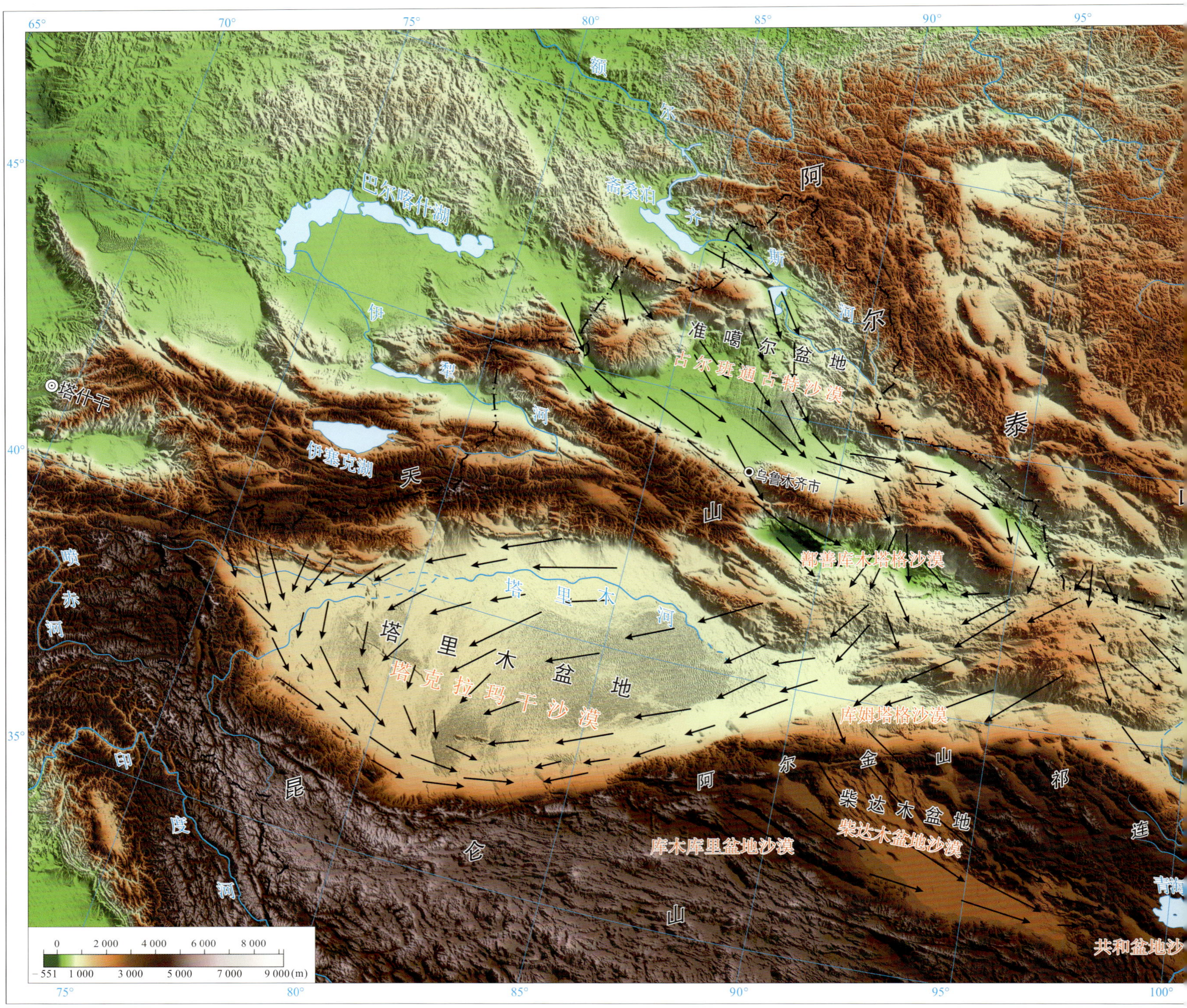

▼盛行冬季风对沙漠分布的影响

（a）青海湖滨沙地　　（b）阿克别勒沙漠

中国沙漠的沙丘排列方式、走向及移动方向总体受西北向冬季风的控制。在内蒙古高原，河岸及湖滨沙漠多分布在河流、湖泊的东

的排列方式及移动方向依然遵循变化了的盛行冬季风向的运行规律。西北或偏西向的蒙古-西伯利亚高压和西风环流是决定我国沙漠沙丘形态、排列方式及移动方向的主要控制性外营力。受此影响，许多湖滨或河岸沙漠（苛）多分布在河流或湖泊下风向的东南或偏东一侧，不仅印证了冬季风对沙漠形成、沙丘排列及移动的控制作用，也揭示了河湖在沙漠形成与发展中的重要作用。

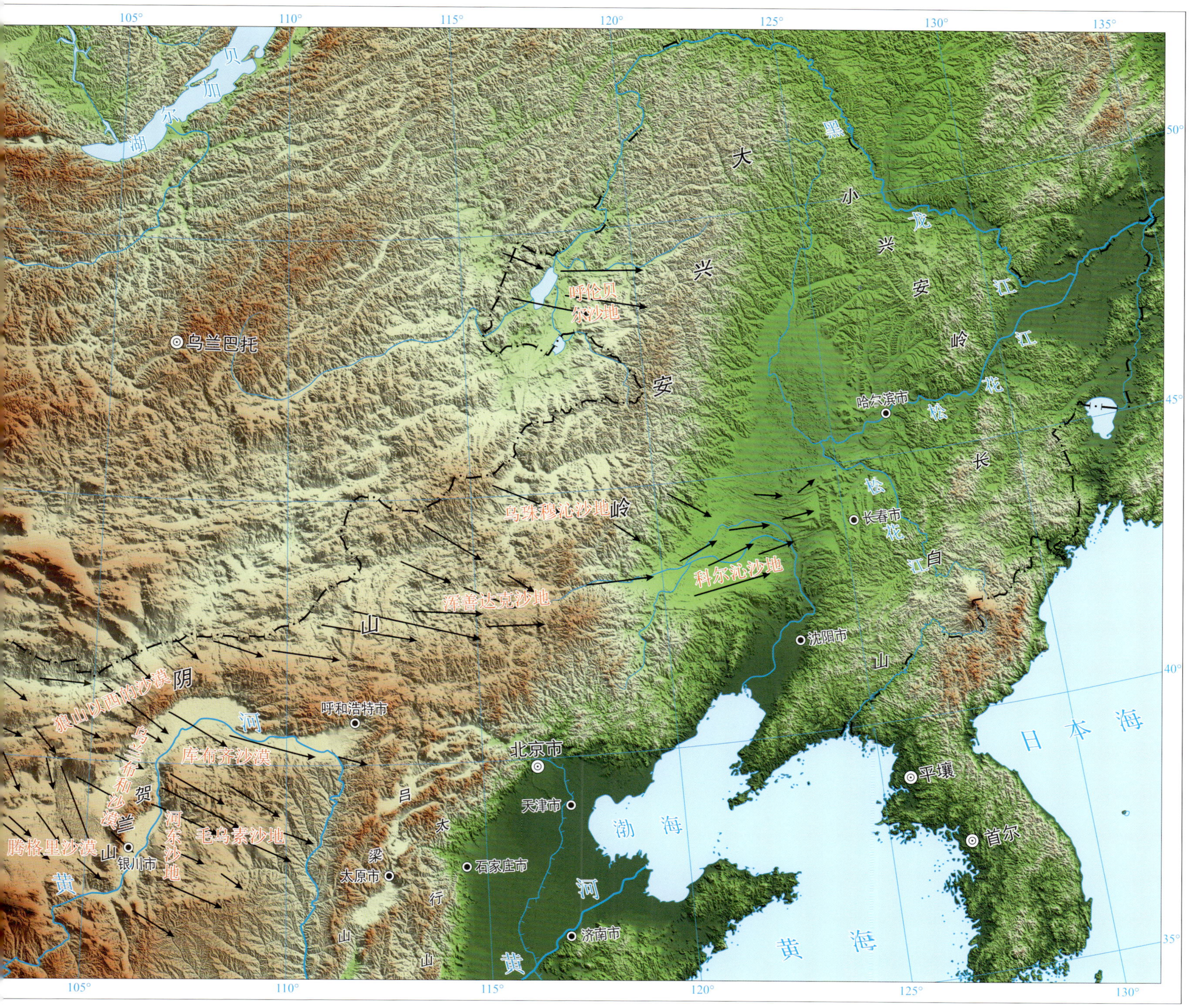

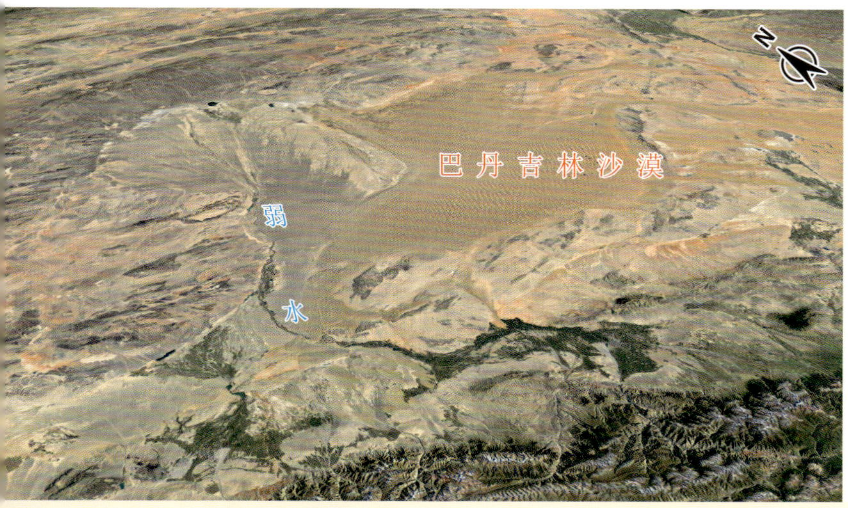

（c）巴丹吉林沙漠

（d）乌梁素海湖滨沙地

南侧或东侧，即使在风向受到地形强烈影响的山间盆地，沙丘移动的动力源泉仍然是受到地形影响发生改变的冬季风。

内陆山间盆地沙漠降水虽少，但其周边的高山却有较大的降水量，其高海拔地带分布的冰川和积雪为沙漠提供了丰富的水资源。据估计，西北内陆沙漠地区外围高山冰川的总面积有3.26万km^2，年冰川融水径流量227.17亿m^3。影像为被冰雪覆盖的天山东段海拔5 445 m的博格达峰，其周边的大小冰川达110多条。

3.1.4 以内流河为主的沙漠水文网

在我国沙漠中，多数沙漠的水文网是以沙漠及其周边山地为单元形成的相互独立、封闭的内流水文网系统。以周边山地为产流区，盆地为汇流中心，这是我国沙漠的另一重要特点。在我国沙漠中，内流水文网面积约占89%，可外流入海的沙漠流域约占沙漠总面积的11%。由于区域干旱少雨，在所有沙漠的水文网系统中，多数河流都具有流程短促、流量细小的特征，且以间歇性河流为主。即使像塔里木河、弱水、疏勒河、石羊河等这些依靠高山冰雪融水补给、流程较长、流量较大的河流，最终也都消失在尾闾洼地或沙漠之中。

从区域看，草原带的沙地及干旱荒漠带西部的古尔班通古特沙漠，依靠天然降水沙生耐旱植被可维持生长，沙丘以固定、半固定为主。极旱荒漠带及阿拉善高原的干旱荒漠带虽有一些依靠周边山地降水或冰雪融水补给的较大内流河流注入，但多被沿途绿洲拦截消耗，多数河流与沙漠的内在联系减弱，大气降水难以维持植物生存的基本需要，故沙丘完全或主要以流动为主。

3.2 中国沙漠的分布格局

沙漠、戈壁和黄土是我国西北内陆最具特色的三种地貌类型，三者在形成上存在着紧密的关系。戈壁是沙漠和黄土的物源提供者，黄土是戈壁和沙漠中黏粒物质的接受者，沙漠既是戈壁中细小沙粒的接受者，也是黄土中黏粒物质的提供者。在西北内陆的高原与盆地中，这三者之间呈现出规律性的分布格局。

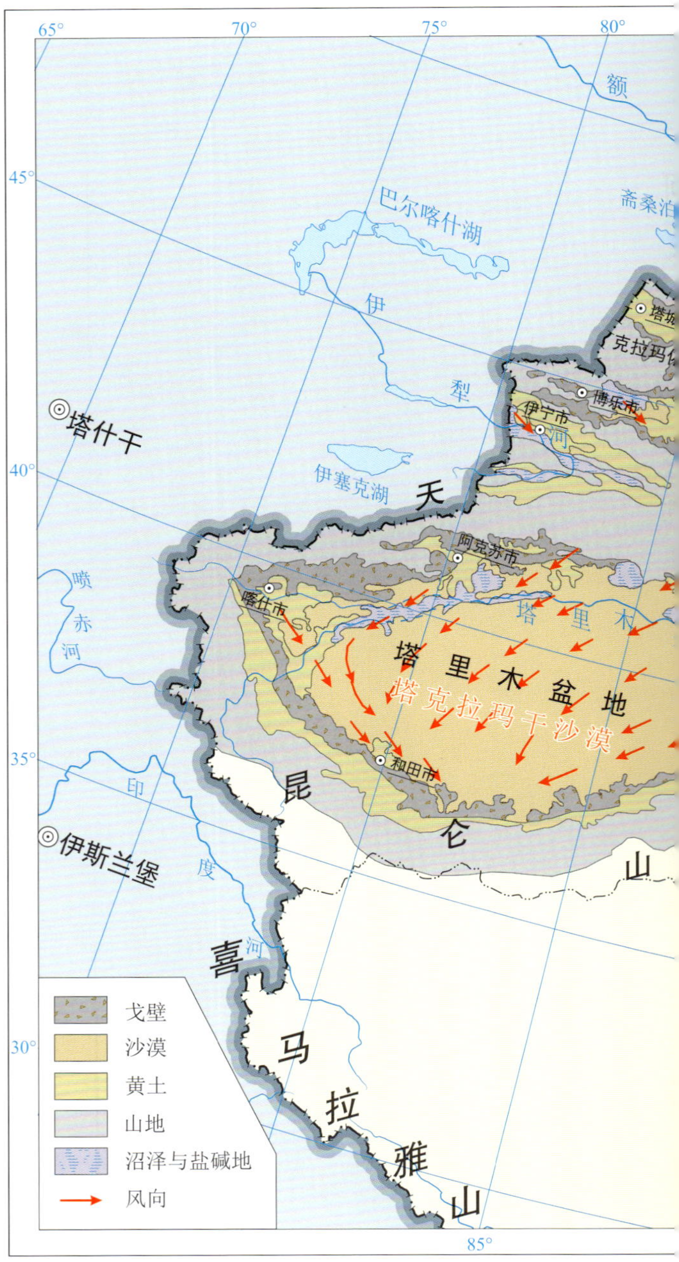

腾格里沙漠的湖泊与沙丘（杨 孝 摄）

冬季风影响下的中国北方地区戈壁、沙漠、黄土分布格局示意图

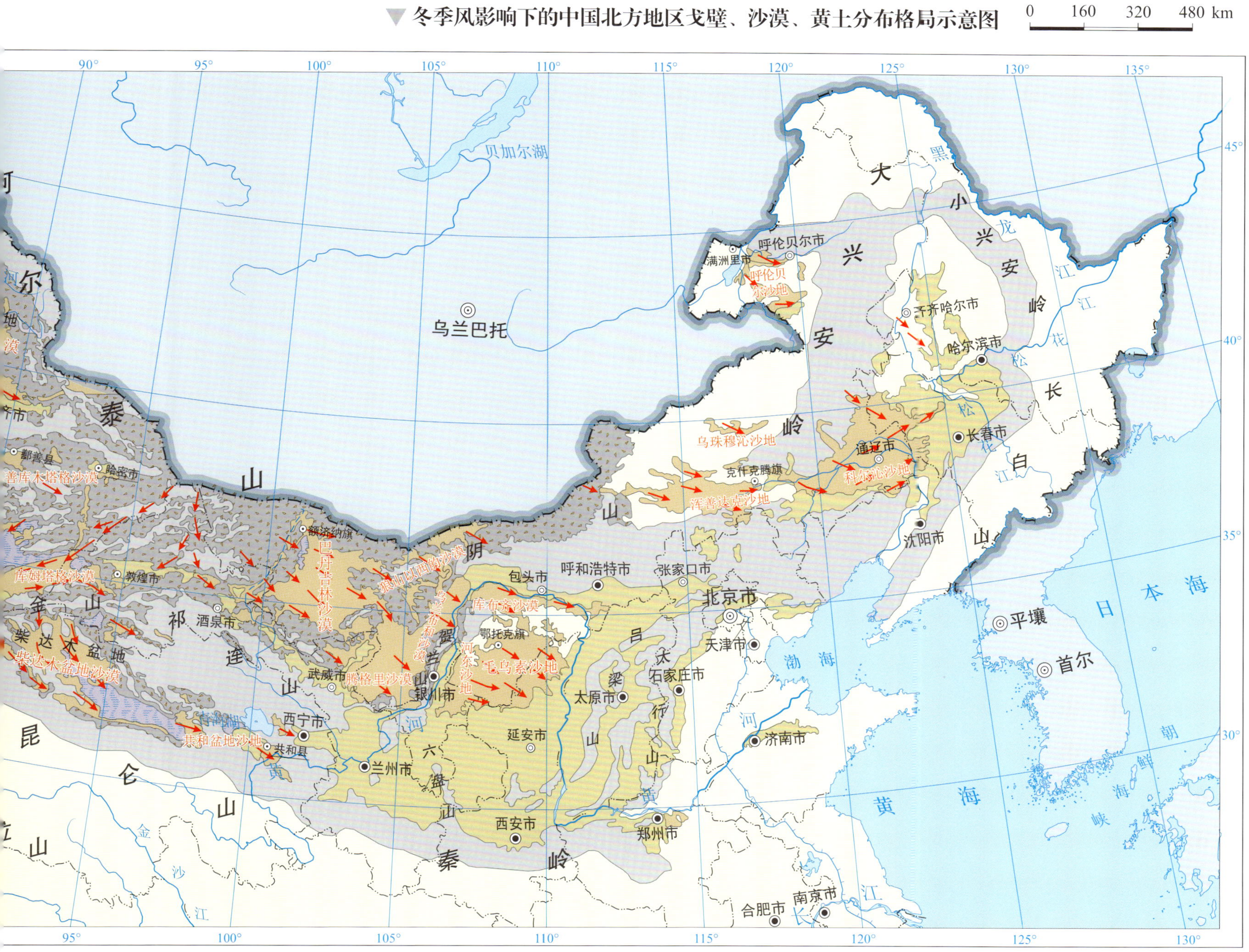

据《岩漠·砾漠·沙漠·黄土》，陕西人民美术出版社1984年出版。

3.2.1 在开阔平缓的高原区域，戈壁–沙漠–黄土从西北向东南依次分布

在西北内陆开阔平缓的高原区域，戈壁、沙漠、黄土明显呈现出从西北向东南依次分布的格局，这种规律性的分布格局，反映了盛行西北风在这三种地貌形成中的重要作用，也在一定程度上揭示了它们在形成中的相互关系。例如，在巴丹吉林沙漠、腾格里沙漠及乌兰布和沙漠上风向的阿拉善高原、准噶尔盆地北部以及蒙古国中西部，分布着上百万平方千米的剥蚀戈壁，而在这

▼ 内蒙古高原中西部数字高程地貌图 0 26.5 53.0 km

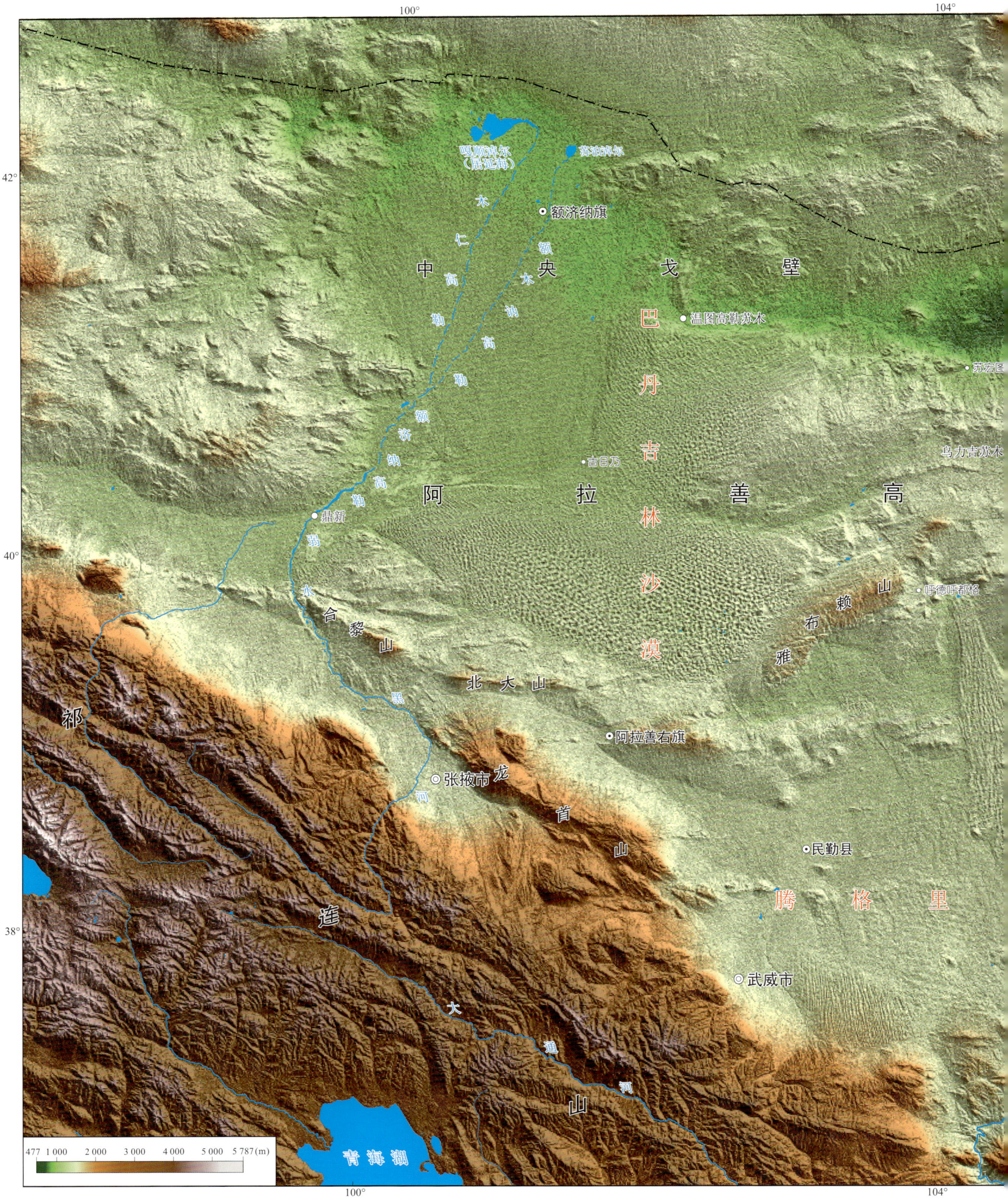

些沙漠的下风向发育了地球上面积最大、最厚的黄土高原，便是西北向冬季风动力作用下戈壁-沙漠-黄土区域分异的具体体现。矿物成分分析也表明，上风向戈壁中的沙粒参与了这些沙漠的形成与发展，而黄土高原的黏粒物质也的确来自其上风向的沙漠和戈壁。气流的分选功能巧妙地将它们定位在高原的不同地形部位，形成戈壁-沙漠-黄土从西北向东南依次分布的格局。

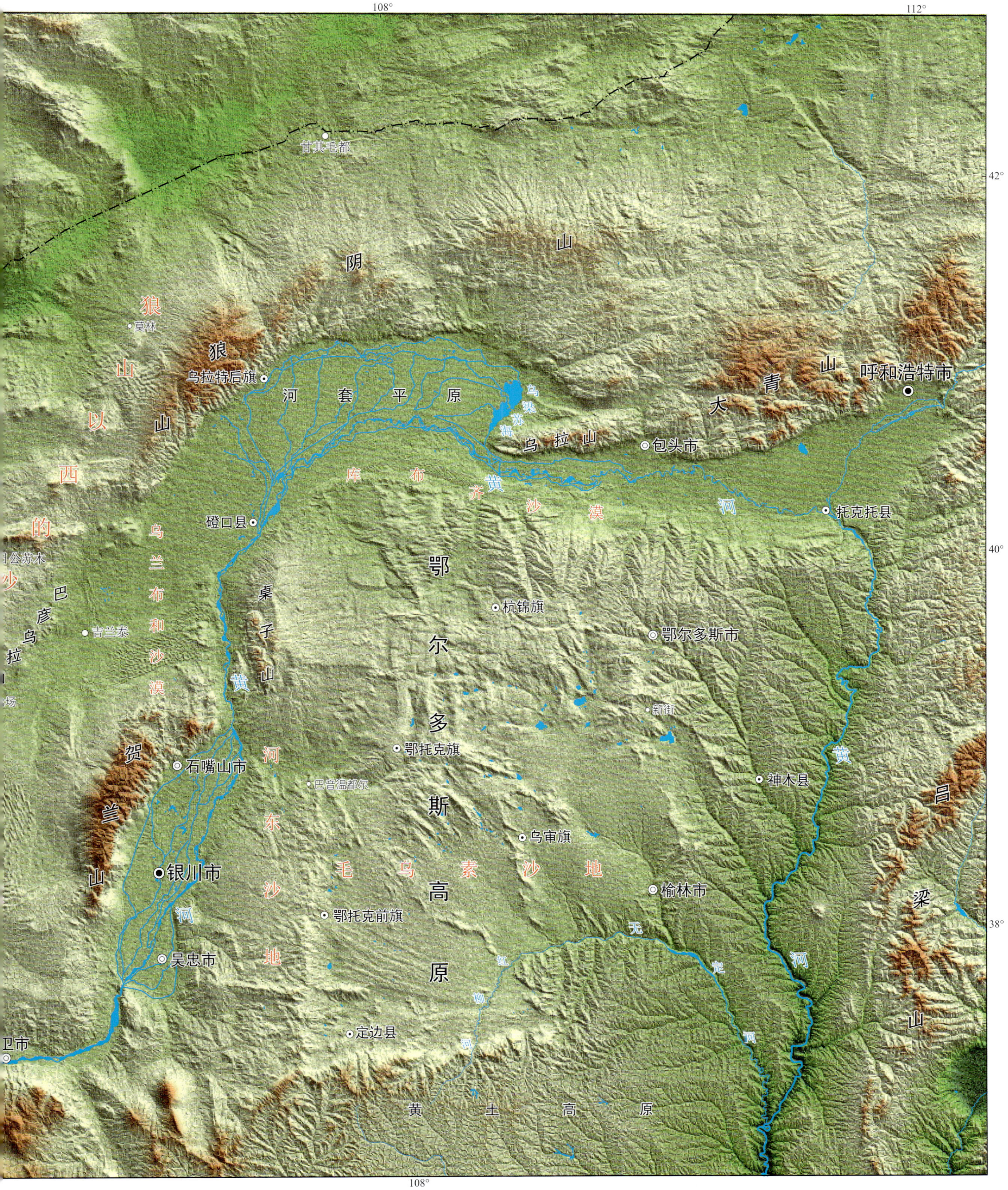

▼ 阿拉善高原的沙漠

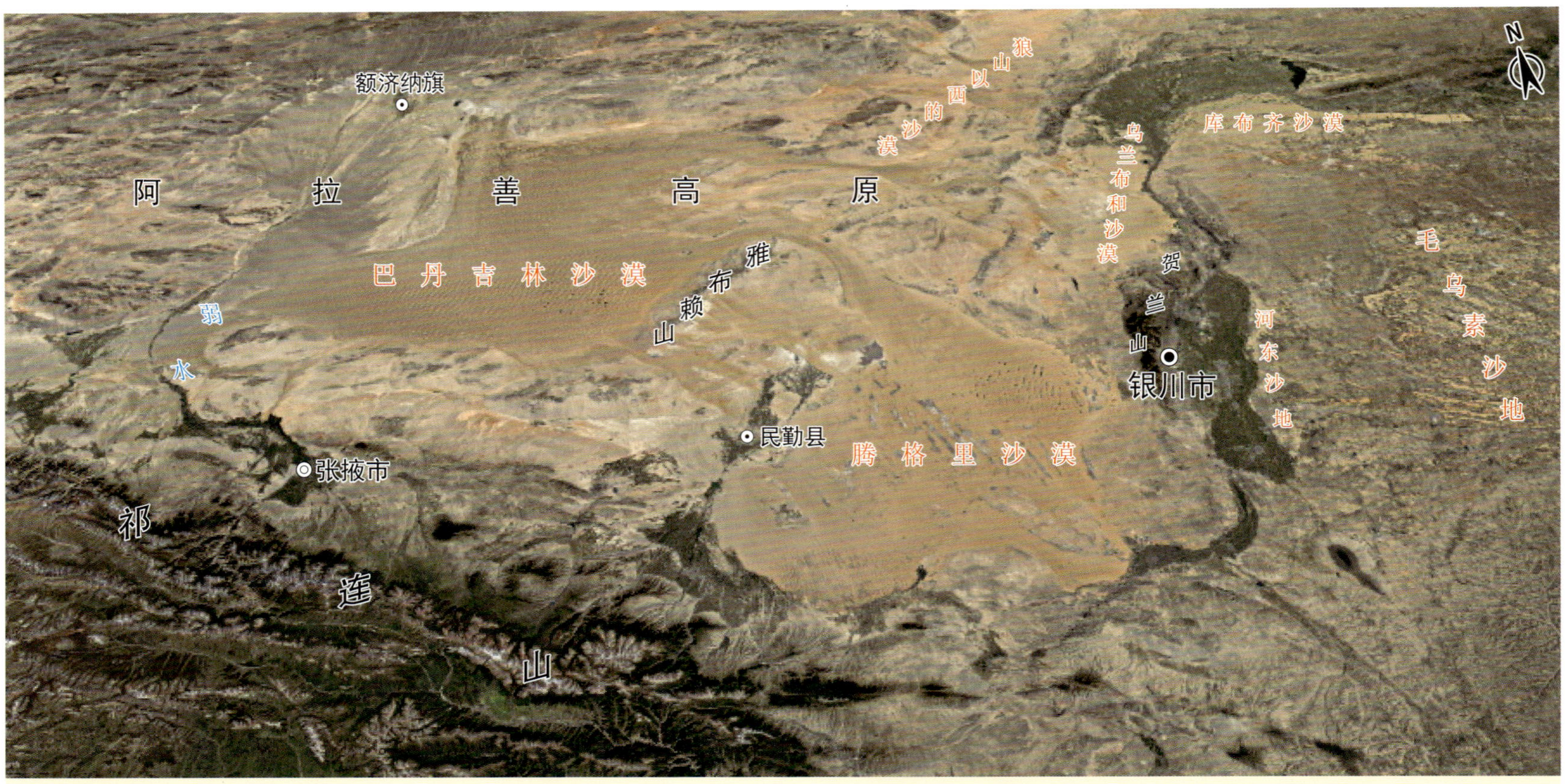

阿拉善高原地处祁连山与阿尔泰山的夹持束缚之中，又居蒙古－西伯利亚高压南下东进的通道，地形开阔坦荡，强劲的冬季风使这里成为内蒙古高原沙漠分布最为集中、风沙活动最为活跃的区域。

▼ 不同视角下阿拉善高原的风沙流

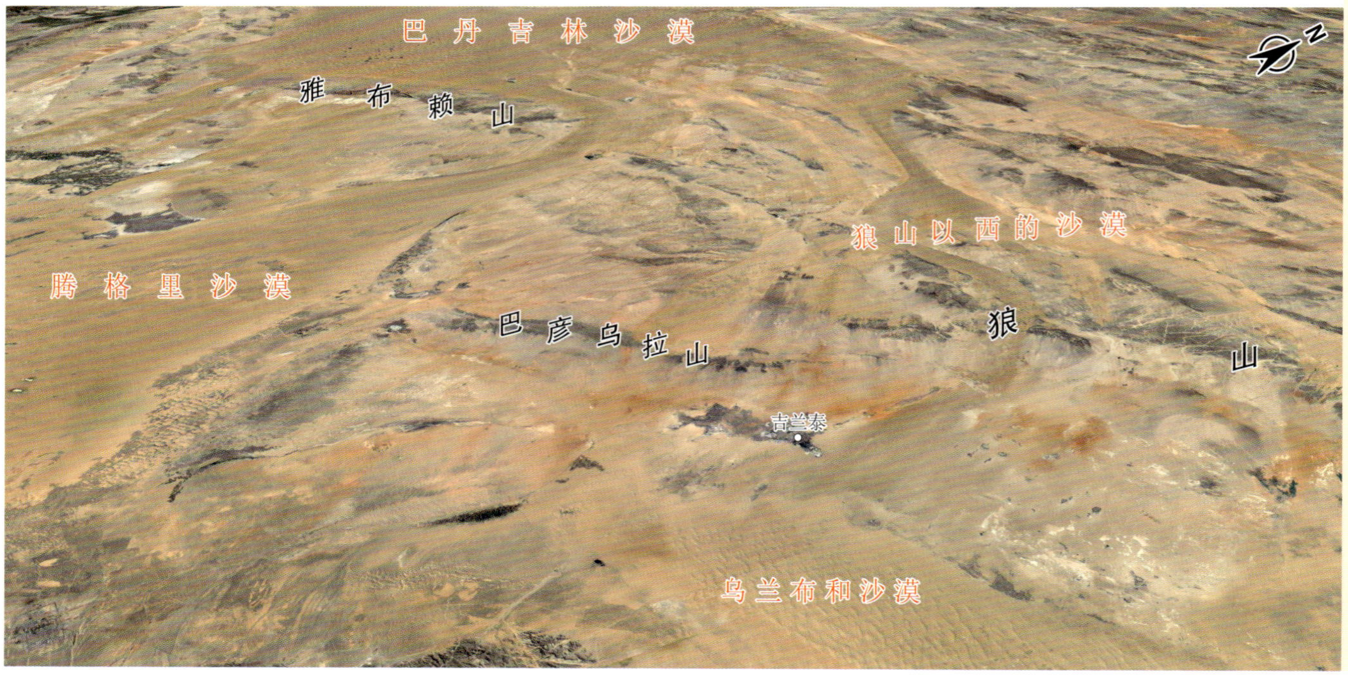

如从不同的视角去看阿拉善高原沙漠的分布与风沙流的相互交织，对高原沙漠之间的联系会有更清晰、全面的了解。卫星影像显示带状风沙流将巴丹吉林沙漠与腾格里沙漠、乌兰布和沙漠及狼山以西的沙漠交织在一起。

3.2.2 在山间盆地，沙漠-戈壁-黄土从内向外依次分布

在西北内陆的山间盆地，沙漠通常分布在盆地中央，其外围是盆地周缘呈环带状分布的砾质戈壁，黄土带则多呈不连续的片、带状分布在盆地周边山地的山坳里。在山间盆地，洪水将山地的风化岩屑搬向盆地，较大的石砾最先堆积在山前，形成山前冲洪积扇-砾质戈壁，较细的沙粒被流水进一步送往盆地腹地，在盆山热力差异及盆地盛行风的共同作用下，盆地腹地及戈壁带中的黏粒被吹扬到周边山地，成为断续分布的黄土带，留在盆地的沙粒则形成沙漠。这种“沙漠-戈壁-黄土”由盆地腹地向外依次分布的格局是这三种地貌在内陆盆地的典型分布模式。与辽阔高原地形下戈壁-沙漠-黄土依次分布的格局相比，山间盆地这种沙漠-戈壁-黄土的“错位”分布，其原因主要是流水在山间盆地沙漠形成中扮演了更为重要的角色。这种分布格局在塔里木、柴达木、准噶尔等大型山间盆地十分普遍。

沙漠、戈壁、黄土在辽阔高原及山间盆地中的不同分布格局，也揭示了内陆沙漠在辽阔高原及大型山间盆地两种不同地形环境下的形成过程及分布模式。

在流水及风力作用下，干燥剥蚀高地的风化剥蚀物成为高原沙漠的重要物质来源。（杨维西　摄）

▼ **几种地貌类型在山间盆地的环带状分布规律**

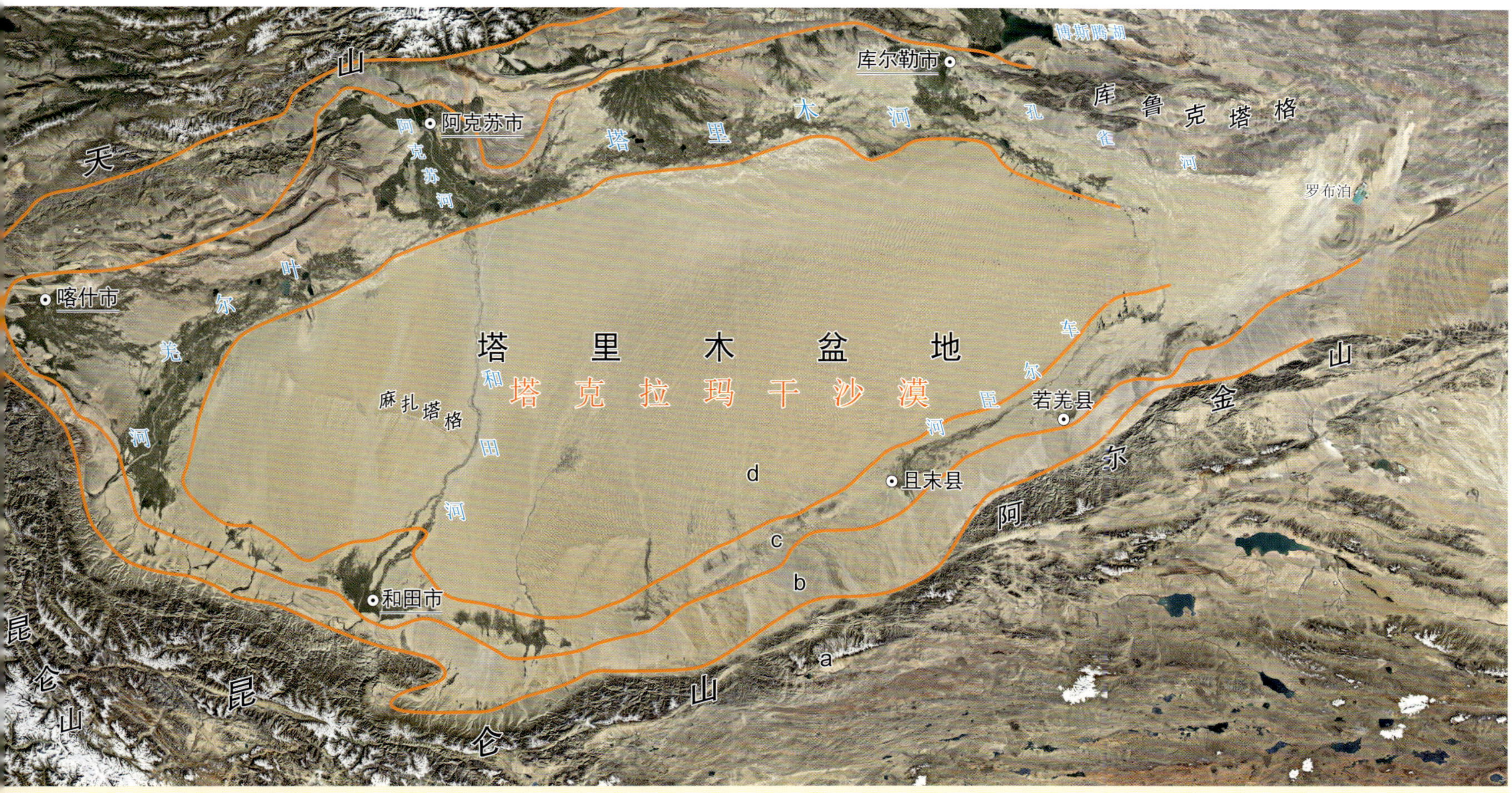

在大型内陆山间盆地，山地－山前戈壁－绿洲－沙漠通常呈环带状规律性地向心分布，这种分布特征在椭圆形的塔里木盆地十分典型（图中：a. 山地带；b. 山前戈壁带；c. 绿洲带；d. 沙漠）。

在西北内陆的山间盆地，热风把盆地湖相沉积层及山前冲积扇－砾质戈壁中的粘粒送上周边山地，并在山腰地带沉积下来，堆成厚厚的黄土，层状黄土则记录了盆地沙漠的形成过程和年代。照片为天山北坡山坳的风积黄土。（杨维西　摄）

冲积扇既是山地风化岩屑的堆积地，也是内陆沙漠主要的沙物质提供场所，在沙漠形成与发展中具有重要作用。卫星影像为河西走廊疏勒河上游的冲积扇，其上为祁连山雪山，随着山地由高向低的梯级变化，形成了多重冲积扇的阶梯分布，其中最大的冲积扇扇面幅宽达 60 km，扇长 45 km。

4 中国沙漠的形成时代及成因

4.1 中国沙漠形成的时代

我国沙漠的形成最早可以追溯到中生代的白垩纪，但那是现代黄色沙漠出现之前曾广泛分布在我国大陆的红色沙漠。白垩纪-早第三纪时，在行星风系控制下，在25°～50°N的我国大陆，从西北的准噶尔盆地到东南的江西一带，形成一条跨越十余省区、斜贯大陆的热带-亚热带红色荒漠带，其间的许多盆地发育了红色沙漠。后随气候转凉，红色荒漠带逐渐退缩北移，至晚第三纪末消失。

我国现代黄色沙漠则是第四纪以来形成的。相较温暖而稳定的新生代早中期，起始于260万年前的第四纪是一个寒冷的时代，其显著特点是冰期-间冰期的多次旋回，期间最重要的地质事件就是青藏高原的快速隆升。我国现代黄色沙漠正是随着青藏高原的隆起而形成和发展的，在冰期-间冰期的旋回中经历了重要的发展及演化，最终形成现今的分布格局。

第四纪更新世早、中期是中国沙漠形成的重要时代。青藏高原在历经多次抬升-夷平过程之后，高原面在早更新世至中更新世之交的喜马拉雅造山运动中抬升到大约3 000～3 500 m，部分山地更上升到4 000～4 500 m，进入冰冻圈，开始了大规模冰川作用。高耸的高原面不仅阻挡了西南季风对西北内陆的水汽输送，也迫使西风带发生分支绕流，打破了控制我国大陆气候的行星风系，强劲的蒙古-西伯利亚高压成为我国大陆冬半年的控制风系，夏季风强度大幅减弱，西北内陆干旱气候进一步强化，为沙漠的形成发育创造了有利的气候环境。塔克拉玛干沙漠、巴丹吉林沙漠、腾格里沙漠、库布齐沙漠、古尔班通古特沙漠以及浑善达克沙地、毛乌素沙地、科尔沁沙地、呼伦贝尔沙地等主要沙漠沙地多在此时或更早时期形成。中更新世时，内陆干旱气候进一步强化，沙漠得到迅速扩展。因此，更新世早、中期是我国黄色沙漠逐渐形成并迅速扩展的重要时期。

4.2 中国沙漠的成因

导致我国北方内陆沙漠形成的根本原因是青藏高原的隆起，以及隆起后高原的热力效应对中亚乃至全球水热环境的影响。

高原隆起打破了原本控制我国大陆的行星风系，导致季风环流系统的形成。源于印度洋的西南夏季风的形成，曾一度让我国西北内陆变得湿润，发育了红色黏土。然而，持续隆升的高原体最终成为一道高高耸立的屏障，使西南季风挟带的印度洋水汽无法爬越高原到达西北内陆。同时，高原隆升致使蒙古-西伯利亚高压加强，东南夏季风减弱退缩，干燥强劲的西北风成为冬半年我国大陆的控制风系，导致西北内陆干旱加剧。因此，青藏高原的隆起是导致我国西北内陆成为干旱少雨、风力强劲，沙漠、戈壁、黄土广布的根本原因。

深居内陆、远离海洋的地理位置，也进一步加剧了西北内陆的干旱环境。我国沙漠分布的西北内陆深居欧亚大陆腹地，如以敦煌为中心，距离太平洋、北冰洋及大西洋的垂直距离分别约为2 500 km、3 000 km和5 000 km左右。长途跋涉的消耗以及崇山峻岭的层层拦截，使无论来自哪个洋面的水汽到达西北内陆时都成强弩之末，所剩无几了。高耸的天山使来自大西洋和北冰洋的微弱水汽难以到达南疆盆地，加上越过青藏高原面的气流在高原北缘下沉时形成的"焚风"效应，也给原本非常干旱的南疆气候火上浇油，致使塔里木盆地东部至河西走廊西部及柴达木盆地西北部一带成为西北内陆最为干旱的区域。

蒙古-西伯利亚高压是一个厚度较薄的天气系统，很难爬越高达5 000 m的青藏高原，只能沿高原东北缘绕流南下，而高原东北缘的凸出前伸地形，又使阿拉善高原及河西走廊一带的风力更为强劲。此外，盆山热力差异、特殊地形及外围山口导致的气流倒灌则为山间盆地的强烈风沙活动提供了动力条件。

长期的构造运动使西北内陆的许多山前倾斜平原、湖盆底部、河流沿岸等地域形成了深厚的各种沉积相疏松地层。这些河湖相沉积层及山前冲积扇剥蚀高原、高地产生的大量风化剥蚀物，都成为沙漠形成的丰富物源，加上干旱、多风的气候环境，西北内陆大规模沙漠的形成就成为必然的事件。

中国地势剖面示意图

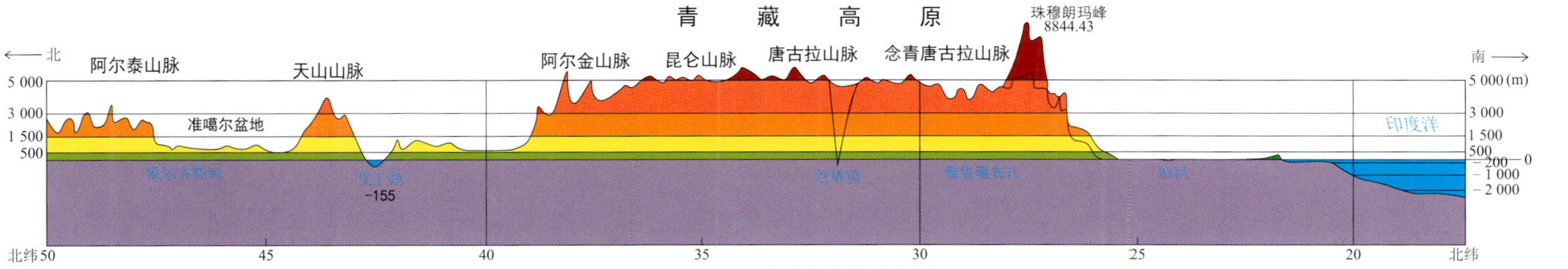

36° 30 ′N 附近地势剖面

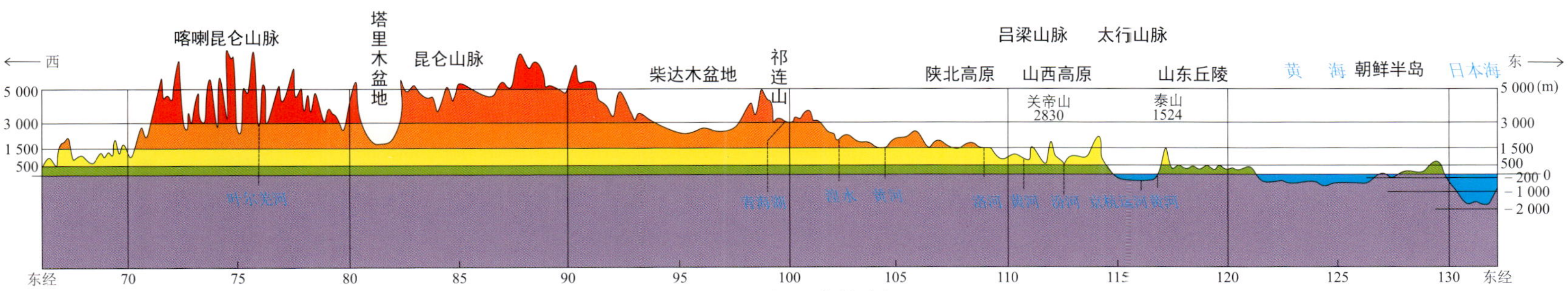

89° E 附近地势剖面

据《中国自然地理图集》，中国地图出版社2010年出版。

5 中国沙漠的演化

随着气候波动变化，西北内陆沙漠形成以来发生过多次正逆旋回，经历了漫长的发展和演化，最终形成了现今的弧形沙漠带分布格局。其中晚更新世的末次冰期和全新世大暖期是内陆荒漠形成以来最为重要的两个演化阶段。

晚更新世，青藏高原继续隆起，对西风带和西南季风的屏障作用愈益加强，末次冰期时蒙古-西伯利亚高压空前强盛，东南季风大幅减弱后退，致使西北地区降水大幅减少，是内陆沙漠形成以来经历的最为寒冷干旱的时期。末次冰盛期，200 mm等雨线向南退缩了8～10个纬度，草原带的毛乌素沙地、浑善达克沙地、科尔沁沙地以及呼伦贝尔沙地全部成为流动沙地；半荒漠带的乌兰布和沙漠、库布齐沙漠及狼山以西的沙漠中的半固定沙丘也都变成流动沙丘；干旱荒漠带的巴丹吉林沙漠、腾格里沙漠范围大幅度扩展，湖泊水位显著下降以至干涸，巴丹吉林沙漠向南向东的流沙扩散空前活跃，古尔班通古特沙漠及柴达木盆地东南部的沙丘完全成为流动状态；极旱荒漠带沙漠环境进一步强化，塔克拉玛干沙漠扩大到整个塔里木盆地，柴达木盆地的湖泊几近消失。末次冰期是内陆沙漠形成以来范围最大、沙漠正过程最强烈的时期。末次冰期也奠定了我国当今沙漠分布的基本格局。

到了全新世，北方内陆进入一个温暖湿润的时期。全新世早期，气温开始回升，降水有所增加，沙漠环境趋于好转。特别是距今8 000～3 000年的全新世大暖期，蒙古-西伯利亚高压空前减弱，东亚夏季风向北向西大幅推进，整个中国大陆进入第四纪以来最为温暖湿润的时期。其时的温度大约比现在高3～5℃，降水量比现今多三分之一以上，200 mm、400 mm降水线分别向西北推进了大约4～5个纬度。此时，除极旱荒漠带外，其余自然带的沙漠植被盖度都明显增高，古尔班通古特沙漠几乎成为完全固定的沙漠，巴丹吉林东部及腾格里沙漠东部、东南部的植被状况明显改善，半固定、固定沙丘比例增加，并有较弱的土壤化过程；草原带的毛乌素沙地、浑善达克沙地、乌珠穆沁沙地、科尔沁沙地、呼伦贝尔沙地以及共和盆地沙地等几近消失，且都经历了一次明显的成壤过程，其中愈向东土壤化程度越高，厚度越大。极旱荒漠带的干旱环境亦有所缓和，河流沿岸或低湿地的植被覆盖有所增加，但因降水量绝对值太小，以流动沙丘为主的极旱沙漠环境难以改变。全新世大暖期是中国沙漠形成以来范围最小、沙漠逆过程最显著的时期。

大暖期结束之后，气候又趋于干冷。15～19世纪的小冰期，在我国东部、西部地区分别表现为冷干和冷湿的不同气候特征。因此，小冰期对荒漠草原带以东沙地环境影响较大，部分沙丘出现活化、流沙扩展的情景。而对极旱荒漠带和干旱荒漠带西部的沙漠环境，冷湿的气候环境或许并无负面影响。

在我国沙漠形成以来经历的若干次正逆演化过程中，晚更新世的末次冰期和全新世中期的大暖期是其中两个最强烈、也是两个最极端的演化事件。其实，即便在极端寒冷干旱的末次冰期，也有过若干次相对温暖湿润的气候波动，在温暖湿润的全新世，也多次出现过相对干旱偏凉的气候环境，内陆沙漠也都在历次气候波动变化中经历了或强或弱的正逆过程。其中草原带沙漠和干旱荒漠带西部的古尔班通古特沙漠经历了多次沙丘活化、流沙扩展或沙丘固定、生草成壤的正、逆演化过程；极旱荒漠带的沙漠则始终保持了以流动沙丘为主的极旱沙漠环境；干旱荒漠带沙漠的演化模式介于极旱荒漠带与草原带沙漠之间；干旱荒漠带东南缘及部分荒漠草原带沙漠在某种程度上表现出类似草原带沙漠的演化特征，但演化强度较低。

目前，我国西北内陆的气候既没有全新世中期那么湿润温暖，也没有末次冰期那么干旱寒冷，大体介于两者之间且略微偏好的一侧，处于这种气候背景下的内陆沙漠，其自然状态下的总体环境也反映出大体类似的状态。

东部草原带全新世固定沙丘典型剖面示意图

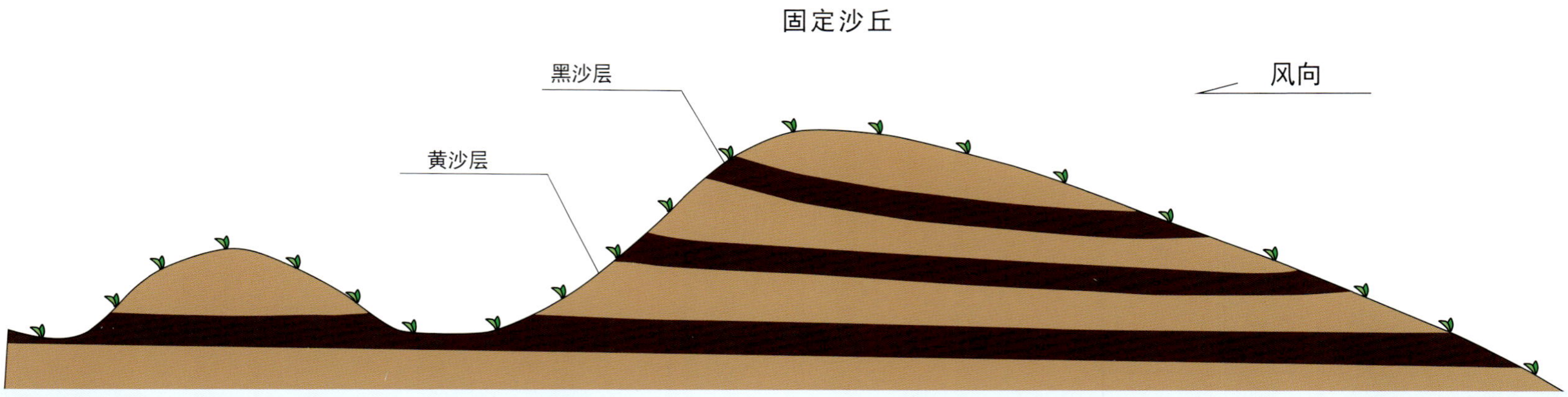

在东部沙地的沙丘剖面中常可看到颜色深浅不同的层理，清晰地记录了沙地历史演化的时代及强度等珍贵信息。

据《中国沙漠与沙漠化》，河北科学技术出版社2003年出版。

末次冰期以来中国北方环境空间格局演变示意图

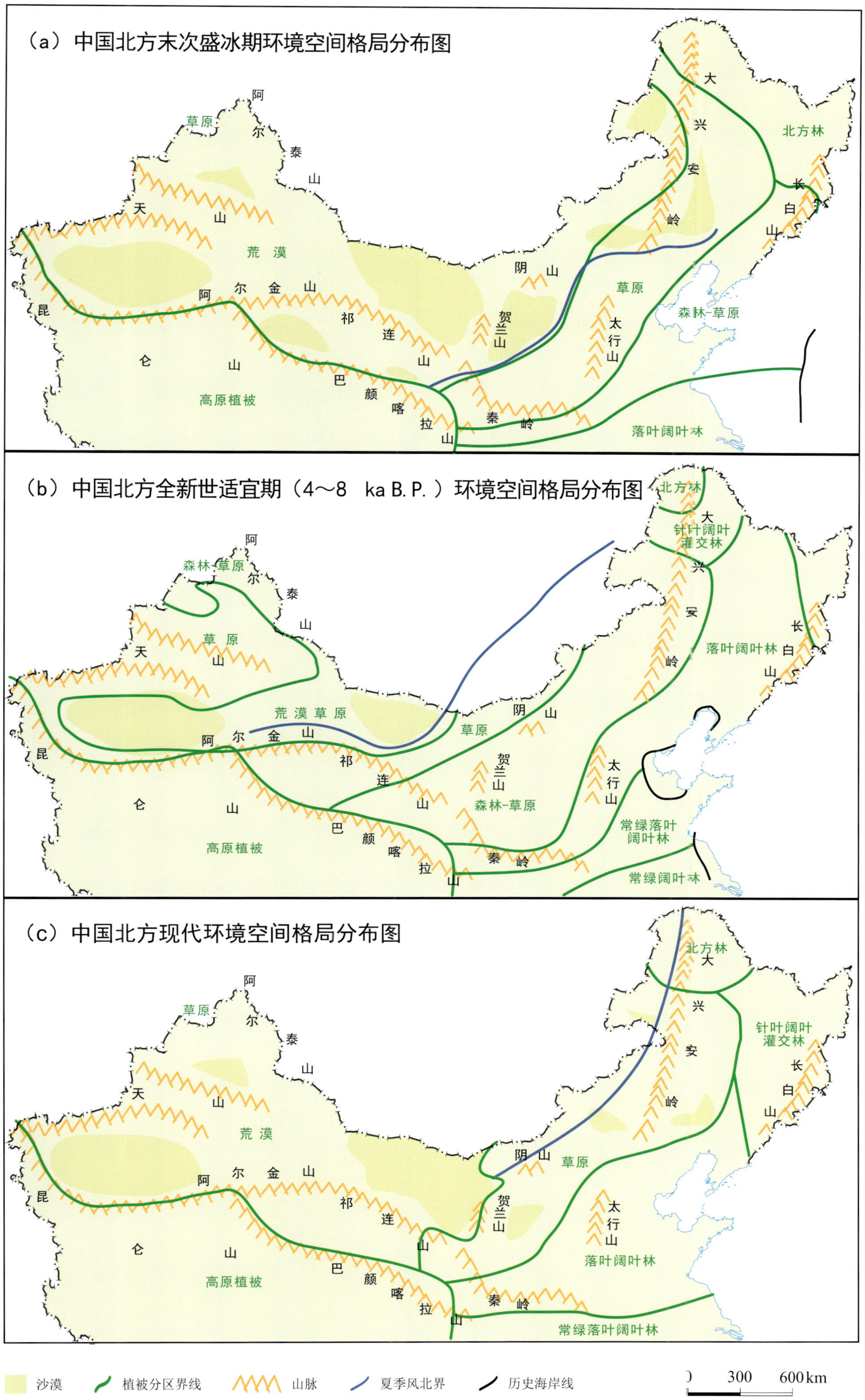

据《西北地区自然环境演变及其发展趋势》，科学出版社2004年出版。

第二部分

主要沙漠

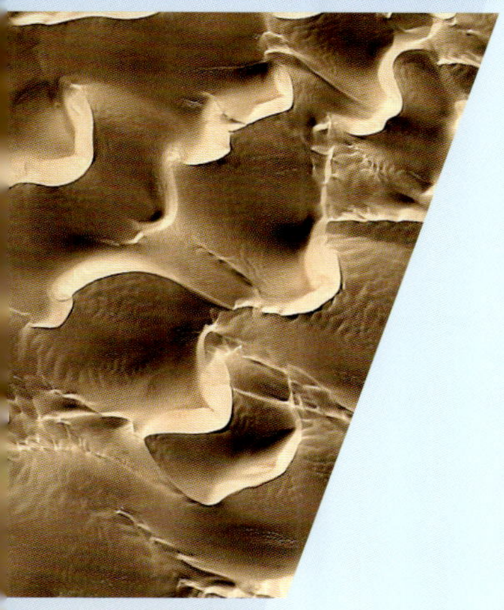

1　塔克拉玛干沙漠

塔克拉玛干沙漠位于我国西北内陆的塔里木盆地。沙漠南靠昆仑山-阿尔金山，北依天山，西起帕米尔高原东麓，东到罗布泊洼地西缘，东西长1 100 km，南北宽550 km，以近卵圆形展布在塔里木盆地中央，地理坐标36° 15′ 27″ ~ 42° 03′ 16″ N，

▼塔里木盆地及其周边数字高程地貌图　0　34　68 km

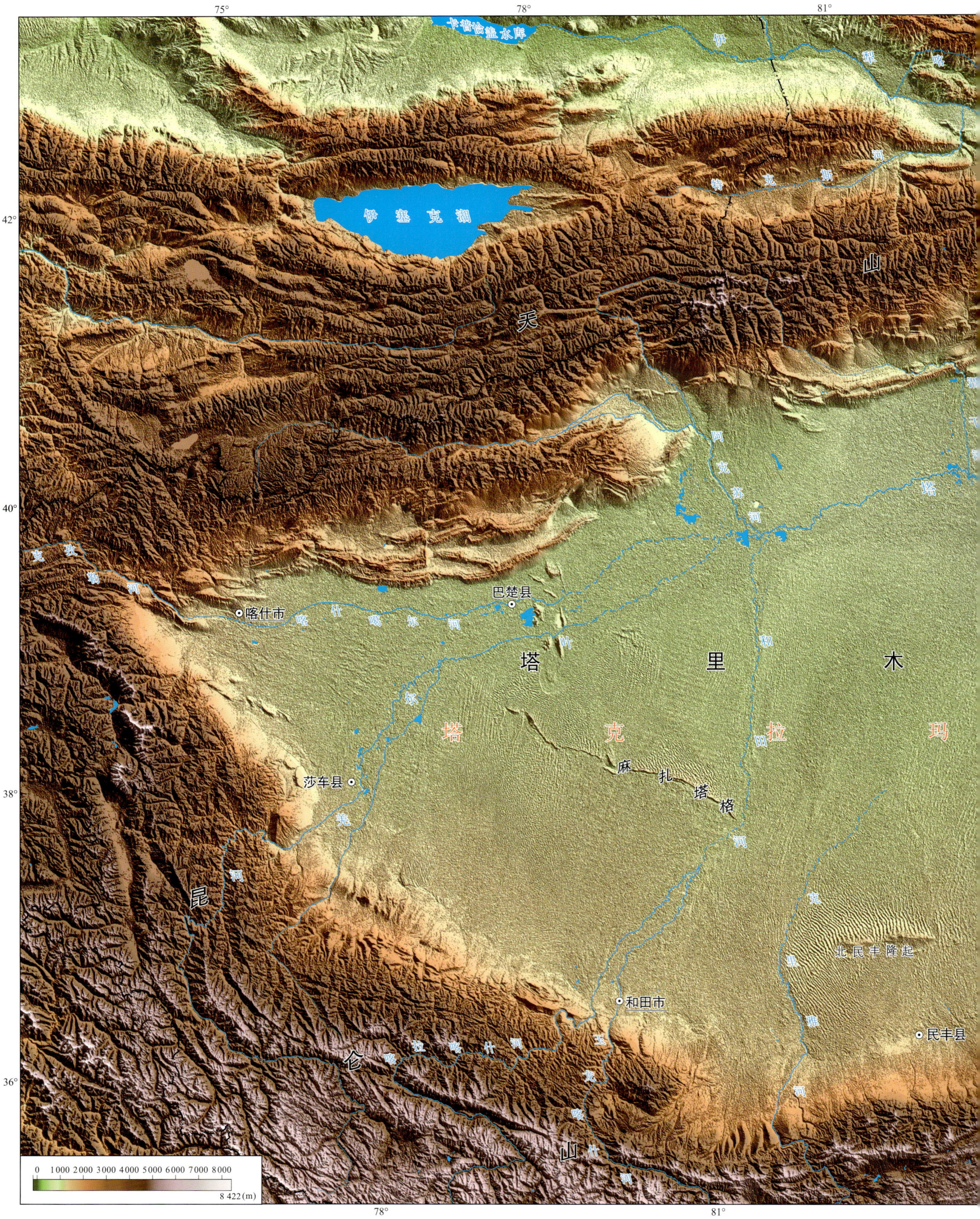

76° 14′ 05″ ~ 90° 04′ 12″ E。沙漠面积 346 904.97 km²，为我国面积最大的沙漠。沙漠全域分布在新疆维吾尔自治区境内，涉及喀什、和田、阿克苏、巴音郭楞等4地州的32个县（市）的234个乡（镇、团场）。

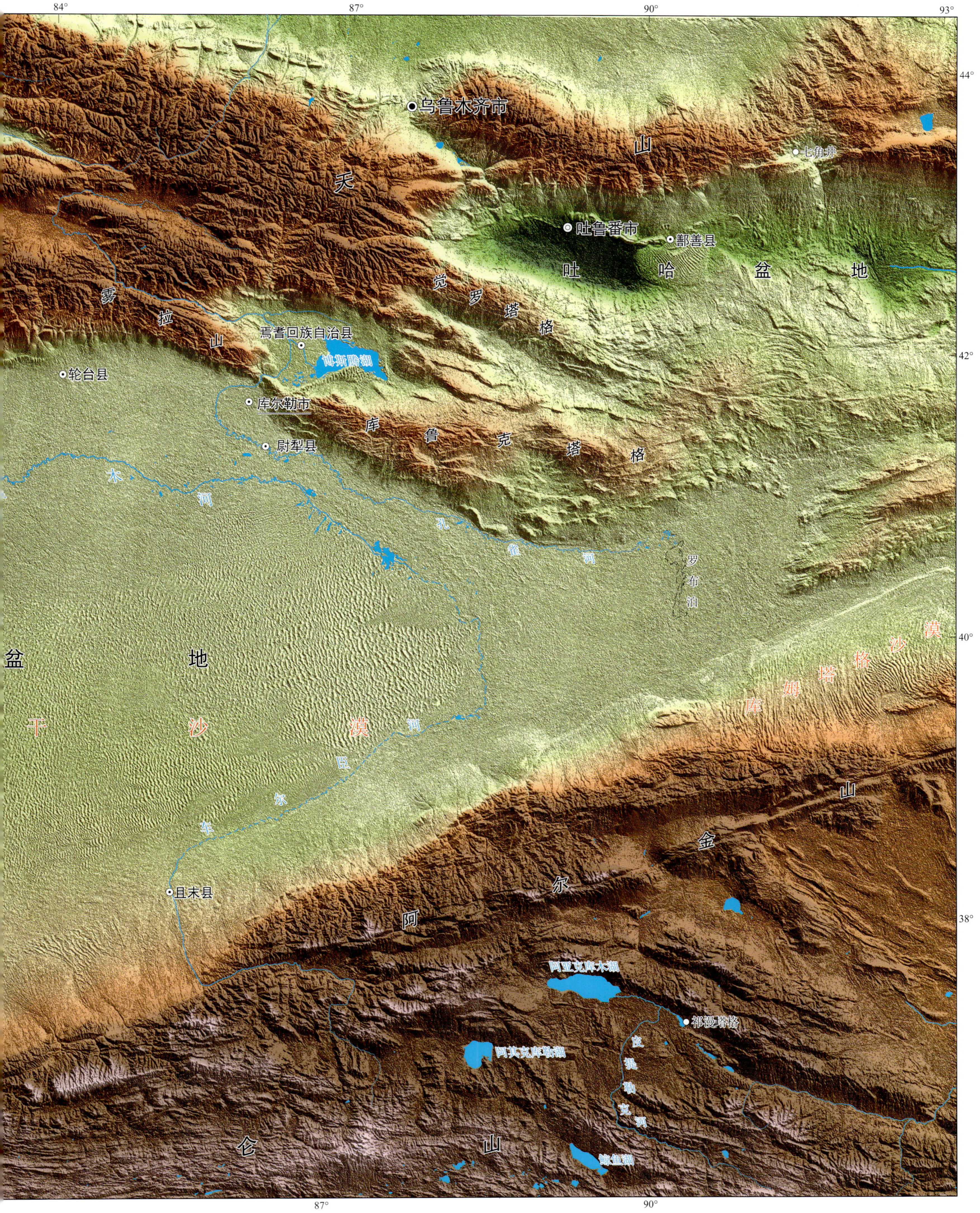

▼塔克拉玛干沙漠及其周边卫星影像

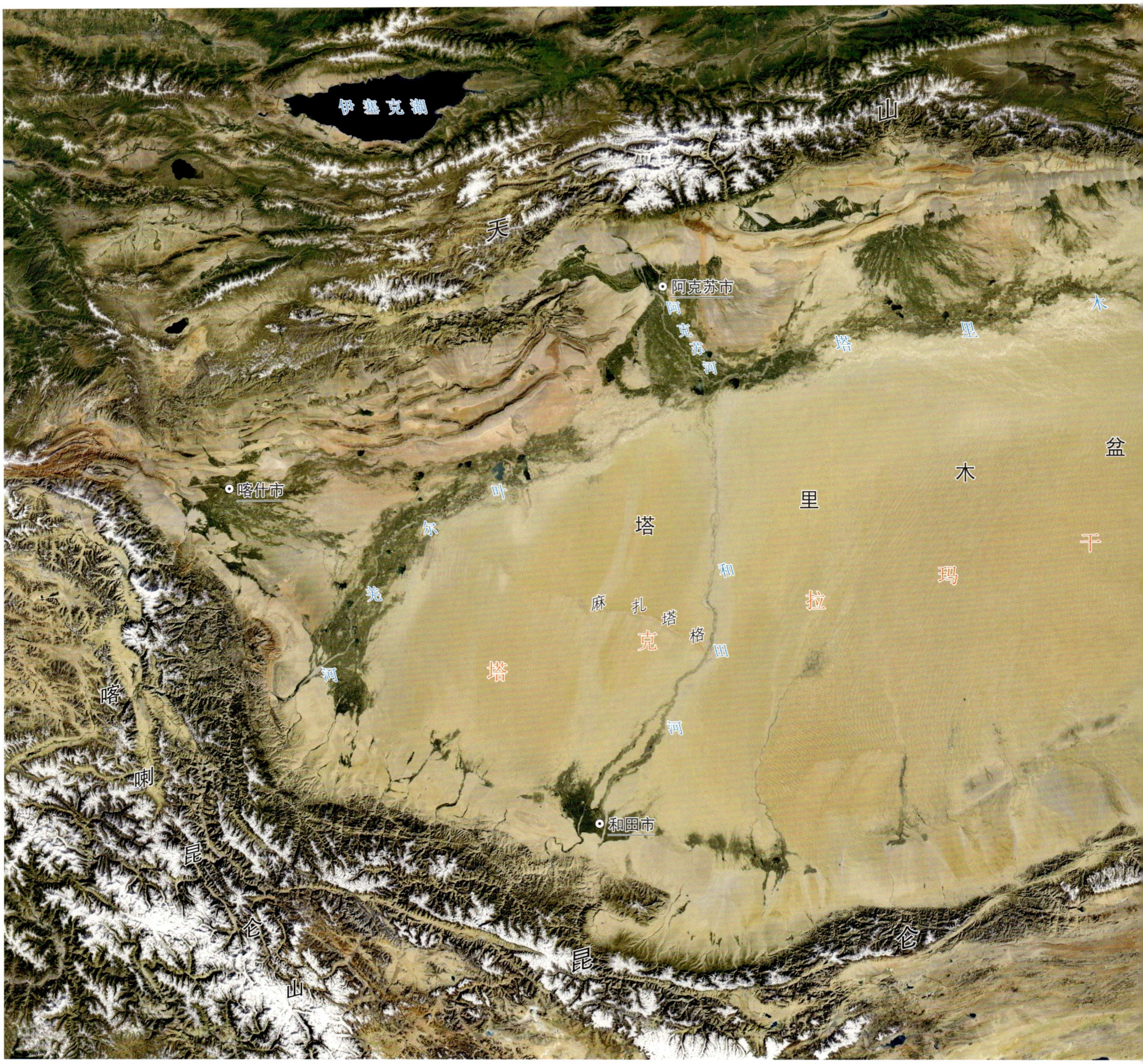

1.1 地质构造与地貌

塔里木盆地在构造上是一个叠置在古生代陆台上的新生代复合叠合盆地，中新世之前曾为古地中海的一部分，晚始新世随海退盆地范围逐渐扩大，后因西部山地的抬升，在中新世晚期与古地中海完全阻断，变为内陆盆地。第三纪末、第四纪初受构造运动影响，周边山地强烈隆升，塔里木盆地成为典型的内陆山间盆地。构造运动中的不均衡相对运动导致在盆地边缘形成了一系列背斜山和向斜谷地，盆地腹地从西到东形成了大致呈西北-东南走向的西南坳陷、中央隆起和东部坳陷。

除东北面的天山支脉库鲁克塔格东段海拔较低外，环绕盆地北、南、西三面的山地高度平均海拔在4 500 m以上，唯盆地东面为开阔平坦的敞口。盆地内部为相对平缓的冲积平原，大致以40° N为界，以南为昆仑山北麓诸河流的古代干三角洲，以北为平均海拔1 000 m左右的塔里木河冲积平原。昆仑山的强烈隆升导致盆地从南部、西南部（海拔1 600 ~ 1 400 m）向北部、东北部（1 200 ~ 1 000 m）倾斜，东北端的罗布泊洼地海拔最低（780 m），为整个盆地集水中心。总体向北、向东呈倾斜的地势，制约着盆地水系的分布趋势和沉积物的特征。塔里木河为盆地最大水系，在接纳了发源于昆仑山及天山的诸大源流后，其干流沿盆地西缘-北缘流向东北面的罗布泊洼地。发源于昆仑山和阿尔金山的众多河流出山后大多朝北流向盆地腹地，唯车尔臣河出山后向东沿沙漠东南凹陷流向东北，注入台特玛湖。

塔克拉玛干沙漠展布在盆地中央，以砾质戈壁为主的山前冲

洪积倾斜平原及冲积扇呈带状环绕在沙漠外围，宽度几千米到数十千米不等，层厚一般500～600 m，最大可达900 m。环戈壁带下方的众多绿洲呈串珠状分布，其中以塔里木河上游诸源流及干流中下游沿岸分布最为集中。戈壁带以下，除少数深入沙漠腹地的河流岸滩及麻扎塔格、北民丰隆起等极少出露的残丘高地外，整个盆地全为沙丘所覆盖。在沙漠东北缘与罗布泊洼地之间有风蚀雅丹地貌集中分布。

▼沙漠西部的西北－东南向隆起－麻扎塔格及其周边地貌

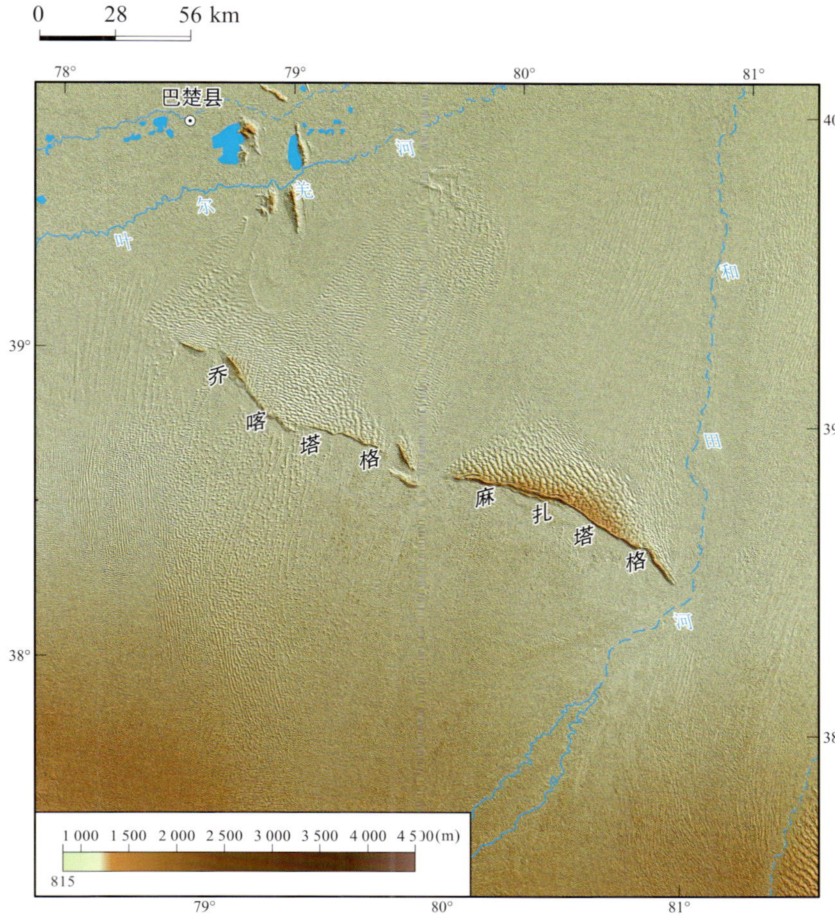

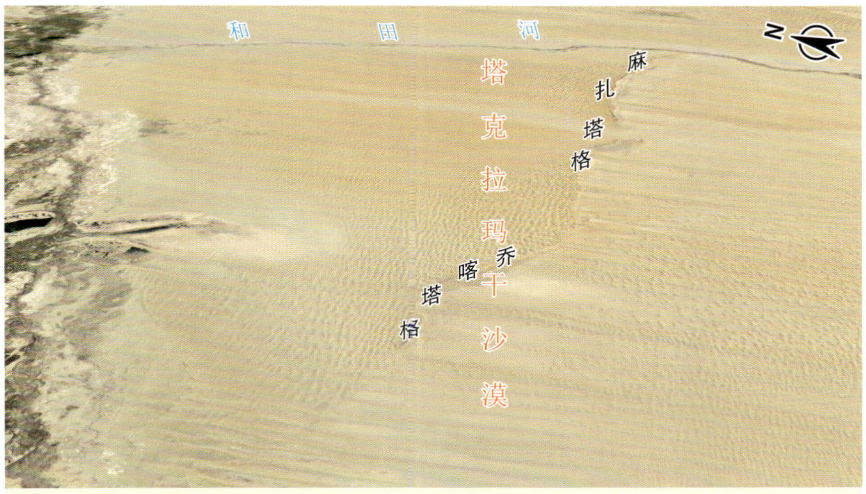

从西向东看，一道西北－东南向梁状隆起将沙漠的西部分为南北两半，这就是沙漠西部的麻扎塔格－乔喀塔格隆起带，麻扎塔格隆起并不高大，但在相对平坦的西部湖相平原上，却对盆地西部的风况环境产生了很大影响，以致盆地西部的风沙地貌格局及沙丘形态类型也发生了重大变化。

影像为从西向东看的麻扎塔格（近景）

北民丰隆起

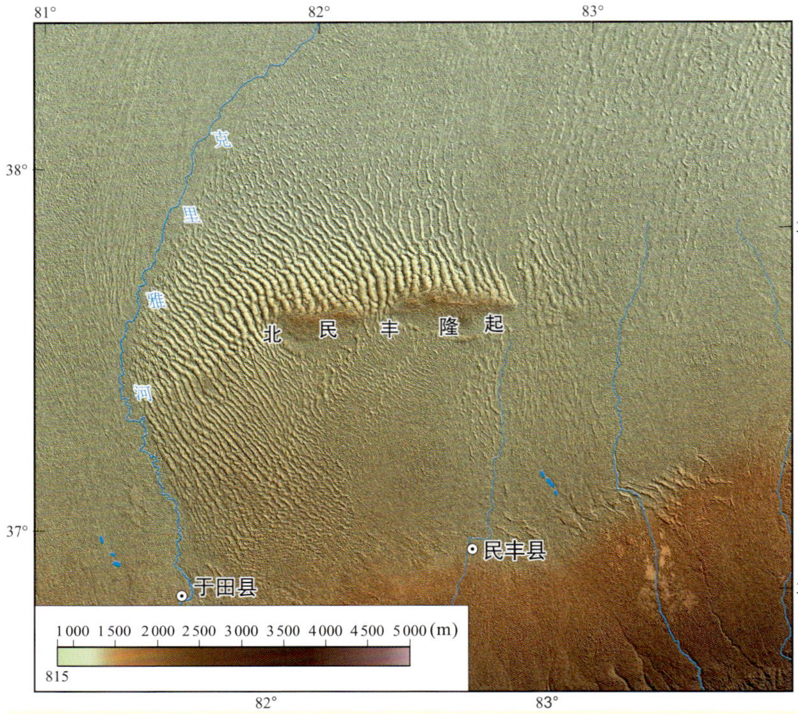

除了麻扎塔格隆起，在克里雅河以东的民丰北面还有一道近东西向隆起地貌——北民丰隆起，低矮但却宽阔的北民丰隆起带同样对其南北相当范围的风沙地貌分布格局及沙丘类型产生了极大的影响。图为北民丰隆起及周边地貌。

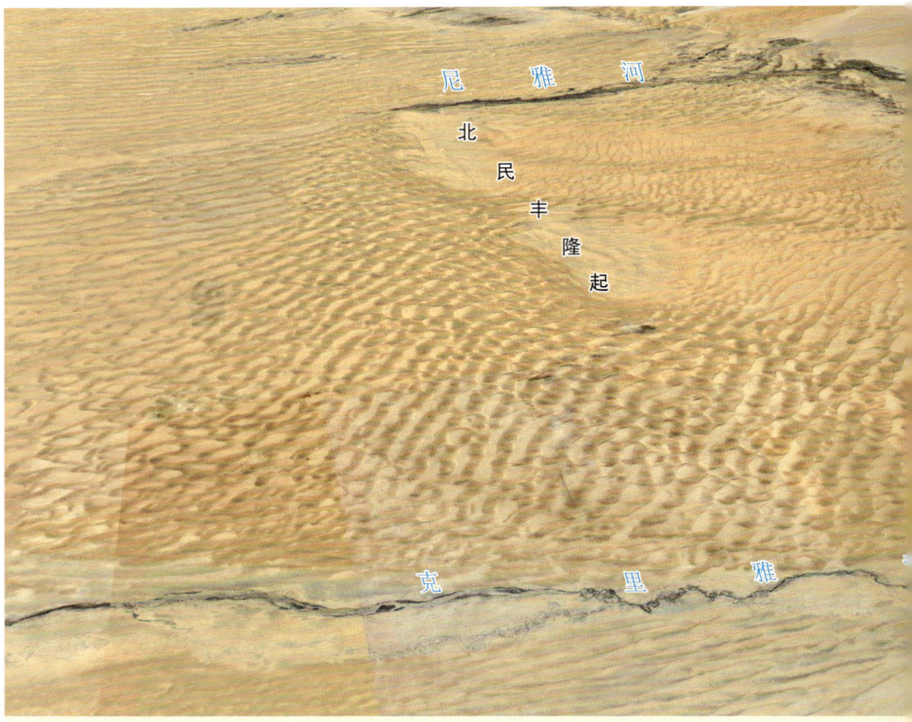

从西向东看，北民丰隆起对克里雅河以东的沙丘类型及其分布格局的影响——影像上（东）侧的河流为尼雅河，下（西）侧的河流是克里雅河，图中两河之间沙漠中的东西向泛白带即为北民丰隆起。

塔克拉玛干沙漠沙丘形态类型图

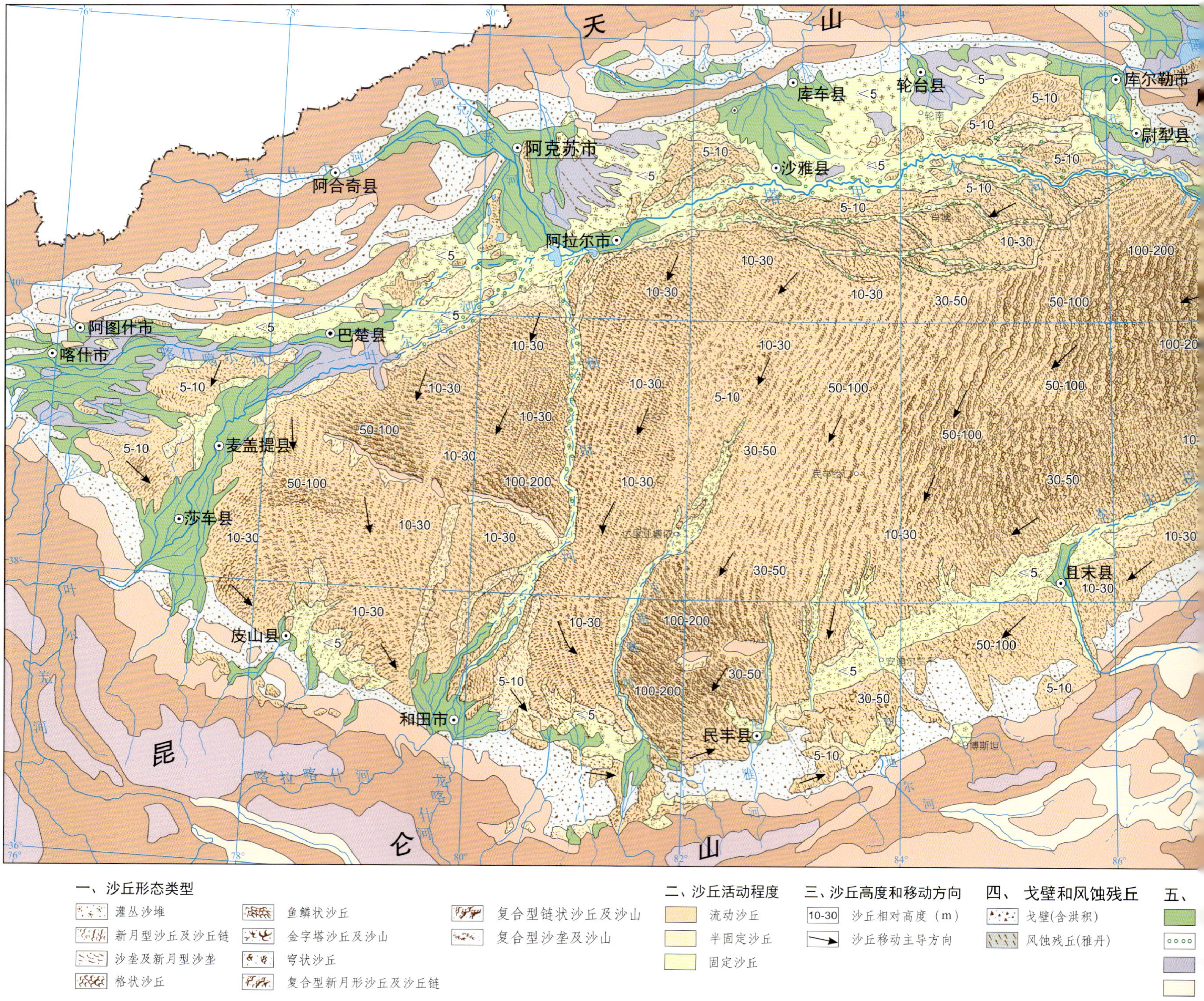

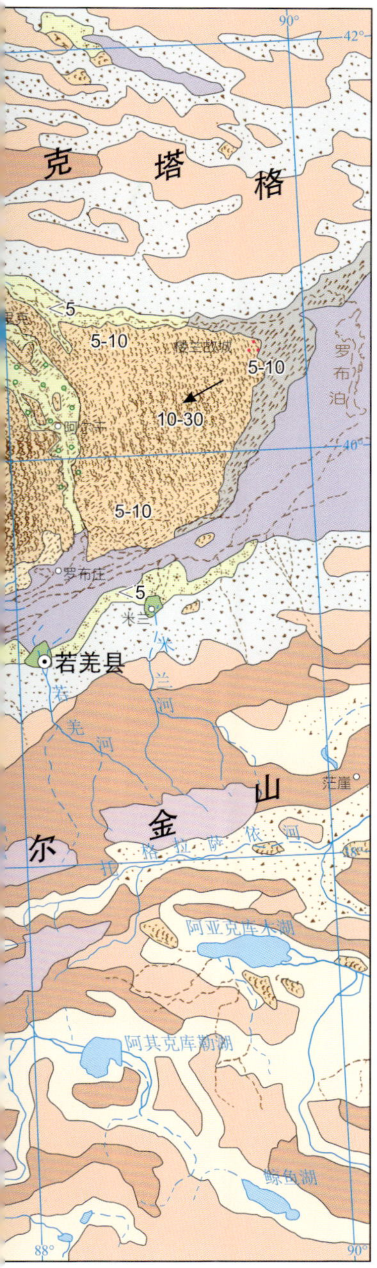

低山丘陵及台地
中高山地
沼泽地）
极高山地

1.2 沙物质来源及风沙地貌特征

第四纪以来，随着周边山地的剧烈隆升，山-盆间高差不断加大。间冰期，充盈着冰雪融水的河流将周边山地的风化岩屑搬运到盆地，形成巨大的三角洲和广阔的冲积平原，松散沉积物厚度可达数百米至上千米，这些松散沉积物成为沙漠形成的主要物源。此外，盆地内局部出露的山地残丘及隆起高地的风化剥蚀物也为周边沙丘就近形成提供了一定的物源。盆地总体向东北倾斜的地势有利于河流将风化剥蚀物向盆地的北方及东北方搬移，而东北-西南向的盛行风又将细碎的沙粒向西南方吹移，沙物质的往复迁移导致沙漠腹地物源的混杂及沙物质成分的均一化。

在盆地西南部的外围有大范围易于剥蚀的疏松沉积层出露，其风化剥蚀物为沙漠西南部提供了重要物质来源。

盆地周边山前冲洪积扇连成的砾质戈壁带通常宽十几到几十千米，甚至上百千米，冲洪积扇堆积了深厚的砾石岩屑，成为沙漠的重要物源，在一些特殊地形、风况条件下，冲洪积扇上亦可形成大片的沙丘地貌。

受盆地地形风的影响，盆地南缘的沙丘一直分布到山前戈壁带上部的海拔2 000 m左右。

塔克拉玛干沙漠沙丘高大，各种沙丘形态均有分布。复合型链状沙丘及沙山集中、广泛分布在大约84° E以东、塔里木河故道以南区域，其中高达100 ~ 200 m的沙丘大致分布在86° E以东区域，以西沙丘高度多在50 ~ 100 m之间，沙丘链长一般5 ~ 15 km，最长可达30 km。此外，在克里雅河中游与尼雅河之间、麻扎塔格以北及塔里木河下游以东，复合型链状沙丘及沙山亦有集中分布，其中除塔里木河下游以东区域沙丘高度约10 ~ 30 m外，其余区域沙丘高可达50 ~ 100 m或100 ~ 200 m。在沙漠东部，沙丘链几近南北走向，向西逐渐转变到接近东北-西南走向，麻扎塔格以北，沙丘链的走向为近西北-东南走向。垄间距较小的大面积复合型纵向沙垄主要分布在沙漠中、西部，垄高30 ~ 50 m，垄长一般10 ~ 20 km，最长可达45 km，沙垄与主风向大致平行。在沙漠西北部有鱼鳞状沙丘群分布。受盛行东北风与西北风辐合影响，在沙漠南缘于田-且末之间的山前倾斜平原有高度30 ~ 50 m的金字塔沙丘及沙山分布，其中安迪尔-且末之间沙山高度可达50 ~ 100 m或更高。新月型沙丘及沙丘链主要分布在沙漠西南隅的英吉沙以东及沙漠周边地带，高度5 ~ 10 m。

塔克拉玛干沙漠是以流动沙丘占绝对优势的沙漠，流动沙丘占沙丘总面积的75.99%，以灌丛沙堆为主的固定沙丘主要分布在盆地的东南坳陷带及绿洲下方等水分条件较好区域，半固定沙丘多分布在部分古河道或季节性河流下游。固定、半固定沙丘以柽柳沙堆为多，一般丘高3 ~ 5 m，最高可达30 m。

沙漠东北部的复合型沙垄影像（远景）

复合型沙垄影像（近景）

沙漠东北部的环状复合型沙丘链

沙漠南部的复合型沙垄影像

1.3 沙漠的自然条件

1.3.1 气候与水文

塔里木盆地降水主要受西风环流控制，但因天山及帕米尔高原的阻隔，西风带及极地冷气团携带的水汽极少能到达盆地，虽然偶有越过青藏高原的西南暖湿气流惠及沙漠，但已极为微弱，加上青藏高原面冷气团进入盆地时下沉产生的增温效应，使盆地、特别是盆地东南缘一带成为西北内陆最为干旱的区域。沙漠分布区年均降水量15～60 mm，降水分布从盆地周边山麓向沙漠腹地呈环状递减，北部和西部边缘可达60 mm以上，沙漠腹地及东南部小于20 mm。年均蒸发量2 100～3 400 mm，总体呈现由外围向腹地逐渐增加趋势。盆地年均气温10～20℃，春季气温回升快，且极不稳定，为我国沙尘暴极高发区域。

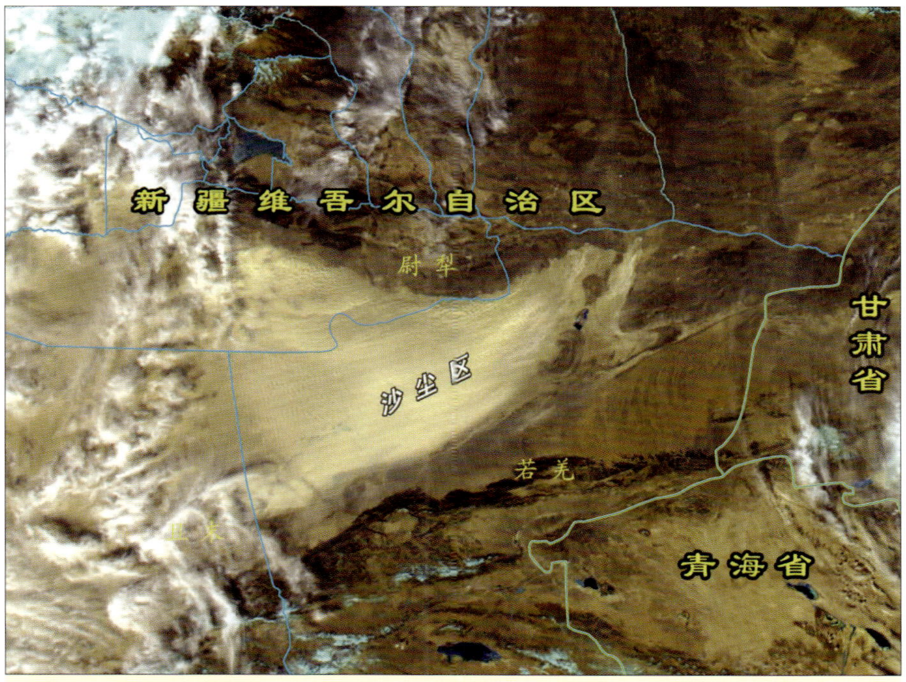

塔克拉玛干沙漠是我国沙尘暴的高发区，影像为2007年2月27日发生在塔克拉玛干沙漠东北部的沙尘暴卫星云图。

由于周边高山环绕的半封闭地形，气流在进入盆地时风向、风力发生显著变化。盆地的盛行风向主要是穿越天山东部山口的气流向西南扩散，以及从河西走廊倒灌的蒙古高压形成的东北风，东北风控制了盆地的绝大部分。越过天山西部和帕米尔高原的西风急流在盆地西部及西南部形成西北风或偏西风，并与从盆地东南缘西进的偏东气流在克里雅河以东交汇，形成辐合风场，在和田至民丰一带形成断续分布的金字塔型沙丘和沙山。

沙漠水资源主要依靠周边高山的冰雪融水及山地降水补给。发源于周边山地的常流河有上百条，其中盆地南缘的昆仑山北坡发育河流最多，但年径流总量大于2亿m^3的河流仅有11条，大于20亿m^3的仅4条。和田河、叶尔羌河、阿克苏河同为塔里木河的三大源流。其中和田河年径流量达45亿m^3，是沙漠南缘的最大河流，和田绿洲则是沙漠南缘最大的绿洲，中下游河道分布着稀疏的胡杨及柽柳。车尔臣河是沙漠南缘昆仑山水系中唯一出山后折向东流的较大河流，现仅在洪水季节才有水流入台特玛湖。由叶尔羌河、阿克苏河、和田河等三条源流汇合而成的塔里木河，干流全长1 321km，是我国最大的内流河，流域地表水径流量398.3亿 m^3。塔里木河水系是沙漠水文网的主体，对于沙物质的搬运和沙漠的形成作用极其巨大。塔里木河干流虽不产流，但下游河床宽阔、摆动性大，形成长达数百千米的绿色走廊，现河道以南80～120 km的古河道，虽处沙漠腹地，但地下水位较高，仍有残存的稀疏胡杨生长。塔里木河诸多源流及沿途接纳的较大支流多有源头高山冰川融水补给，流量相对稳定，在其冲积平原均孕育有大片的绿洲，呈串珠状镶嵌在沙漠周缘。由于极少的降水量和极高的蒸发力，沙漠腹地罕有湖泊发育，其尾闾湖罗布泊也已干涸成为盐湖。

沙漠中水资源分布极为不均，沙漠腹地无地表水流。丘间洼地和河滩地潜水埋深1～5 m，平原地区矿化度3～10 g/L，部分区域最高可达30～50 g/L，甚至更高。

塔里木河是塔里木盆地最大河流，也是我国最大的内流河。（文　青　提供）

车尔臣河是盆地中发源于昆仑山，但在出山后唯一向东环绕盆地东南缘注入台特玛湖的最大河流，影像为车尔臣河尾闾台特玛湖景观。

1.3.2 土壤与植被

沙漠地带性土壤为棕漠土，非地带性土壤主要有风沙土、盐土、盐化草甸土等。风沙土广泛分布沙漠各处，占据沙漠绝大面积，其中又以流动风沙土占比最大。棕漠土主要分布在沙漠外围山前冲洪积倾斜平原，土体极端干燥。盐化草甸土主要分布在河岸湖滨等低湿地段，罗布泊低地有大面积盐土及盐化草甸土分布。吐加依土是河岸林下的典型土壤，主要分布在胡杨、灰杨林集中的叶尔羌河及塔里木河冲积平原。

塔克拉玛干沙漠植物资源极为贫乏，地带性植被主要是小灌木荒漠、半灌木荒漠，其建群植物以超旱生低矮小灌木或半灌木为主，结构简单、稀疏。盆地边缘砾石洪积扇或砾质戈壁上的典型植被主要有膜果麻黄、泡泡刺、霸王及盐柴类等。胡杨是塔克拉玛干沙漠最具代表性的天然乔木树种，以胡杨为主组成的河岸林主要分布在叶尔羌河冲积平原及塔里木河两岸、和田河下游河道及塔里木河故道，沙漠南缘冲积扇与绿洲之间有稀疏的胡杨、柽柳灌丛及芦苇、罗布麻等盐化草甸植被分布。在沙漠腹地的复合型沙垄的垄间低地、流动沙丘的丘间洼地，芦苇、罗布麻、柽柳等通常以丛状生长，盖度不等。

胡杨是塔克拉玛干沙漠诸多河流沿岸生长的主要树种，从这些河流出山之后就陪伴着它们一直走到河水消失。照片为塔里木河沙雅河段的胡杨河岸林景观。（贾殿洲 摄）

塔里木河下游河滩的胡杨与柽柳

历史上塔里木河干流曾发生过多次改道，在一些故道河床上如今仍有胡杨林在顽强地生长着（肖塘附近）。

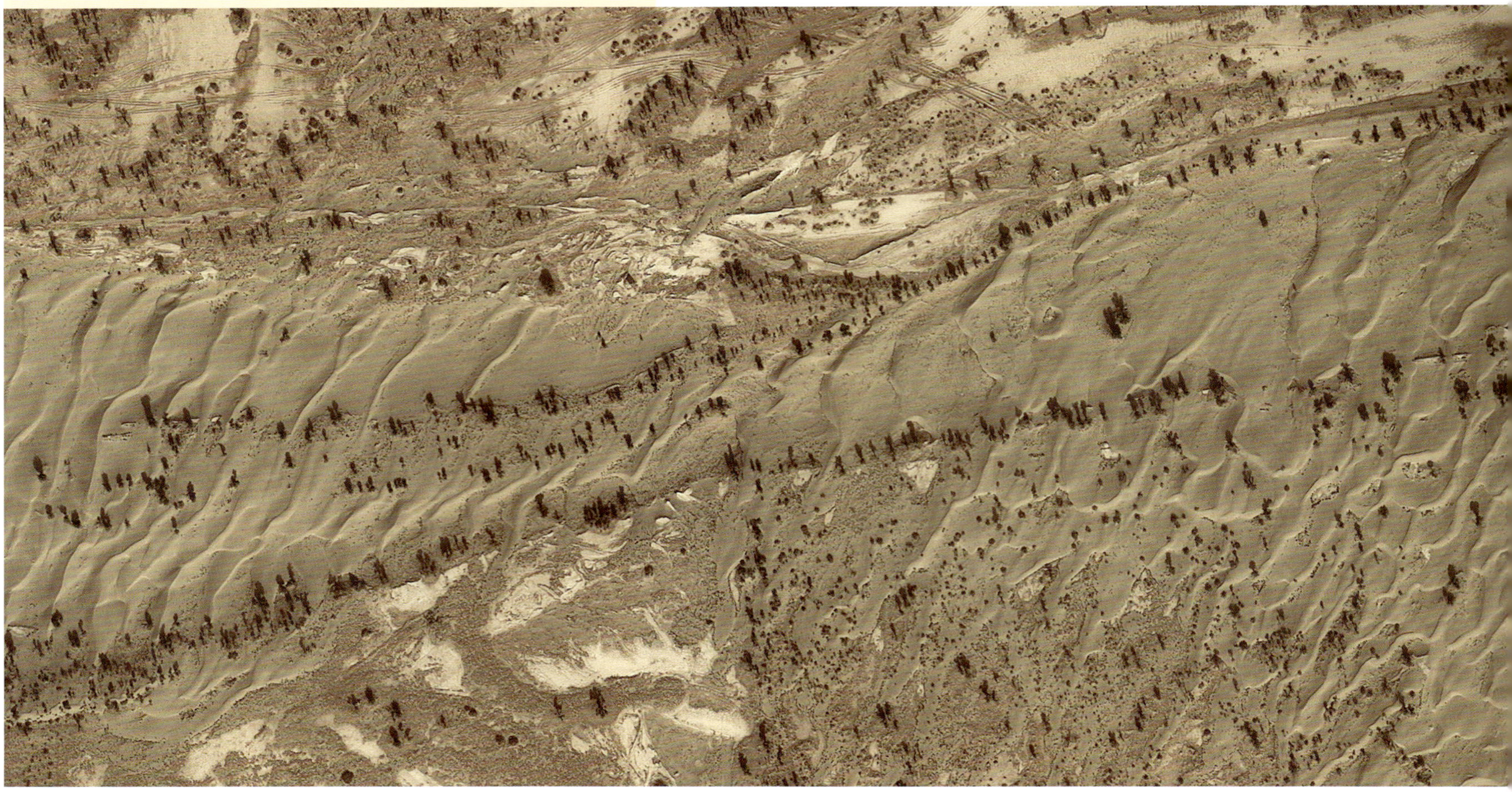

洪水偶可波及的塔河外侧或地下水位较高的丘(垄)亦有胡杨林生长。照片为塔河下游尉犁段的沙丘与岸林。(新疆维吾尔自治区林业厅治沙办　提供)

南北纵穿塔克拉玛干沙漠的公路及其两侧主要由梭梭、红柳等灌木树种组成的护路植被带。(俞言琳　摄)

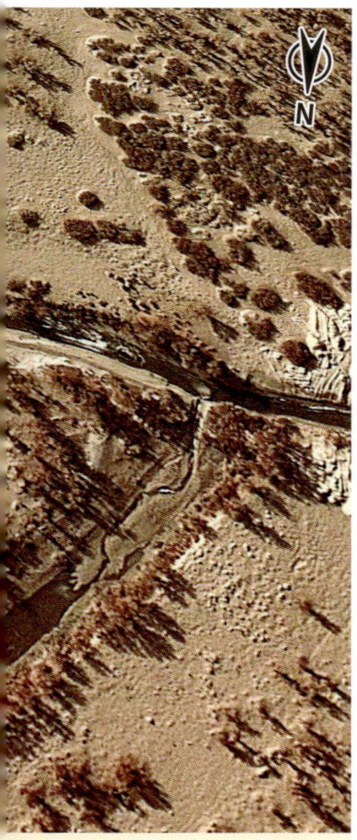

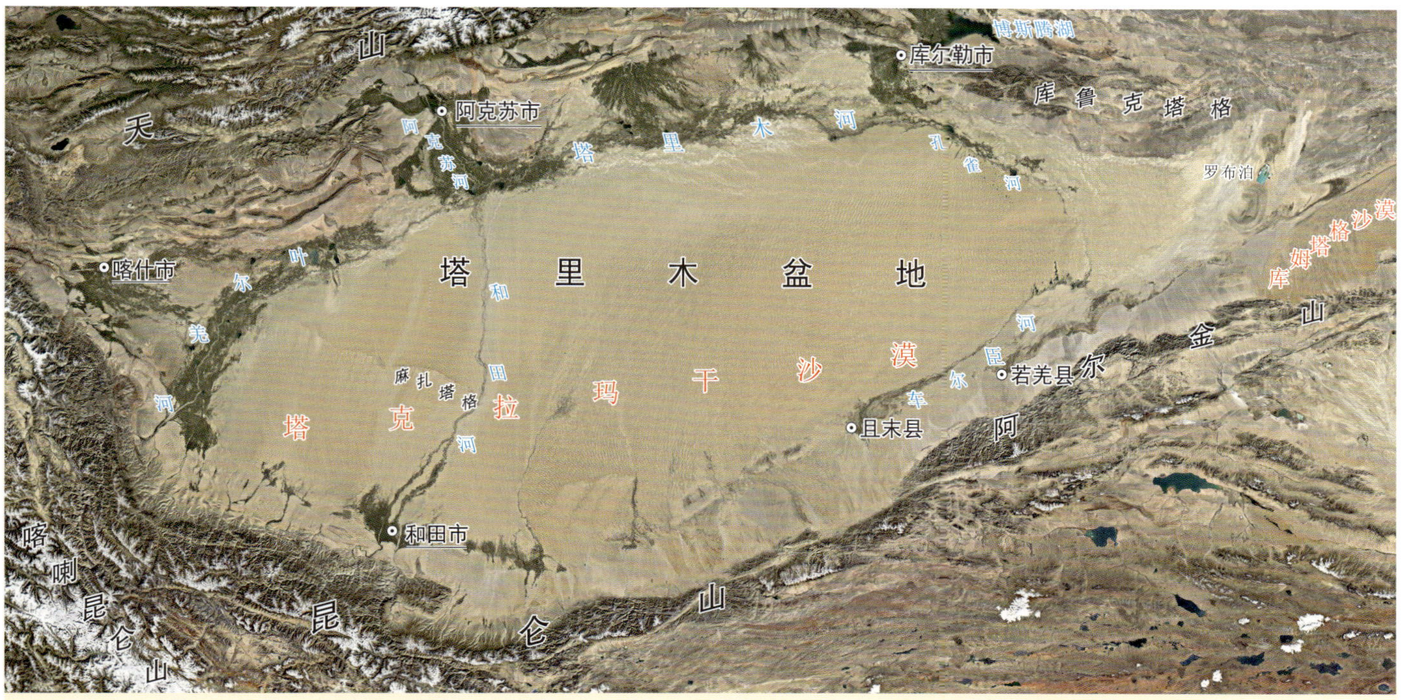

塔里木盆地降水极少，为极旱荒漠环境，但其周边的诸多河流，或发源于降水较多的高山地带，或有冰川补给，这些河流在山前戈壁带或倾斜平原孕育了一个个绿洲，断续相连的绿洲犹如一条绿色的项链，环绕在盆地周边、沙漠外围。

1.4 沙漠环境的演变

塔克拉玛干沙漠至少在中更新世中期或更早时期就已形成。第三纪末第四纪初，受喜马拉雅运动影响，青藏高原及盆地周边山地强烈隆升，盆地接受周边山地的砾石沉积，厚度达1 000 m。中更新世，周边山地继续隆升，普遍发育冰川，河流将巨量的碎石岩屑搬运到盆地，不仅在山麓形成了巨厚的砾石堆积，盆地腹地也沉积了深厚的细碎疏松物。后随盆地干旱荒漠气候进一步加剧，在风力作用下，塔克拉玛干沙漠逐渐形成。晚更新世以来，周边山地持续上升，湿润气流更难进入盆地，气候愈加干旱，昆仑山北坡低山丘陵出现的大范围黄土沉积表明沙漠正过程在加剧。到末次冰期，沙漠几乎扩展到整个盆地，形成了现代沙漠地貌的基本轮廓。

全新世，在气候转暖转湿的大背景下，西部内陆气候也较前湿润温和，沙漠腹地形成的灰白色粘土及亚粘土层，表明沙漠此时曾有过数次河流泛滥阶段，昆仑山北麓黄土剖面中发育的生草层，也表明此时盆地气候干旱程度有所缓解。大约距今7 000～5 000年的全新世中期，沙漠气候变得相对湿润，在深入沙漠腹地的河流沿岸、湖滨地带、沙漠边缘等局部区域曾出现植被扩大、沙丘固定、绿洲扩张的情况。但沙漠整体仍处于以流动沙丘占绝对优势的极旱荒漠景观。

自沙漠形成以来，由于塔里木盆地极端干旱的气候特性及其封闭的地理环境，尽管西北内陆曾发生过若干次干湿交替的气候变化旋回，沙漠的极端干旱环境都未发生根本变化。无论是晚更新世晚期的西部地区高湖面期，还是全新世大暖期，除了局部区域出现沼泽、绿洲扩大及河流沿岸植被扩展导致小范围沙丘出现半固定、固定外，沙漠总体上始终处于干旱荒漠或极旱荒漠环境之中，始终保持了以流动沙丘占绝对优势的“直线式发展”过程。

2 库姆塔格沙漠

库姆塔格沙漠位于塔里木盆地东南的阿尔金山北麓，沙漠西起新疆维吾尔自治区若羌县的红柳沟，东至甘肃省的敦煌鸣沙山，北临阿奇克–疏勒河谷地，南依阿尔金山，地理坐标39° 08′ 20″ ~ 40° 40′ 29″ N，90° 31′ 26″ ~ 94° 53′ 27″ E，南北最宽约120 km，东西长约350 km，沙漠总面积20 763.56 km^2。库姆塔格沙漠是一个覆盖在遭受流水强烈切割的砾石质冲积斜坡上、几

▼库姆塔格沙漠及其周边数字高程地貌图 0 13.5 27.0 km

乎全部由流动沙丘构成的沙漠，也是我国最为干旱、自然环境最为严酷的沙漠。

库姆塔格沙漠分布范围涉及新疆维吾尔自治区若羌县和甘肃省敦煌市、阿克塞县等3个县、市的7个乡镇，其中新疆维吾尔自治区内分布面积约占沙漠面积的72.18%，甘肃省占27.82%。

▼库姆塔格沙漠及其周边卫星影像

2.1 地质构造与地貌

地质构造上库姆塔格沙漠属于阿尔金山构造带与塔里木盆地东缘罗布泊洼地的接合部，这里原为古特提斯海的一部分，塔里木盆地与柴达木盆地连在一起，形成统一的塔-柴联合体，受印支运动影响，塔-柴联合体在侏罗纪开始裂陷，形成一些断陷湖盆，接受了厚达数千米的疏松沉积物。随着青藏高原的隆起，阿尔金山缓慢上升，塔-柴联合盆地从白垩纪末开始解体。进入第三纪之后，受印度板块与欧亚板块碰撞影响，柴达木壳体向阿尔金造山带之下俯冲，阿尔金山在古新世晚期-中新世以后出现快速隆升，盆地快速下沉，接受了厚达上千米的陆相碎屑岩和磨拉石堆积。第四纪早期阿尔金山的再次快速隆升，使其与北侧塔里木盆地的高差达到3 000 m以上，导致大量风化剥蚀物在阿尔金山北麓堆积，形成巨厚的第四系洪积扇地层。中更新世，阿尔金山及北山山前断阶强烈抬升，中更新世晚期沿罗布泊-阿奇克谷地一线构造沉降加快，阿奇克谷地接受了大量的河湖相沉积，谷地中部的八一泉附近第四系厚度最大达450 m，党河谷地上游的敦煌北侧第四系地层也有320 m。北麓山前洪积扇广泛发育，形成东西长达近400 km、以砾质戈壁为特征的山前倾斜平原。在冲积斜坡上，分布着一系列呈东北-西南走向、平行规律排列的断层山梁和切沟，在新构造运动和北半球地转偏向力等因素共同作用下，沟谷先是从山坡上（南）部向下（北），然后呈半弧形转向东北向下延伸，这些下伏切割地貌及上覆的流动沙丘，使得库姆塔格沙漠的平面形状酷似一把“梳子”，覆盖在阿尔金山北麓斜坡上，从海拔约 800 m的斜坡底部一直展布到海拔2 500 m的斜坡中上部。

沙漠北面为首尾相接的阿奇克谷地和疏勒河谷地，西北面为罗布泊洼地，最低处海拔784 m。疏勒河曾经过阿奇克谷地注入罗布泊，后因流沙向北扩张阻塞河道及河水流量剧减，疏勒河的终端渐次向东退缩，最终与罗布泊完全分离。谷地以北是海拔1 200～1 600 m的北山山地，其地貌以干燥剥蚀低山、残丘为主，山前为宽约10 km左右的冲洪积砾质戈壁带。在沙漠东北端的北山山前冲积平原有大片雅丹地貌分布，残丘高度5～30 m。

站在河西走廊的东头朝西看去，库姆塔格沙漠的全貌及周边环境尽收眼底：南北两侧分别是阿尔金山和北山山地及其山前戈壁带和冲积平原，中间为疏勒河谷地－阿奇克谷地，库姆塔格沙漠的主体斜挂在阿尔金山的北坡。冬半年倒灌走廊的蒙古高压沿着宽阔的疏勒河谷向西一路狂泻，越过天山诸山口南下的另一路强流从东北方横穿哈顺戈壁袭向阿奇克谷地，合力将谷地的沙物质一直吹扬到海拔800～2 500 m间的整个山坡，造就了一个挂在阿尔金山北坡上的沙漠。

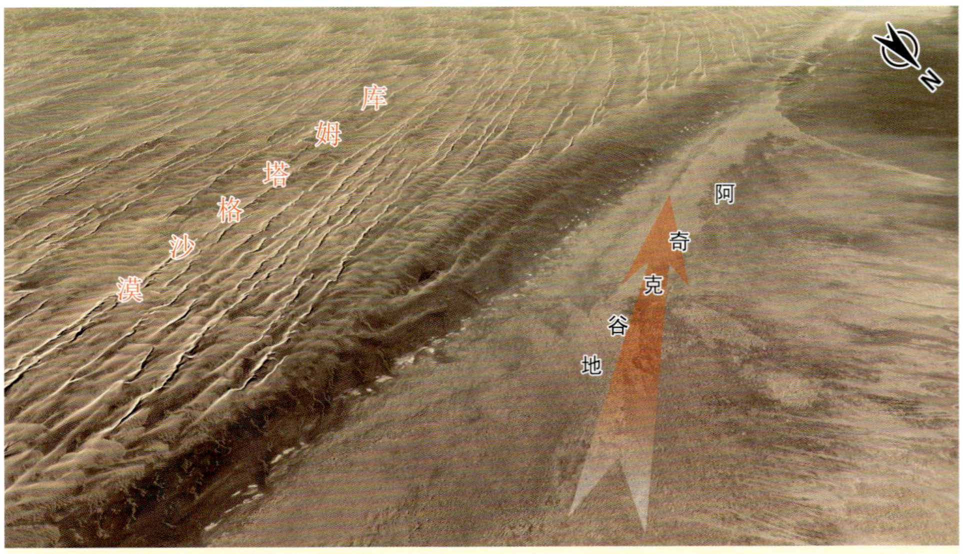

沙漠的北缘与其北侧的阿奇克谷地之间有一道高50m左右的陡坎，谷地底部平展坦荡，沙漠中的羽毛状沙垄清晰可辨。

在极端干旱气候背景下，流水与强风的共同作用，盆地广蚀与风积地貌交错分布的景象。(George Steinmetz 摄)

2.2 沙物质来源及风沙地貌特征

库姆塔格沙漠的物源主要来自以下几个方面：沙漠北面的阿奇克谷地第四纪以来堆积了厚达450m的河湖相沉积物，中更新世后期，随着谷地南北两侧山地上升，谷底沉积层出露并遭受强烈吹蚀，成为沙漠的主要物源；第三纪末以来阿尔金山快速隆升，北麓堆积了深厚的坡积及冲洪积物质，形成了以砾质戈壁为特征的山前冲洪积倾斜平原，这个被新构造运动及流水切割成支离破碎的斜坡既是库姆塔格沙漠的载体，又在流水切割及风力吹蚀下，成为沙漠的重要物源；北山山前冲洪积扇地带的沙粒，经强风吹扬，也为沙漠提供物源；在很长时段，疏勒河曾流经阿奇克谷地注入罗布泊，河谷积累的第四系地层及疏勒河挟带的泥沙也在一定程度上参与了沙漠的形成与发展。党河的冲洪积物对沙漠东部的风沙地貌贡献较大。

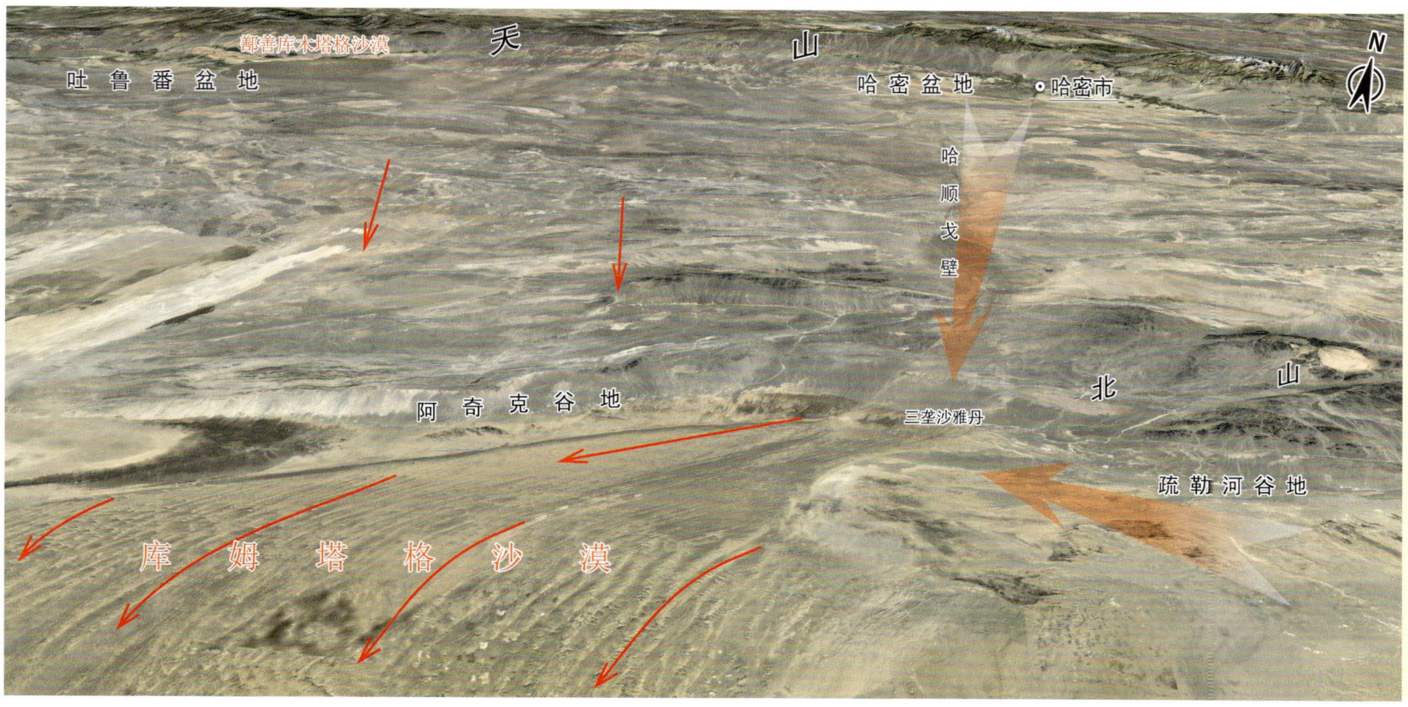

越过天山的北偏东气流掠过开阔的哈顺戈壁向阿奇克谷地袭来，与沿着走廊倒灌的偏东向蒙古高压一起将戈壁和谷地的疏松沉积物刮向阿尔金山北坡，为库姆塔格沙漠提供了重要物源。

三垄沙雅丹群位于阿尔金山与北山山地间的阿奇克谷地，因其西侧的三垄沙而得名，该区早更新世末期到中更新世中期为湖泊环境，接受了来自两侧山地的丰富剥蚀物，形成了厚达上百米的湖相沉积层，后因区域构造抬升，沉积层出露地表，末次冰期，越过天山的蒙古高压掠过辽阔坦荡的哈顺戈壁，一路南下，将河湖相地层中的沙粒吹扬到阿尔金山北坡的库姆塔格沙漠，在以砂、粉砂和粘土互层为主的沉积层上雕刻出高 10 ～ 20 m（部分达 40 m）、长达上千米、呈南北向并行排列的垅脊状雅丹群，气势极为宏大壮观。（王　金　摄）

库姆塔格沙漠沙丘类型丰富多样，主要有羽毛状纵向沙垄、新月形沙丘及沙丘链、格状沙丘及金字塔形沙山等。羽毛状沙垄为库姆塔格沙漠的独特类型，呈三角状分布在沙漠的北部，东北-西南走向的沙垄与盛行风向一致，一般垄高10～30 m，垄间地宽500～1 000 m，垄长12 km以上，甚至数十千米；金字塔形沙丘（山）呈带状分布在沙漠中、东部低山丘陵下方台地，高度一般200～300 m或更高；新月形沙丘广泛分布在沙漠各处，以沙漠西、南部中高山前分布较为集中，丘高5～30 m不等；格状沙丘呈片状集中分布在沙漠西缘及东部，东部丘高10～30 m，西部30～50 m。此外，在沙漠中西部，树枝状沙垄呈纵向分布，一般垄高 30～50 m。库姆塔格沙漠的沙丘几乎全部处于流动状态，固定、半固定沙丘仅在阿奇克谷地两侧及沙漠外围以稀疏的灌丛沙堆形式出现。沙漠中西部覆盖着各种沙丘的垄岗与条带状平沙地或砾石戈壁呈纵向相间排列。

▼ 库姆塔格沙漠沙丘形态类型图

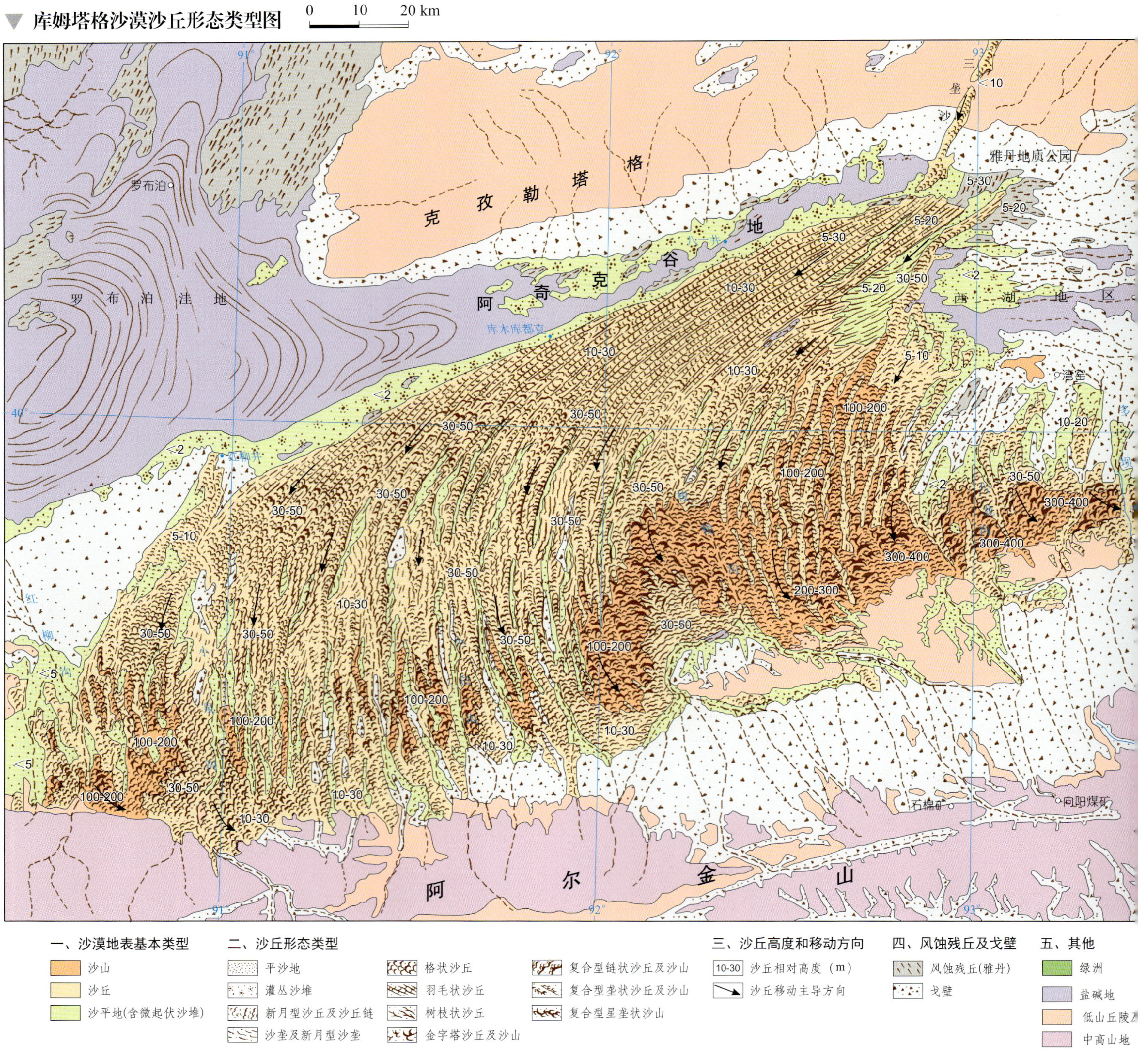

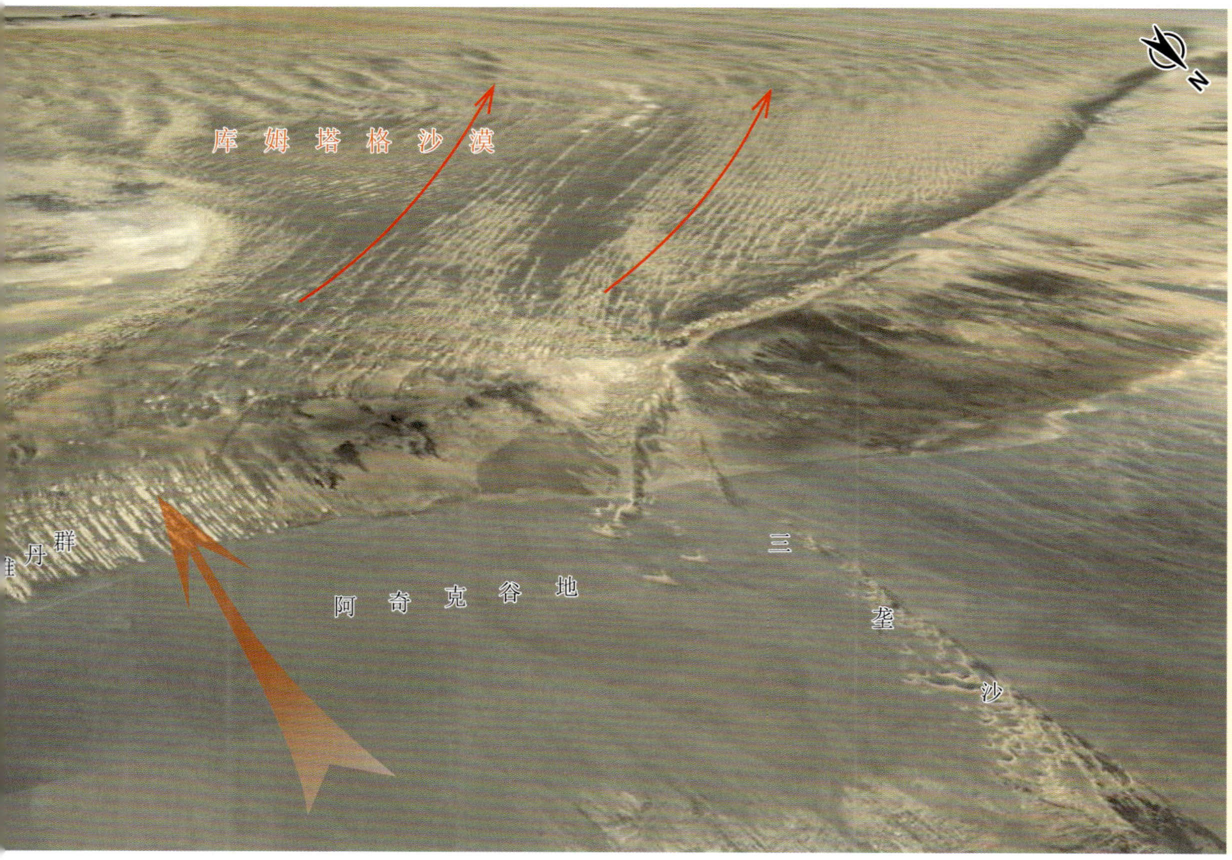

如果换个角度，从沙漠东北方的北山山地向西南方展望，盛行风对沙漠的影响更加清晰：从河西走廊向西倒灌的蒙古高压与越过天山南下的偏北气流在沙漠北侧交汇，交汇前分别在阿奇克谷地留下了大面积东西向风蚀雅丹地貌和南北向的三垄沙雅丹群。交汇后形成的气旋挟带着谷地的泥沙抛撒在阿尔金山的北坡。

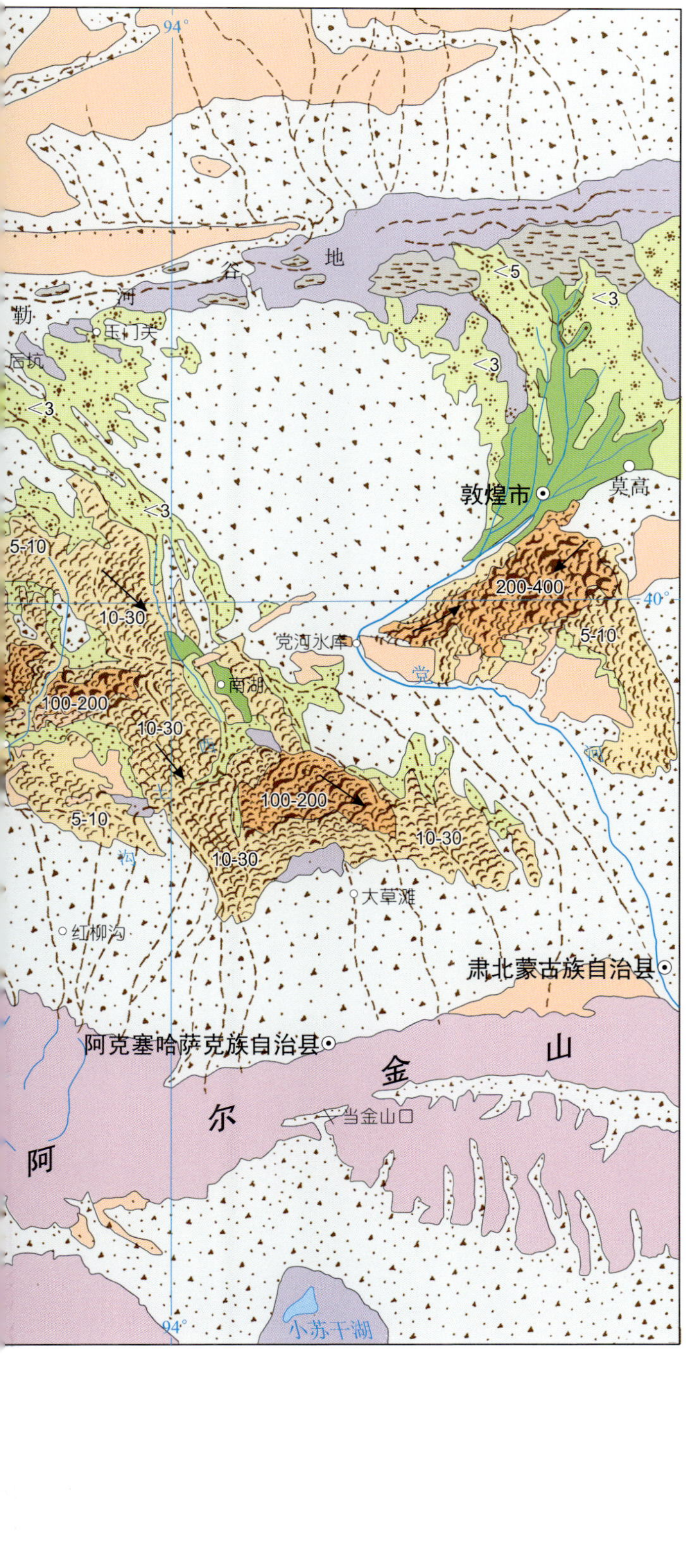

羽毛状沙垄是库姆塔格沙漠最具特色的沙丘形态，广泛分布在沙漠北部，其面积约达 4 000km^2，沙垄呈规律性平行排列，一般垄间距 500 ~ 1 000m，垄间有 3 ~ 5m 的沙埂，垄长可达数十千米，垄体宽 50 ~ 100m，垄高 10 ~ 20m，两侧斜坡 15° ~ 20°。

一般认为，库姆塔格沙漠的羽毛状沙垄实际上是一种两侧具有明显新月形沙丘遗留翼角的线状沙丘变型，其成因是沙漠北部特殊地形与复杂风况条件的共同作用（细部影像）。

沙漠北缘的一条羽毛状沙垄（George Steinmetz　摄）

阿尔金山北坡的单体新月形沙丘

覆盖在山坡上的沙丘，下伏地层在流水和风力作用下出露地表。

高大的复合型沙垄、沙山布满了阿尔金山北坡，这条沙垄大约从海拔 1 700 m 延伸到近 2 400 m。

2.3 沙漠的自然条件

2.3.1 气候与水文

由于深居内陆、远离海洋以及周边山脉的屏障作用，区域降水极为稀少，加上青藏高原面气流下沉盆地时产生的焚风效应，使这里成为中亚大陆最为干旱的区域，年均降水量不足20 mm，年均蒸发量2 800～3 000 mm；年平均温度10℃左右，呈现极旱荒漠景观，是我国最为干旱的沙漠。沙漠地区盛行风向主要为蒙古高压倒灌塔里木盆地形成的偏东风，次为越过天山山口后形成的偏北风，二者交汇后形成的东北风对沙漠的形成及发展影响最大，沙漠主要风沙地貌类型的形成、排列方式及走向也多与东北向气流相关。东北风年均风速5.94 m/s，8 级以上大风日数100天以上。

库姆塔格沙漠水资源极为贫乏，沙漠主体分布区无河流发育，中西部的十多条干沟也仅在暴雨时有短暂洪流，沙漠东部低山丘陵地带有小河发育，但多流程短促、流量不大，且进入下方山前戈壁后迅即消失。党河为沙漠唯一较大河流，年径流量2.98亿m^3，因有源区冰川补给，流量较为稳定，孕育了敦煌绿洲。冲洪积扇前沿偶有泉水出露，但流量普遍很小，水质总体上属于微咸水或咸水。

2.3.2 土壤与植被

库姆塔格沙漠地带性土壤为棕漠土，主要分布在低山残丘地带，风化剥蚀强烈；非地带性土壤主要有风沙土及盐土等，风沙土中以流动风沙土占绝大成分。地带性植被主要是以超旱生半灌木、小灌木为主的极旱荒漠，群落稀疏而结构简单。沙漠腹地除部分切沟尾闾有稀疏的多枝柽柳、刺沙蓬外，沙漠腹地及北部几无植物生长。沙漠边缘有稀疏的梭梭生长，沙漠外围的砾石戈壁有零星的红砂、合头草等分布；阿奇克谷地水位较高处有稀疏的白刺、柽柳沙堆。

库姆塔格沙漠极端干旱，几无常流水系发育，仅有一些发源于阿尔金山北坡的间歇性干河沟穿过沙漠，河沟深切下伏岩层，却常年干涸无水。

这条已经被洪水冲刷下切到基岩的干河沟显示，在库姆塔格沙漠高大沙丘下面是由疏松物质构成的倾斜下伏地层。

2.4 沙漠环境的演变

库姆塔格沙漠大约形成于中更新世。进入第四纪后，阿尔金山隆升加快，盆-山高差不断加大，剥蚀堆积物在山脉北麓形成了一个南北宽近100 km、东西长近400 km的山前冲洪积倾斜平原，山下阿奇克谷地及疏勒河谷地也沉积了厚达三四百米的第四纪河湖相沉积物。中更新世，阿尔金山再次发生强烈构造活动，随之抬升的谷地沉积层遭受侵蚀，盆地干旱气候加剧，盛行东北风卷起山前洪积扇及堑谷中的沙粒，沿着冲洪积平原上的一道道沟谷吹向山坡，库姆塔格沙漠逐渐形成，并由南向北发展。末次冰期，蒙古高压空前强盛，强劲的东北风使谷地遭受到极为强烈的风力侵蚀，阿奇克谷地东端形成大片的雅丹地貌。沙漠范围得到扩展，沙漠过程进一步强化。距今4 000～5 000年前的全新世中期，区域气候曾较现今湿润，但因沙漠位于我国极端干旱区的中心区域，即使些微湿润的气候，也难改变沙漠区域的总体干旱环境。因此，库姆塔格沙漠自其形成以来应从未脱离干旱荒漠环境，始终保持着以流动沙丘占绝对优势的干旱荒漠或极旱荒漠景观。

3 鄯善库木塔格沙漠

鄯善库木塔格沙漠位于天山南麓的吐鲁番-哈密盆地（以下称吐哈盆地）中部，北缘紧邻鄯善县城，是一个几乎全由流动沙丘构成的沙漠，也是我国海拔最低、离城市最近的沙漠。沙漠东西长约65 km，南北宽约45 km，外部轮廓酷似心形，地理坐标

▼吐哈盆地及其周边数字高程地貌图

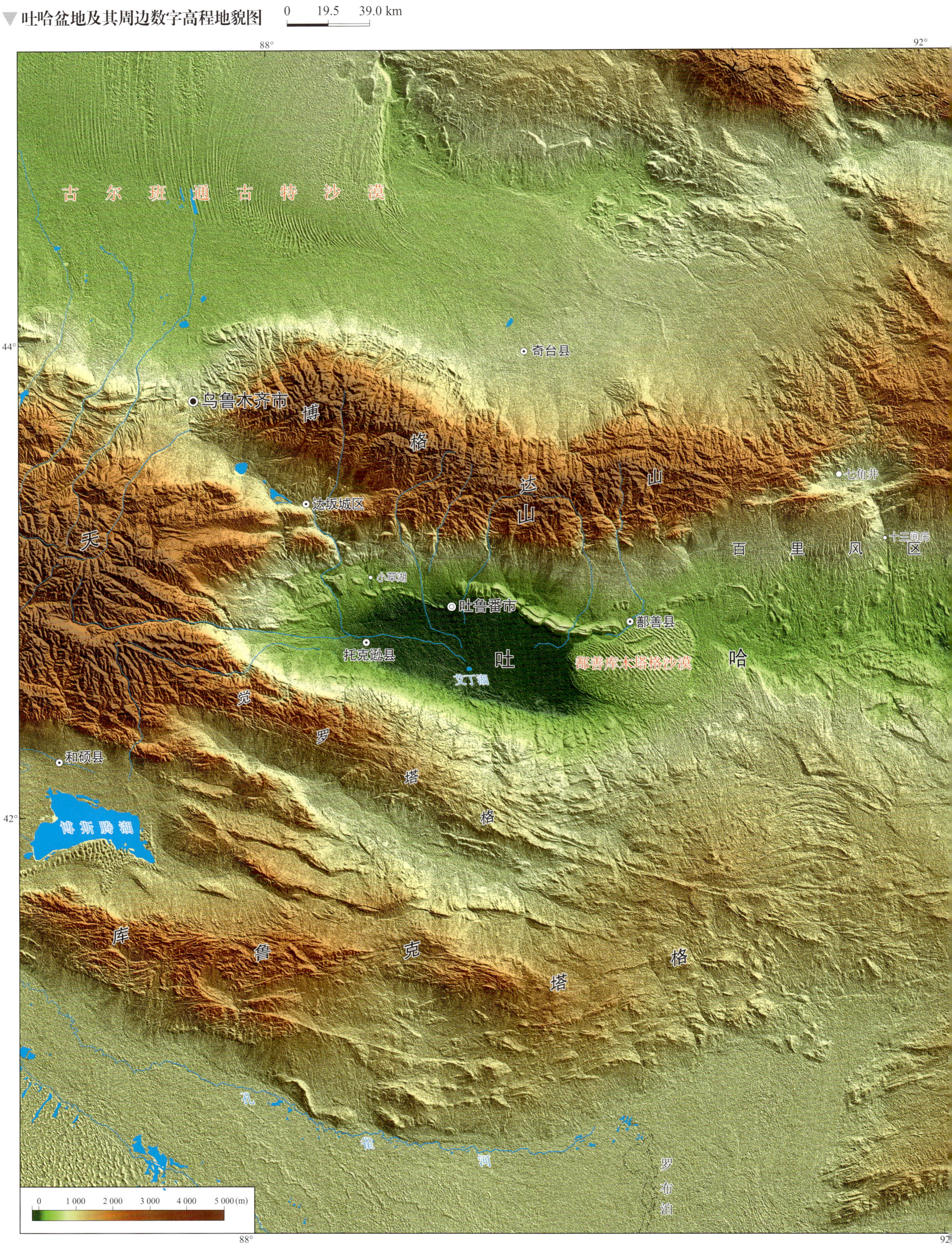

42° 26′ 10″ ~ 42° 52′ 23″ N，89° 35′ 02″ ~ 90° 45′ 13″ E，沙漠面积 2 145.1km^2，沙漠全域分布在新疆维吾尔自治区鄯善县境内，涉及6个乡镇。

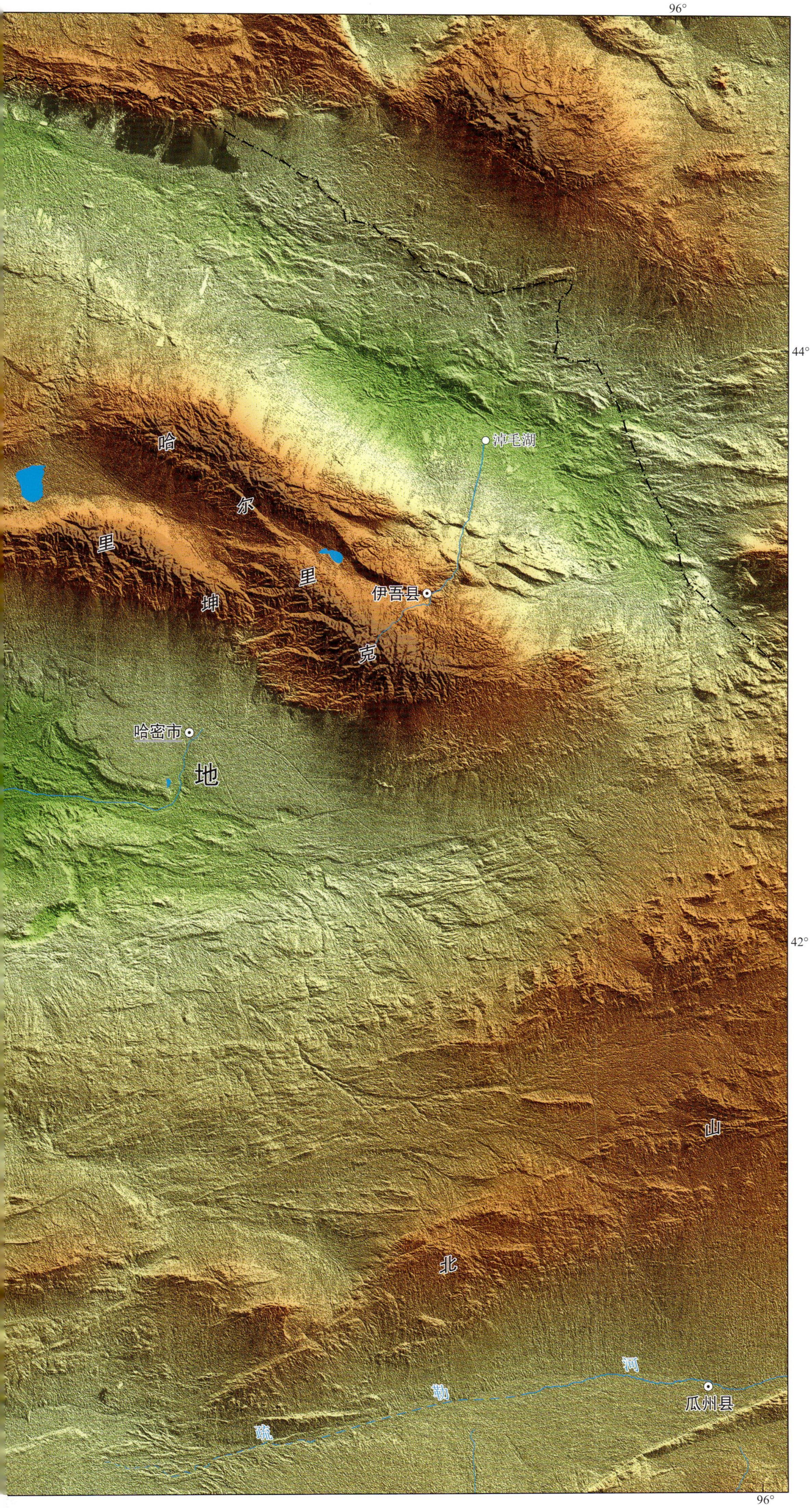

3.1 地质构造与地貌

鄯善库木塔格沙漠所处的吐哈盆地位于天山北支博格达山、巴里坤山及哈尔里克山与中天山的觉罗塔格山之间，吐哈盆地由吐鲁番盆地及哈密盆地两个凹陷构造相连而成，盆地东西长约600 km，南北宽60 ~ 130 km，为一不规则的狭长盆地。

在地质构造上吐哈盆地是从准噶尔地块分离出来的一个微型地块，属哈萨克斯坦板块的组成部分。吐哈盆地形成于二叠纪，后在多次构造运动中不断发展和演化，并一直处于沉积过程，至白垩纪末，盆地的沉积层厚度已达数千米。喜马拉雅运动期，博格达山快速隆升，盆地发生大范围沉降，沉积加快，仅上新世时期盆地的沉积厚度就达700 ~ 900 m。

第三纪至第四纪初，天山山体的强烈抬升使山地的风化剥蚀作用进一步加强，加上第四纪冰川对山体的刨蚀作用，盆地北部和中央区域在第四纪早更新世沉积了约800 m的砾岩碎屑。早更新世末、中更新世初的新构造运动中，西起吐鲁番东至十三间房南侧，海拔 250 ~ 500 m、东西延伸约 200 km左右的中央构造带隆起出露地表，呈弧形横亘于盆地中央，火焰山即在此时（700 ka B.P.）形成。到晚更新世，盆地及周边地貌格局基本奠定。

北东–南西向的了墩隆起将狭长的吐哈盆地分割为吐鲁番和哈密两个凹陷盆地。海拔 –154.3 m的艾丁湖及海拔53 m的沙尔湖分别为吐哈盆地东、西部的汇水中心。盆地北面是北天山东段海拔3 500 ~ 4 000 m的博格达山、巴里坤山和哈尔里克山，南侧是海拔600 ~ 1 500 m的觉罗塔格山，中部的干燥剥蚀高地海拔500余米。盆地外周为宽约数千米至数十千米的山前冲洪积砾质平原。

鄯善库木塔格沙漠覆盖在吐鲁番盆地东缘与了墩隆起之间的干燥剥蚀高地之上，平均海拔在 380 ~ 650 m左右。

▼ 鄯善库木塔格沙漠及其周边卫星影像

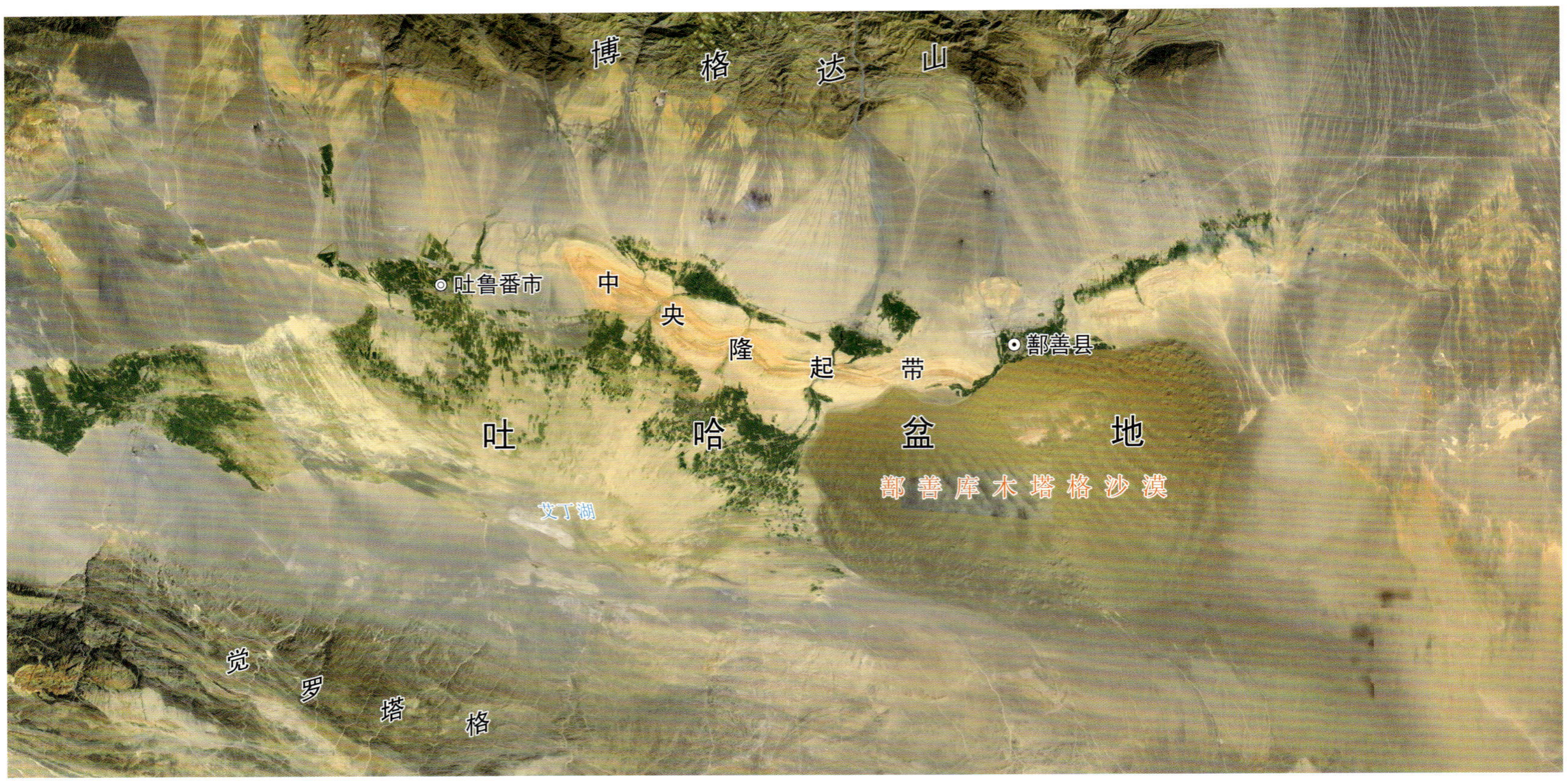

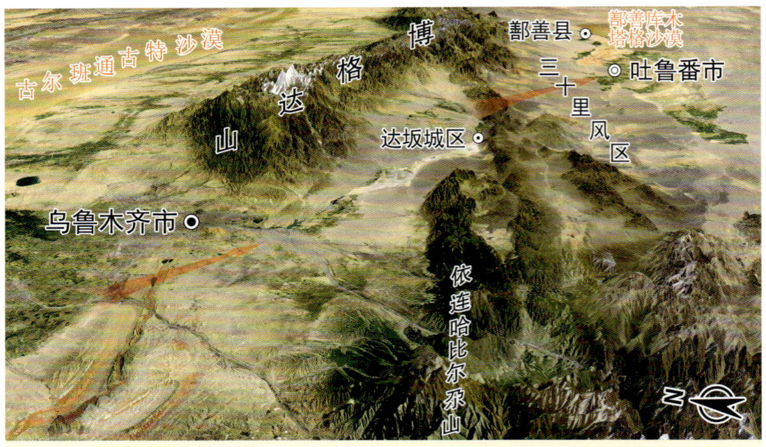

吐哈盆地的盛行风向以穿越天山达坂城风口向东扩散的偏西风为主，其次为来自天山东部百里风区向西扩散的偏东风，它们共同培育了面积不大，但高大沙丘遍布的鄯善库木塔格沙漠，卫星影像为达坂城风口。

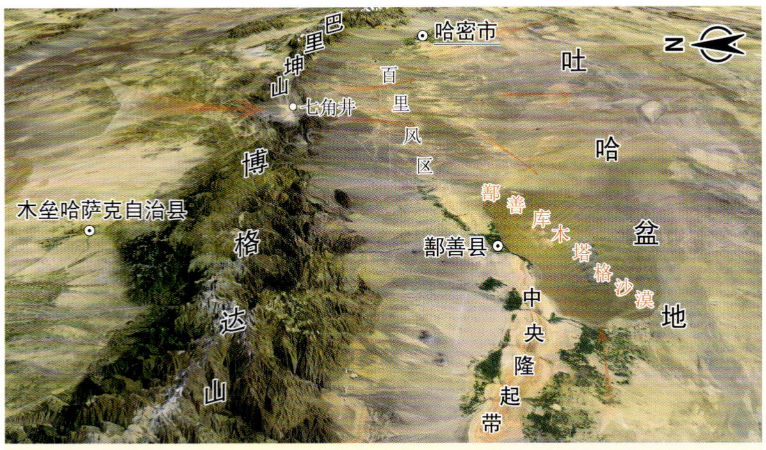

木垒－巴里坤段的天山山脊相对低矮并有诸多垭口，形成了冬季风南侵的有利通道，越过垭口的强风在天山南侧的吐哈盆地形成了长达上百千米强风地带——百里风区，塑造了大面积的风蚀地貌，其中向西扩散的偏东风，为鄯善库木塔格沙漠送去了大量的沙物质，强风也对交通和生产活动造成严重威胁。

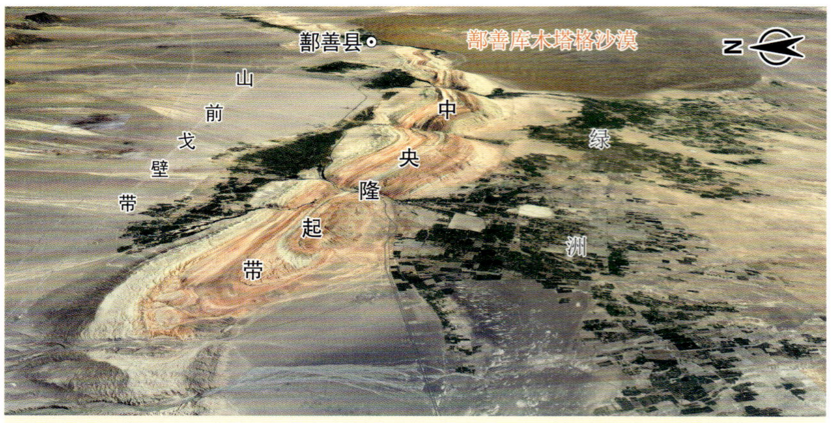

中央隆起带纵贯吐哈盆地中西部，以北为宽达 20 ~ 50 km 的天山山前冲积扇连成的砾质戈壁带，隆起带以南为冲洪积倾斜平原及艾丁湖湖盆，源于天山南坡的山洪冲穿隆起带，流入艾丁湖，在隆起带两侧形成大片绿洲。

逆冲隆起的中央隆起带中的红色沉积层经流水冲刷，形成火焰般的山体。

3.2 沙物质来源及风沙地貌特征

鄯善库木塔格沙漠的物源主要来自以下几个方面：吐哈盆地特别是西部的吐鲁番盆地长期处于负向运动状态，陆相沉积厚度达数千米，其中第四纪以来的沉积厚度也近900 m，盆地东部的哈密盆地为我国海拔次低的干燥湖盆，盆地中的深厚疏松沉积物成为沙漠形成及发展的主要物源；盆地周边、特别是盆地北侧沿天山南麓绵延数百千米的山前冲积扇及冲洪积平原，堆积并产生了大量的疏松物质，这些疏松物既是盆地湖相沉积物的物源，又在风力作用下直接成为沙漠的重要物源。

高耸的天山像一面墙壁，既挡住了南下的冷气流，使南疆比北疆更温暖，也阻挡了西风环流挟带的水汽，使盆地极为干旱。同时，天山的巨大缺口，特别是盆地西北部的达坂城风口及天山东部色皮风口等垭口导致在盆地东部形成了以七角井等为代表的百里风区，成为西伯利亚高压向南侵袭的通道，通过山口时得到加速的强劲气流，出山后分别从槽型盆地两端向中部扩散，并将从盆地刮起的沙粒沉降到中部高地，形成了鄯善库木塔格沙漠。相对而行的气流、盆地中西部隆起地形及其影响下形成的特殊风场环境，共同造就了面积不大但沙丘高大的鄯善库木塔格沙漠。

▼ 鄯善库木塔格沙漠沙丘形态类型图

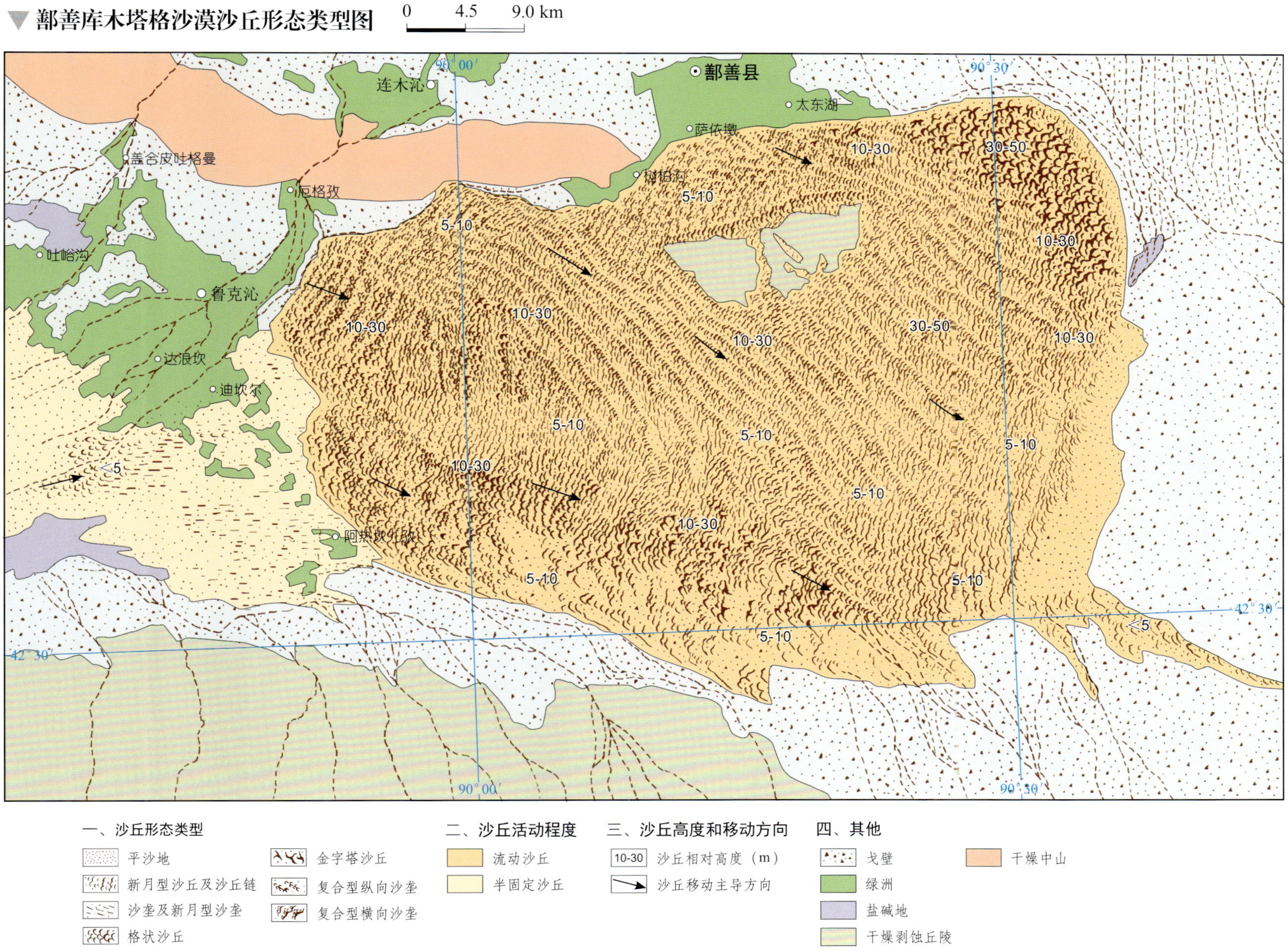

越过天山山口的冬季风在天山南麓的吐哈盆地东部形成了大面积的风蚀地貌，影像为盆地东部哈密风蚀雅丹地貌。

从达坂城沿着白杨河谷袭来的强劲气流卷起吐鲁番湖盆的疏松沉积物向东搬向沙漠，图片为湖盆西部干河床的风蚀情景（托克逊县）。（杨维西　摄）

鄯善库木塔格沙漠的下伏地形为干燥冲洪积平原、剥蚀高地和残丘，其中上覆沙漠的中央构造隆起在沙漠北部出露，形成一个向偏北倾斜的凹槽。鄯善库木塔格沙漠是一个几近由各种流动沙丘组成的沙漠。其中以复合型纵向沙垄及新月形沙垄分布最广、面积最大。复合型纵向沙垄主要分布在新月形沙垄的东侧，两者并行排列，构成形态结构更为复杂的沙丘形态复合体，广泛分布在沙漠东部到中西部的广大区域，沙垄呈西北-东南向排列，垄间距1～2.5 km，垄高10～30 m，局部可达30～50 m。受主、次盛行风向相互作用及地形对气流的影响，在沙漠东北部、西南部及西部有大面积金字塔形沙丘分布，一般丘高30～50 m，局部可达80～150 m。横向复合型沙垄主要分布在沙漠西北部，垄高10～30 m，其东北-西南向的排列走向与盛行风向大体垂直。新月形沙丘及沙丘链在沙漠东南部有较多分布，呈东北-西南向排列，与盛行风向接近垂直，沙丘高度一般5～10 m。

3.3 沙漠的自然条件

3.3.1 气候与水文

鄯善库木塔格沙漠虽属西风带控制区，但由于天山阻隔及西伯利亚高压的强烈影响，年均降水量仅17.6 mm，年均蒸发量却高达3 217 mm；年均温度14.4℃，呈现典型的极旱荒漠生物气候特征。盆地西北方的达坂城和东北方的七角井为天山的两大山口，从两个山口越过天山山脉的超强气流分别从西北及东北两个方向影响沙漠。其中以春季及初夏多发的西北风向最为活跃，风势最强劲，对沙漠形成及发展影响最大；冷空气越过七角井山口后沿狭长盆地向西扩散所形成的偏东风强度相对较弱，与西北风在沙漠形成辐合，从而导致鄯善库木塔格沙漠面积虽小，但沙丘高大的特征。沙漠年均大于等于8级以上大风24天，达坂城和七角井风口年均大风日数更分别达150天和90天，年均风速分别为 6.1m/s和 5.4m/s，最大瞬时风速曾达 60m/s。沙漠中无地表径流，周边地带的地表径流主要依靠天山山地降水与冰雪融水补给，流量比较稳定，但多在出山后不久便潜入地下，以坎儿井方式引入冲积平原上的鄯善绿洲。

鄯善库木塔格沙漠面积不大，但由于地处槽型盆地中部东西风向交汇的特殊环境，使其成为完全被高大流动沙丘覆盖的沙漠。

中央隆起带在沙漠下部拐了一个弧形转折，弧的顶部出露地表，在沙漠北部形成马蹄状凹地。

鄯善县城原本就离沙漠不远，近年来随着城市的快速扩展，让鄯善库木塔格沙漠变成一个名副其实的城郊沙漠。

鄯善库木塔格沙漠北缘的高大复合型沙垄（宴　先　摄）

3.3.2 土壤与植被

沙漠分布区地带性土壤为棕漠土，主要分布在沙漠周边的冲洪积平原，砾石层下有石膏结晶聚集，风沙土广布沙漠全域。因极度干燥，沙漠中除极零星的骆驼刺、沙竹等外，几无其他植被分布。沙漠外围戈壁有稀疏的超旱生、旱生荒漠灌丛分布，种类以霸王、合头草等为多；绿洲边缘受水分侧渗影响地段，有以柽柳、白刺为主的斑点状半固定沙丘分布。

3.4 沙漠环境的演变

早更新世，天山山脉快速抬升，不断增强的山地屏蔽作用导致吐哈盆地气候逐渐旱化，经过早更新世末、中更新世初的新褶皱构造变动之后，盆地及周边的地形地貌总体轮廓基本形成，特别是中更新世后青藏高原隆起超过3 000 m之后，西北内陆气候更趋干旱，湖盆逐渐萎缩，湖底沉积物出露地表，遭受侵蚀。根据南疆盆地区域宏观环境形成及其演化过程研究，鄯善库木塔格沙漠可能至少在中更新世就已形成。

中更新世以来南疆盆地在多次气候干湿变化中也曾出现过些许湿润的气候环境，但总体上没有跳出干旱荒漠-极旱荒漠的范畴。据此推测，鄯善库木塔格沙漠自形成后至今，始终维持了以流动沙丘为主的沙漠环境，呈现出直线式发展的演化历程。

鄯善库木塔格沙漠边缘的绿洲（阿不力孜·阿布都拉　摄）

4 柴达木盆地沙漠

柴达木盆地沙漠因位于柴达木盆地而得名。沙漠以带状、片状散落在盆地各处，沙漠面积13 499.58 km^2，是一个具有内陆干旱气候特征的高原盆地型沙漠。柴达木盆地沙漠地理坐标为35° 50′ 26″ ~ 38° 52′ 33″ N，90° 10′ 35″ ~ 98° 34′ 25″ E，行政区划涉及青海、甘肃、新疆三省区的3个市州、8个市（县）的22个乡镇，其中青海省分布面积占91.22%，甘肃省占8.13%，新疆仅占0.65%。

▼ 柴达木盆地及其周边数字高程地貌图 0 26.5 53.0 km

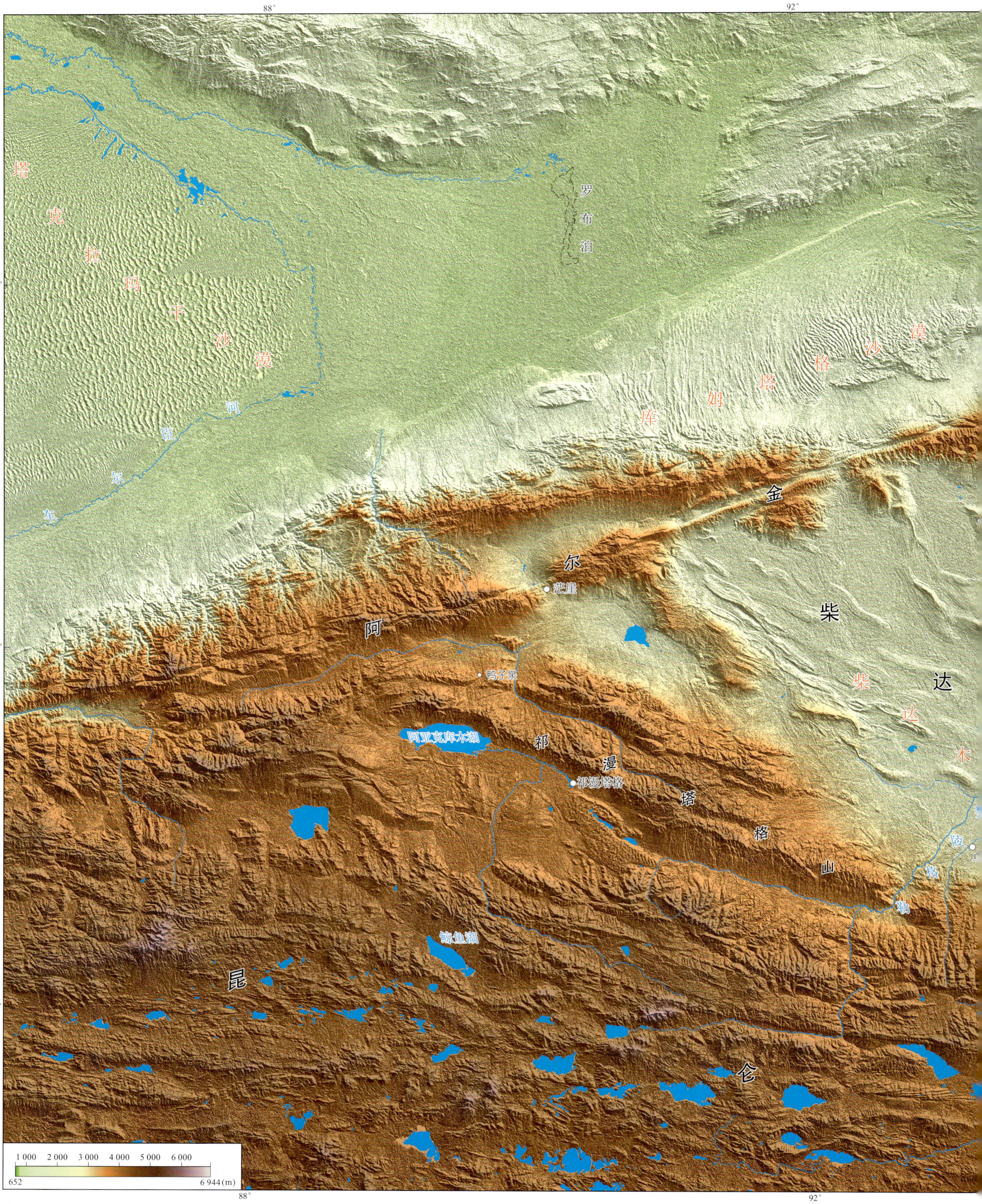

4.1 地质构造与地貌

柴达木盆地是中生代形成的一个大型坳陷盆地，呈西北-东南向展布在青藏高原东北部，盆地呈狭箕形，海拔2 700 ~ 3 000 m，海拔2 670 m的察尔汗盐池为盆地最低点。盆地形成早期，地势从东南向西北倾斜，沉积中心位于盆地西北部，接受来自周边山地的剥蚀沉积。渐新世-中新世时期，盆地西北部随阿尔金构造带隆起而抬升，坳陷中心缓慢向东南迁移，盆地范围扩展，沉积层增厚，形成从西北向东南倾斜的总地势，其构造形态已基本接近现今的格局。昆仑山支脉祁漫塔格山、阿尔格山及布尔汉布达

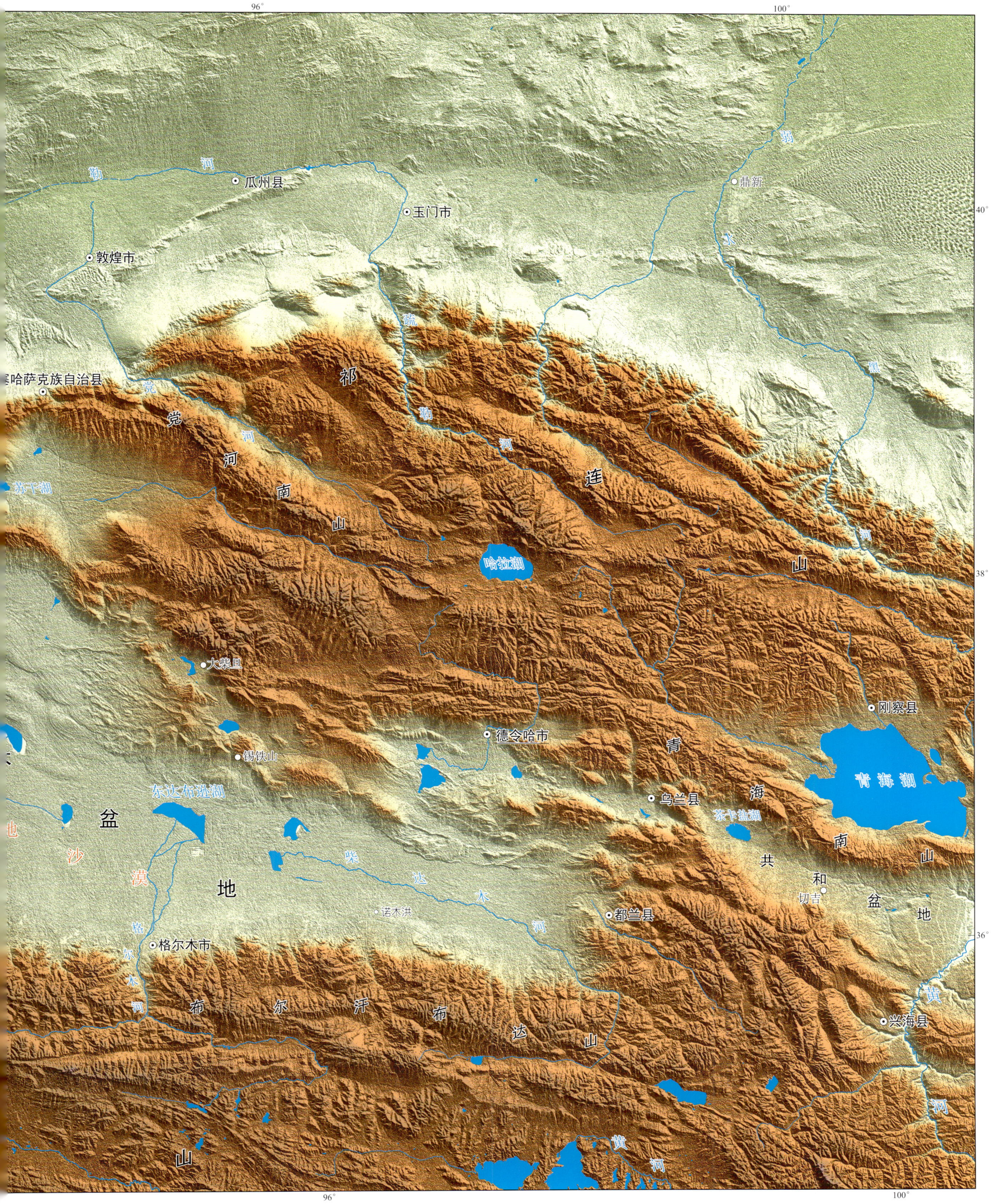

山接续列于盆地西南侧，东北侧为祁连山系的党河南山、宗务隆山等，山势低缓且多不连续，东南缘为昆仑山支脉鄂拉山，海拔3 500～4 000 m的阿尔金山横亘于盆地西北缘，将盆地与塔里木盆地隔开，使柴达木盆地成为完全封闭的大型山间盆地。盆地周边除东南部及东北部山地稍低外，其余多在海拔4 500 m以上。在盆地内侧还分布着一些独立的小型山间构造盆地，如苏干湖、大柴旦、德令哈盆地等。干燥剥蚀低山、山前冲洪积倾斜平原、湖积平原依次从盆地外围向湖盆中心呈环带状展布。狭长的湖积平原呈西北-东南向展布在湖盆底部，发育了串珠状的湖泊。风蚀残丘、风蚀洼地等风蚀地貌主要分布在乌图美仁-大柴旦一线以西的湖积平原，占据了盆地西部大部分区域，残丘高度一般10～30 m，部分小于10 m。

沙漠以带状、片状广泛散布在盆地各处，其中西南侧祁漫塔格北麓山前分布最为集中，沙带沿山前洪积平原前缘不连续展布，平均宽度10～12 km，延伸总长达300 km；此外，在盆地东南部香日德以北、都兰以西，以及盆地东北端的苏干湖盆地一带也有较集中分布。

4.2 沙物质来源及风沙地貌特征

柴达木盆地在早期发育中接受了巨厚的湖相沉积物，第三纪末盆地抬升时湖相沉积物出露地表，为风沙地貌的发育提供了物质基础；盆地在第四纪初的沉降中又接受了来自周边山地的大量风化剥蚀物，中更新世特别是晚更新世，随着盆地的缓慢抬升，湖泊逐渐退缩，湖底出露，厚度达数百米的湖相沉积层成为沙漠形成与发展的主要物源；此外，盆地外缘以砾质戈壁为主的冲洪积平原，也为盆地沙漠的形成和发展提供了重要的物质来源。

柴达木盆地沙漠是以流动沙丘为主的沙漠，流动沙丘占沙丘总面积的53.71%，半固定、固定沙丘分别占31.41%和14.88%。流动沙丘主要分布在盆地中西部，其中盆地西北-西南缘山前冲洪积平原的流动沙丘分布最为集中。此外，盆地东部都兰、东北部苏干湖盆地东南缘也有比较集中的流动沙丘分布。流动沙丘以新月形沙丘及沙丘链、复合型链状沙丘及格状沙丘为主，其中新月形沙丘及沙丘链分布广泛，但较零散，高度10～30 m，部分小于10 m；复合型链状沙丘或沙山集中分布在老茫崖以西的祁漫塔格山前冲洪积平原下部，沙丘高度可达50～100 m；格状沙丘的分布以盆地东南端及西

▼ 柴达木盆地沙漠及其周边卫星影像

▼ 盆地东南端的界山垭口

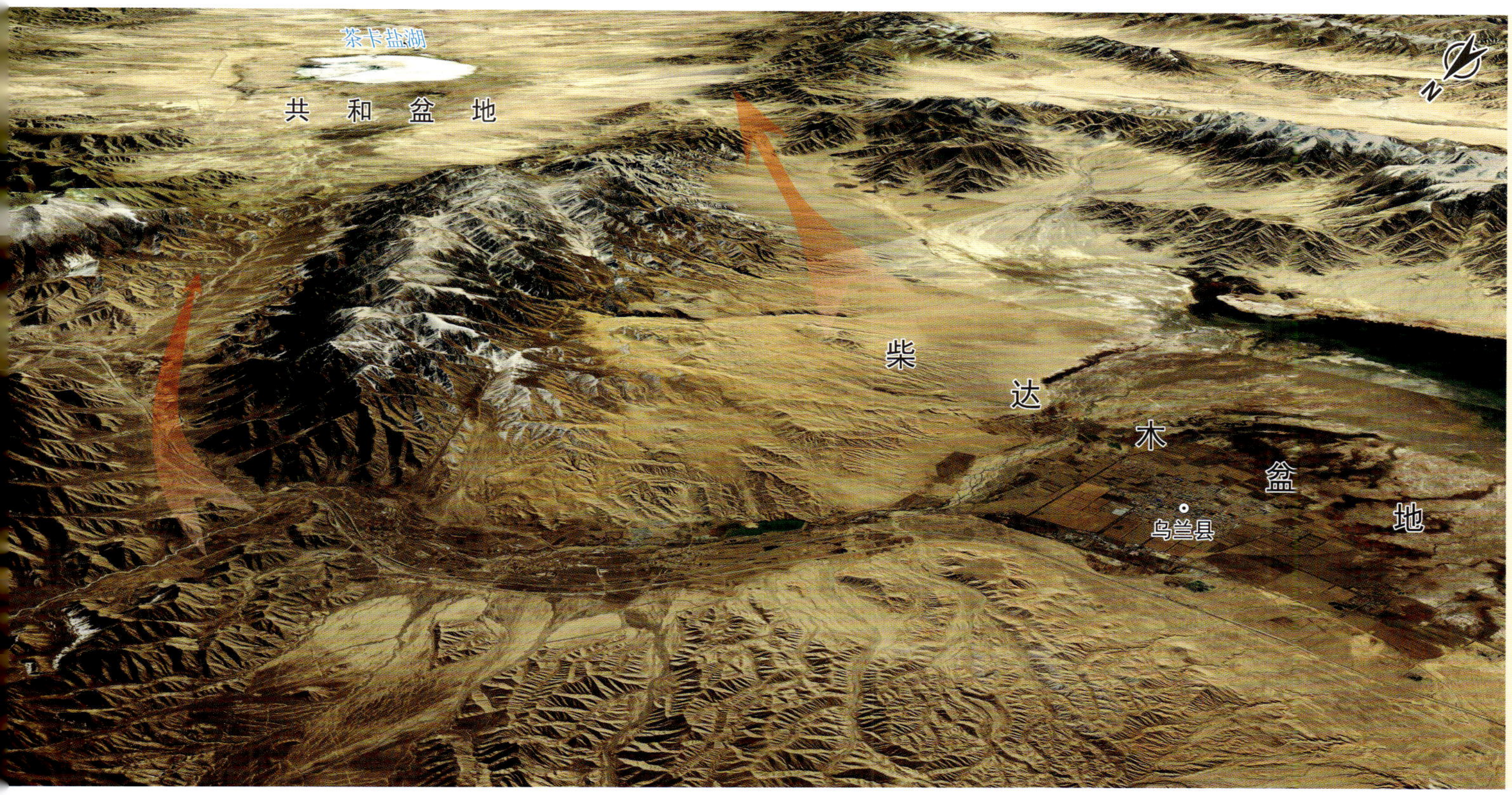

柴达木盆地的控制风系主要是越过天山和从河西走廊倒灌的蒙古－西伯利亚高压，同时也受西风环流的影响，这些风系通过相对较低的阿尔金山进入盆地，纵穿盆地后从东南端向共和盆地扩散，卫星影像显示柴达木盆地与共和盆地的界山低矮，并有多个宽敞的垭口。

南部为主，高度一般10～30 m，部分小于10 m；在苏干湖盆地花海子东南有小片沙垄分布。固定、半固定沙丘主要分布在盆地东南部流沙带或戈壁带的下方，且以白刺堆和柽柳构成的灌丛沙堆为主，有时沙堆与沙垄交替分布。

冬季风越过阿尔金山后纵穿柴达木盆地，在地表留下了明显的风蚀雕刻印记——风蚀地貌丰富多样，其排列走向大体与盛行风向平行，卫星影像显示在圆环状构造地貌上形成的风蚀雅丹群。

风蚀雅丹影像（近景）

柴达木盆地沙漠沙丘形态类型图

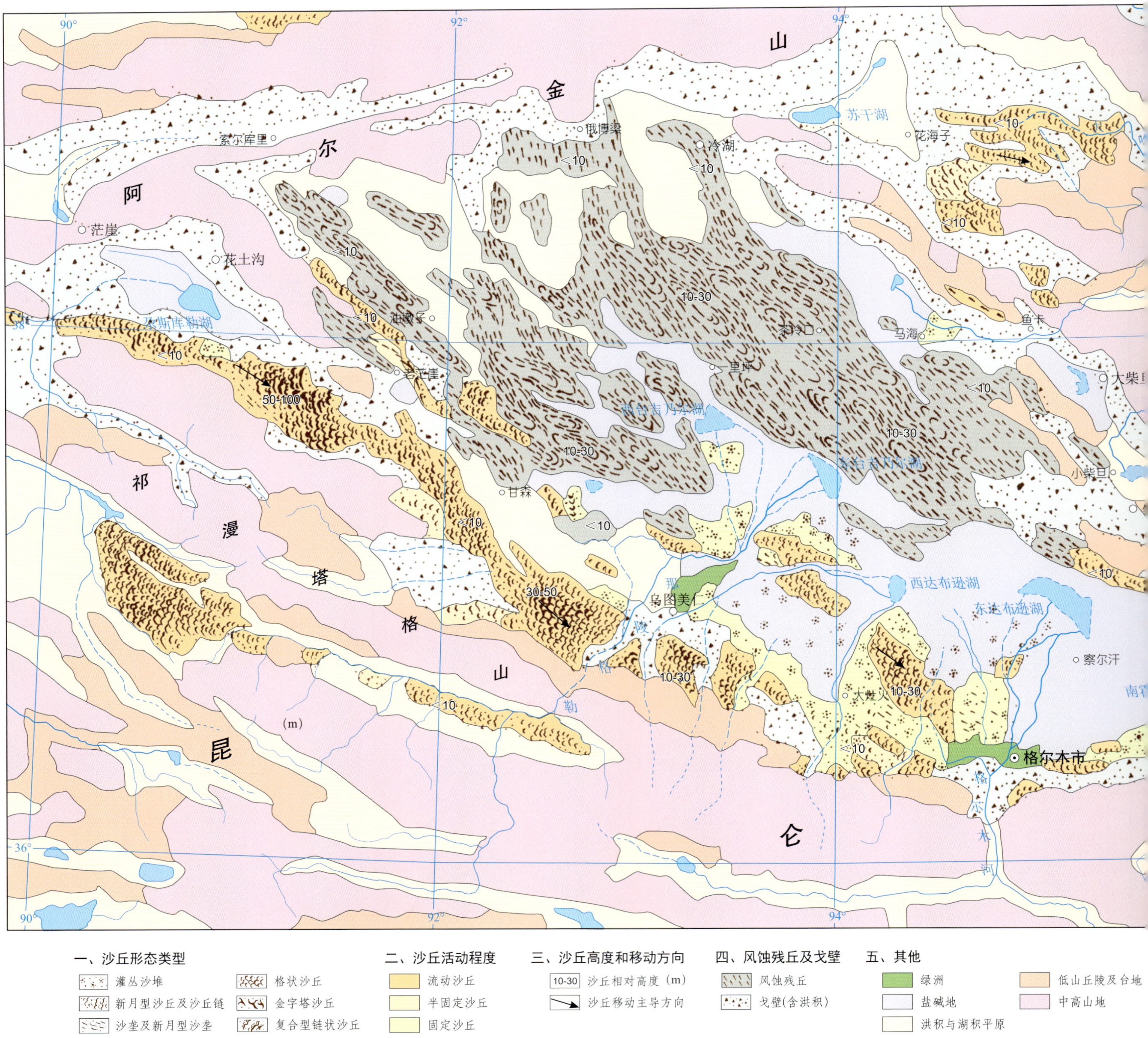

盆地东南部降水相对较多，沙丘的背风面及丘间低地通常分布着稀疏的灌丛。

盆地西北部祁曼塔格北麓冲洪积平原上的新月形沙丘链（乌图美仁东南）

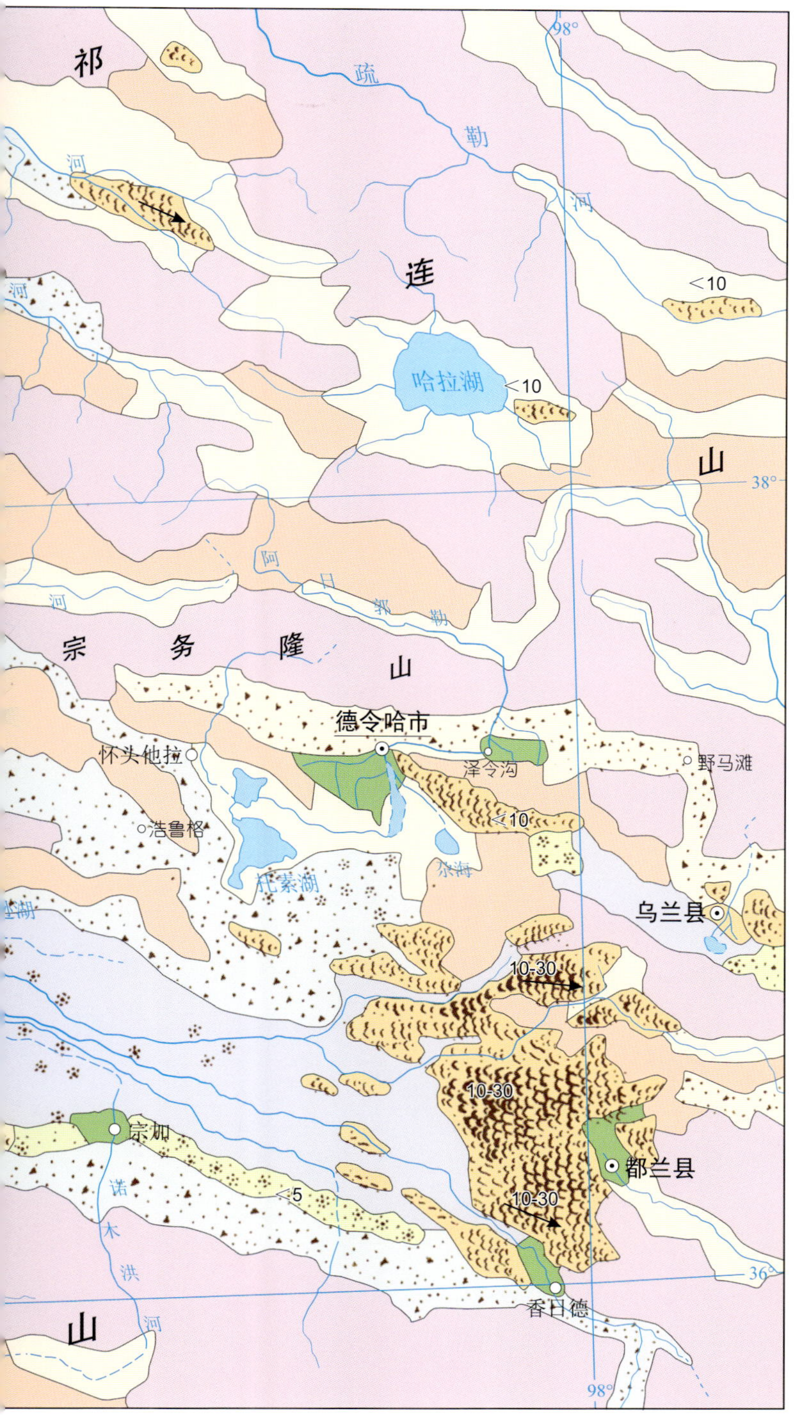

盆地东南端夏日哈附近的沙漠景观（张胜邦　摄）

柴达木盆地风蚀－风积地貌景观（George Steinmetz　摄）

受北偏东盛行风的影响，盆地沙漠多呈带状分布在盆地西南侧的祁漫塔格北麓山前冲洪积平原。卫星影像为其中的一片新月形沙丘链。

柴达木盆地中西部为极旱荒漠带，年降水量不足30mm，且多集中在夏季，冬季积雪更为少见。卫星影像显示那陵格勒河西侧、乌图美仁附近丘间低地残留的积雪。

柴达木盆地沙丘形态类型多样，影像为西达布逊湖附近的线状沙垄，沙垄前端形态酷似箭簇。

4.3 沙漠的自然条件

4.3.1 气候与水文

柴达木盆地位于青藏高原东北部，但因受翻越阿尔金山的蒙古–西伯利亚高压控制，使其具有西北内陆极端干旱气候的鲜明特征。夏半年绕流祁连山东缘的北支西风急流可从盆地东南方深入盆地，并与越过青藏高原的孟加拉湾暖湿气流相遇，给盆地东南部带来年均180 mm左右的降水量，但降水量向西北迅速递减，到盆地中部的格尔木年均仅45 mm，再到盆地西北端时已不足20 mm。而年均蒸发量则从东南端的2 089 mm递增到西北部的3 297 mm，反映了盆地西北部极端干旱、东南部相对湿润的气候环境。盆地年平均气温1～5℃，1月均温 -8～-15℃，7月均温15～18℃，年均日照时数3 000～3 500 h。盆地盛行西北风，年均风速4 m/s，风力从西北向东南递减。春、夏季大风日数分别占全年的 44%、28%，其中盆地西北部茫崖的年均大风日数高达122天，最大风速达 20 m/s。

柴达木盆地全域均为内流区，盆地周边山地发育有众多大小河流，河水依靠周边山地的大气降水和冰雪融水补给，但多为流程短、流量较小的季节性河流。相较而言，发育自盆地南侧和东部山地的河流较多，是盆地水资源的主要来源。河流从盆地外缘经山前冲洪积倾斜平原流入盆地中部湖积平原，在低洼处从东到西形成串珠状分布的湖泊带；盆地内有大小湖泊49个，总面积约2 000 km^2，除少数湖泊之外，多数为咸水湖和盐湖。盆地中部的察尔汗盐湖，面积达5 800 km^2，为我国最大的盐湖。那陵格勒河与格尔木河分别为盆地第一、第二大河流，年均径流分别为10.30亿m^3、7.98亿m^3，占盆地地表水总量（44亿m^3）的23.41%、17.93 %，因上游有冰川分布，流量比较稳定。地下水埋深从洪积平原的 20 m左右逐渐上升至湖积平原的接近地表，但矿化度由盆地外缘向盆地中心不断增高，最高可达 750 g/L。

柴达木盆地降水稀少，盆地中的绿洲与湖泊依靠源于周边高山的较高降水及冰雪融水滋养，格尔木河每年为盆地提供的径流量约7.98 亿 m^3。图为格尔木河上游昆仑山玉珠峰北坡的一条冰川。
（杨维西　摄）

柴达木盆地分布有众多湖泊，其中面积大于10km^2的湖泊有 28 个。照片为盆地北缘的巴嘎柴达木湖，湖面从 20 世纪 80 年代以来呈持续扩张趋势，远处为宗务隆山。
（杨维西　摄）

柴达木盆地地势原本向西北倾斜，后随阿尔金山持续隆升，湖盆沉积中心不断向东南移动，形成向东南倾斜的总体地势，并在山前戈壁带、冲积平原带下方的湖积平原低洼地带形成众多的湖泊，串珠状展布在湖盆底部。

4.3.2 土壤与植被

受气候与地形的共同影响，柴达木盆地自然环境差异很大，盆地东南为荒漠草原，中东部为干旱荒漠，大体从格尔木以西为极旱荒漠。盆地的地带性土壤，东南部为棕钙土，中西部主要为灰棕漠土。非地带性土壤主要有风沙土、草甸土、沼泽土和盐土等。盆地东南部的地带性植被为昆仑蒿和木本猪毛菜等为代表的荒漠草原，中部西部地带性植被主要是沙拐枣、梭梭、驼绒藜等为代表的灌木、半灌木荒漠，西北部的地带性植被主要为极为稀疏的红砂、麻黄等小灌木、半灌木为主的极旱荒漠。流动沙丘的植物主要有沙米、籽蒿等，固定、半固定沙丘主要为白刺和柽柳沙堆。植物种类总体自东向西逐渐减少，东部约有植物33科119属169种，而西部只有12科36属45种。在湖沼边缘和河流沿岸分布有芦苇、眼子菜、柽柳等生长。盆地植物具有围绕盆地的环带状分布特征，自外而内依次为旱生-超旱生-喜湿或耐盐植物。

柴达木盆地很少高大乔木林，照片为格尔木以西的拖拉海河岸沙丘及胡杨林，也是盆地中唯一的一片胡杨林。（杨维西　摄）

4.4 沙漠环境的演变

柴达木盆地沙漠至少在第四纪中期就已形成。早更新世，盆地内曾存在较大的湖泊，广泛沉积了来自周边山地的风化剥蚀物。进入中更新世后，盆地内的干旱荒漠气候更加发展，伴随第四纪以来盆地的持续抬升，大湖不断退缩，最终收缩为一狭长的湖泊，湖底第三-第四纪湖相沉积物出露地表，湖底及盆地外缘山前砾质戈壁的沙物质在强劲冬季风的作用下，形成了盆地的风沙地貌。此后，在气候较为湿润的间冰时期，盆地继续接受沉积。末次冰期，伴随着湖泊的退缩和湖底沉积物的出露，强盛的蒙古-西伯利亚高压，推动盆地风沙地貌空前发展，在末次盛冰期柴达木盆地沙漠发展达到鼎盛时期。在距今32～24ka，盆地曾出现高湖面，面积和水深达到极大程度。以后随着气候变干，统一的大湖逐渐萎缩、分割，大约距今19.5ka前后，盆地北缘大柴旦湖成为自析盐湖，大约距今9ka前后察尔汗盐湖也完全干涸。

末次冰期过后，随着气温回升和降水增加，盆地沙漠环境趋于好转。全新世大暖期，夏季风环流增强，并向西北推进，盆地降水有较大增加，发育了一些新的小型湖泊，残存湖泊的矿化度也有所减低。此时，盆地风沙活动大幅减弱，植被有所恢复，东南部流沙多被固定，沙漠面积缩小，但盆地中、西部以流动沙丘为主的沙漠环境并未改变。全新世晚期以来，虽然也曾有过小的气候干湿波动，包括小冰期时出现的冷湿气候环境，都不足以从根本上改变柴达木盆地荒漠-极旱荒漠的景观格局，盆地沙漠环境仍以流动沙丘为主。

5　库木库里盆地沙漠

库木库里盆地是一个大型地堑式断陷盆地，呈北西西–南东东向展布在祁曼塔格山与昆仑山之间，阿尔金山横亘于盆地西北方，与南北两侧高耸的山脉将盆地合围，呈不规则三角形。盆地沙漠散布在其中的几个湖盆，分布海拔3 900～4 960 m，是我国海拔最高的沙漠。沙漠总面积2 357.29 km^2，地理坐标36° 10′ 15″ ～ 37° 26′ 26″ N，86° 57′ 02″ ～ 92° 39′ 13″ E，分布范围涉及新疆、青海2地市、2县的2个乡。

5.1　地质构造与地貌

库木库里盆地地质构造属阿尔金山大断裂以南的东昆仑地槽褶皱带，后历经多次构造运动，中新世以来在周边山地强烈上升的同时大幅沉降，形成了一系列北西西向相间分布的隆坳构造，盆地在经历了萌芽、生长发育之后，于上新世逐渐萎缩。早更新世末期，活跃的新构造运动使盆地自南向北受到水平挤压，尤其是强烈的差异性升降运动导致盆地中部的第三系沉积隆起，形成山地、低–中丘陵或剥蚀高地，将完整统一的库木库里盆地肢解为阿亚克库木和阿其克库勒两个同向分布的次级湖盆。此后的新构造运动不仅造成盆地南高北低的总体地势，不均匀的隆起和沉陷也在两个湖盆中形成了一系列小的沉降凹地。

库木库里盆地的宏观地貌总体表现为北西西–南东东向山地与湖盆或谷地相间分布的格局。盆地呈不规则三角形，东西长约350km，南北最宽处约90km。盆地北部为阿亚克库木湖湖盆，中部为低山丘陵及宽阔的低缓台地或冲洪积倾斜平原构成的盆地中央隆起带，隆起带以南为阿其克库勒湖盆和鲸鱼湖湖盆。地势上由西南向东北倾斜，盆地底部海拔3 800～5 200 m。湖盆周缘多为山前冲洪积扇为主的倾斜平原。构造运动导致阿亚克库木湖湖盆中部微微隆起，将湖盆分解为西部的阿亚克库木湖和东部的楚拉克阿拉干河（那陵格勒河源流）两大流域。沙漠主要分布在阿亚克库木湖盆、楚拉克阿拉干河河谷及鲸鱼湖东侧的东玉浪河辫状宽谷。

库木库里盆地沙漠及其周边卫星影像

库木库里盆地及其周边数字高程地貌图

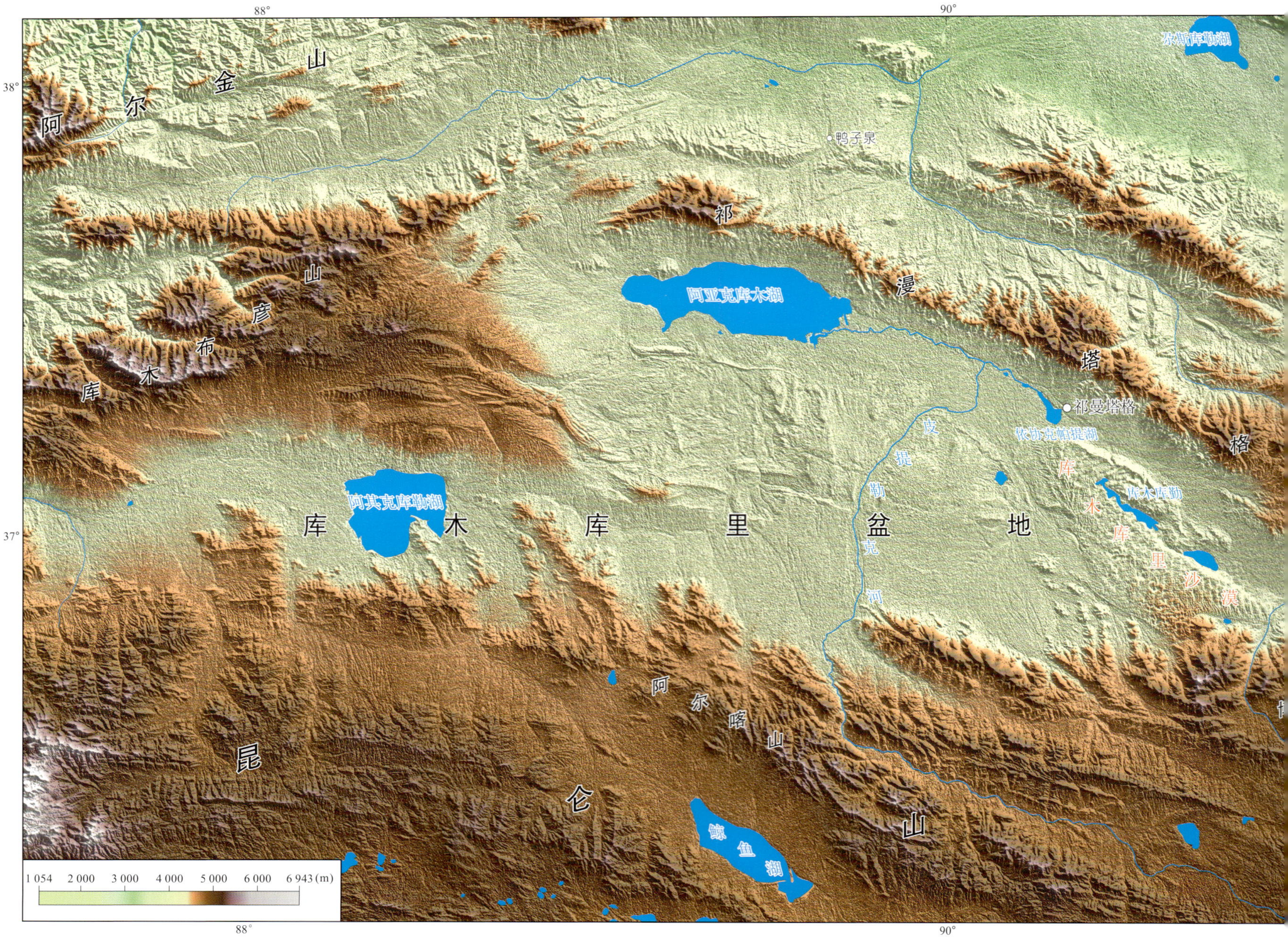

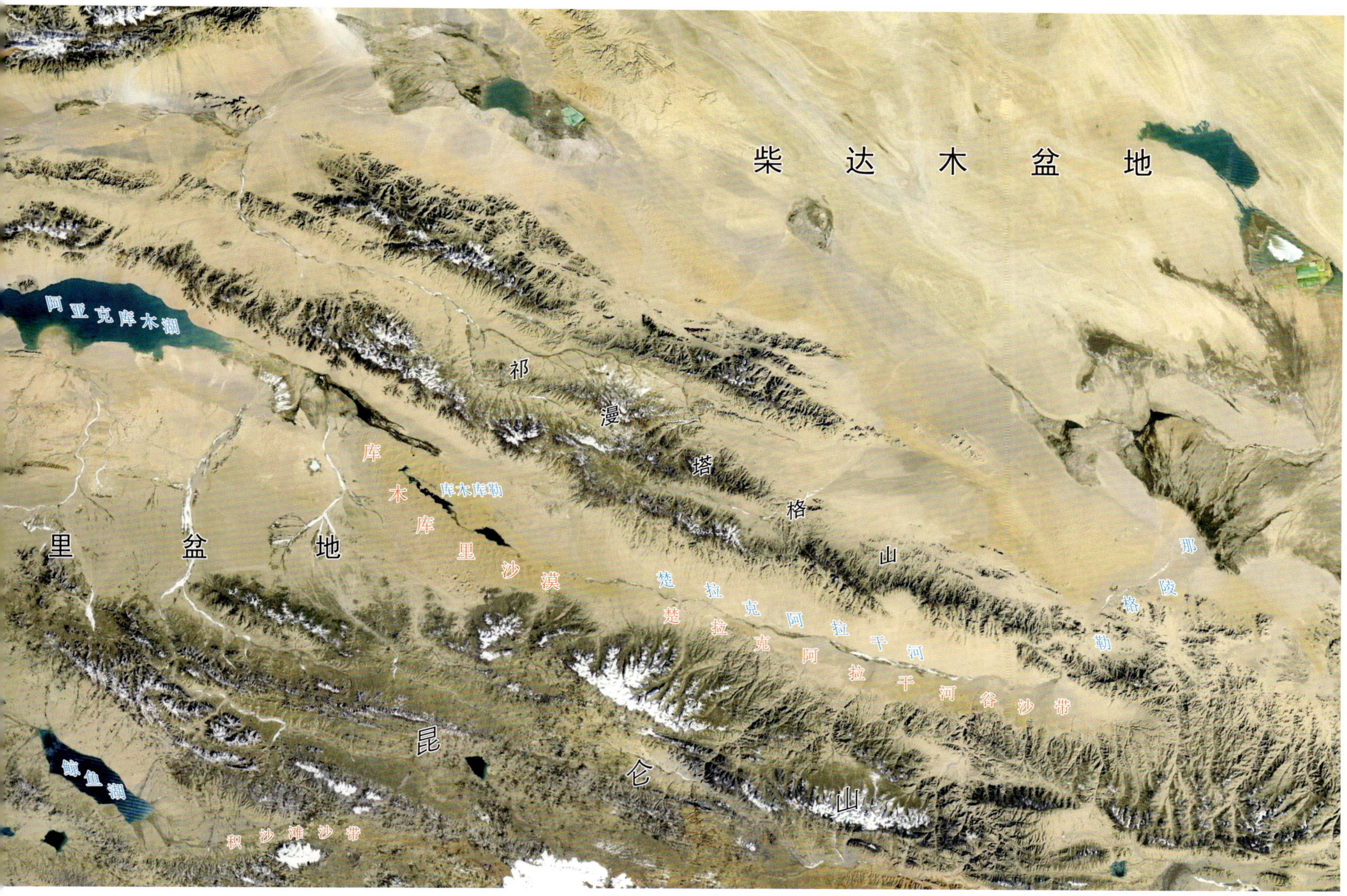

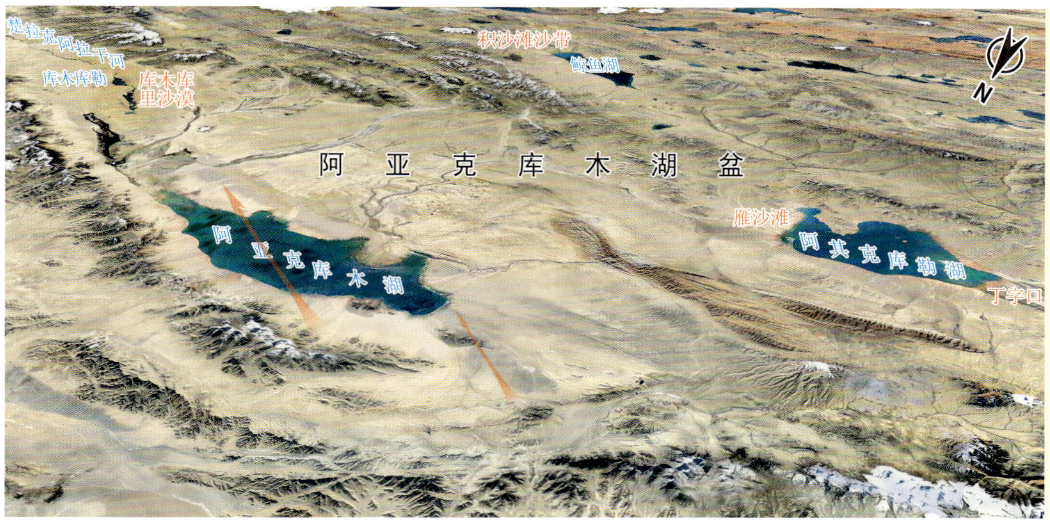

如果站在祁漫塔格山上朝西南看库木库里湖盆沙漠，其物质来源就非常清楚：沙漠的西北方是阿亚克库木湖盆，湖盆周边分布着辽阔的山前冲积扇，盆地中部的隆起带及大面积的冲洪积平原和台地中部的第三系和第四系疏松沉积层出露地表，在盛行西北风作用下成为沙漠形成的主要物源。

早更新世末期的构造运动形成的中央隆起带将完整统一的库木库里盆地肢解为阿亚克库木和阿其克库勒两个湖盆，再后的差异性升降运动又在两大湖盆中形成了一些次级湖盆与隆起。

5.2 沙物质来源及风沙地貌特征

库木库里盆地沙漠的物源主要是河湖相沉积物、冲积-洪积物和基岩风化物等。中新世以来盆地沉积了厚达5 600 m的河湖相沉积物，后在垂直升降运动中隆起出露地表，成为盆地沙漠沙物质的重要来源；盆地内河流搬运的大量风化剥蚀岩屑，在下游形成广阔的冲洪积平原，成为沙漠形成和发展的主要物源；盆地周边的昆仑山、祁漫塔格山及阿尔金山海拔多在5 000 m以上，物理风化作用极为强烈，在山前高地及冲积扇上堆积了大量的残积-坡积物，也为沙漠的形成提供了物质条件。

盆地沙漠主要由库木库里沙漠、那陵格勒河上游源流-楚拉克阿拉干河河谷沙带及积沙滩沙带构成。其中库木库里沙漠是盆地中面积最大的沙漠，集中展布在海拔3 900～4 100 m的湖盆上游，沙漠面积1 670.30 km^2，均为流动沙丘。沙丘形态包括新月形沙丘、复合型链状沙丘、金字塔沙丘等。新月形沙丘广泛分布于沙漠各部，丘高3～5 m；新月形沙丘链及复合型链状沙丘主要分布于沙漠的中部，走向与盛行风向垂直，高度10～30 m；受地形影响，金字塔沙丘主要分布在沙漠中西部和西南部，高度50～100 m，个别高度可达200 m以上。此外，在沙漠西北、东南等外缘地段有平沙地及沙垄分布，高度一般低于5 m。

楚拉克阿拉干河河谷沙带主要分布于那陵格勒河源流-楚拉克阿拉干河河谷，受盛行西北风的影响，沙带主要沿河谷南侧的山前冲-洪积倾斜平原及基岩残丘带的前沿展布，东西绵延百余千米，沙带面积657.85 km^2。其中流动沙丘面积162.37 km^2，占24.68%；半固定沙丘479.46 km^2，占72.88%；固定沙丘面积16.02 km^2，仅占2.44%。新月形沙丘和复合型沙丘广布，高大的金字塔沙丘主要分布在河谷中游，高度30～60 m。

▼库木库里沙漠沙丘形态类型图　0　21.5　43.0 km

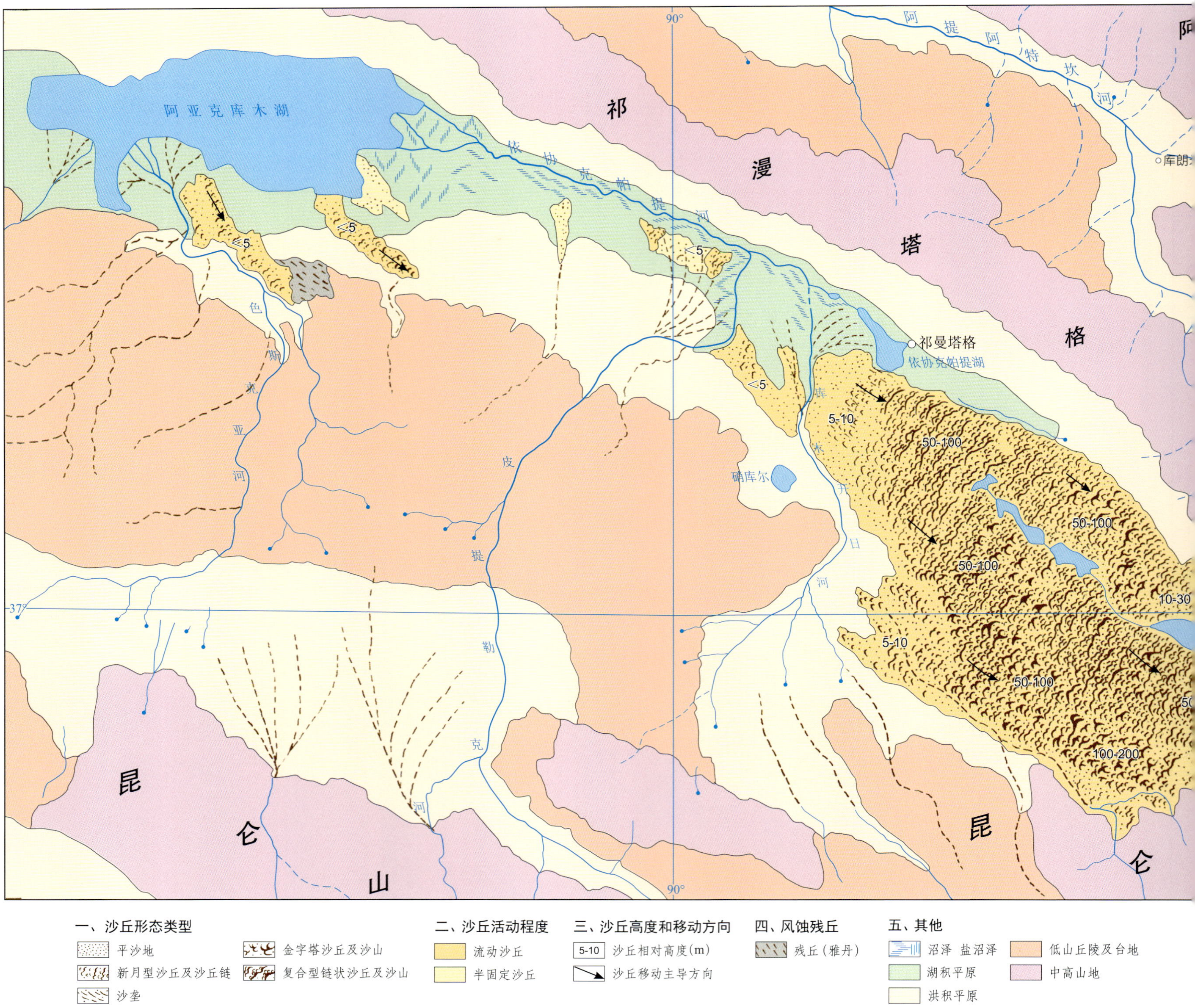

▼库木库里沙漠卫星影像

库木库里盆地的沙漠以片带状分布在不同的湖盆，面积 1 076.3 km² 的库木库里沙漠是其中最大的一片。

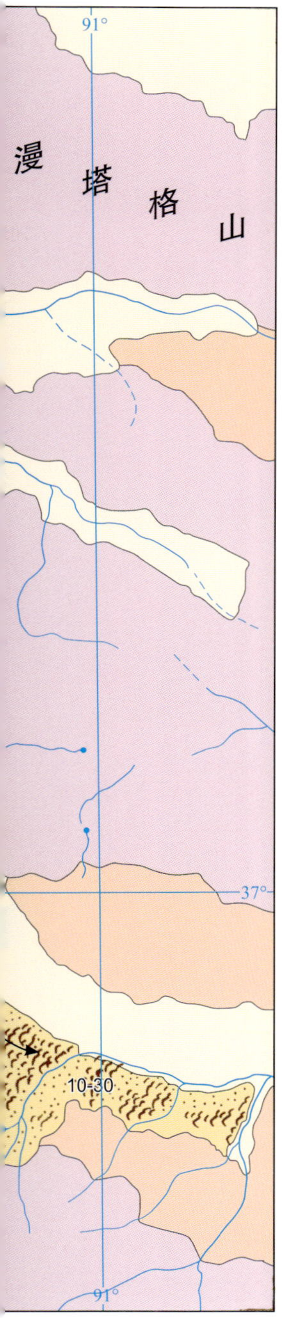

积沙滩洪带位于鲸鱼湖东玉浪河海拔4 820~4 960 m、东西长 30 km 、南北宽 4 km 的辫状宽谷中，面积 29.15 km²，是盆地内海拔最高的一片沙漠，为河流冲积沙经风力作用而成，沙丘形态以新月形沙丘及沙丘链、沙垄为主。盆地沙漠以流动沙丘占绝对优势，沙丘移动方向与盛行风向一致，以灌草沙堆为主的半固定沙丘多分布在流动沙丘外缘或低湿地段。

在阿其克库勒湖西侧的阿其克库勒河及东侧的哈夏克里克河下游海拔4 055 ~ 4 315 m的冲积扇上，散布着丁字口和雁沙滩两片沙质平地，低湿部位有灌丛沙堆分布，但高度多在0.5 m以下，地表总体平坦，不呈现明显的起伏沙丘形态，故不属于沙漠范畴。

库木库里沙漠中的湖泊链及其下渗水流形成的沙子泉

库木库里沙漠南缘的沙山

5.3 沙漠的自然条件

5.3.1 气候与水文

库木库里盆地气候受西风带控制，来自孟加拉湾的西南暖湿气流可在春末夏初给盆地带来降水，盆地年均降水量约200 mm以上，降水由西北向东南随地形升高呈递增趋势，降水以固态为主，年蒸发量约近3 000 mm。盆地年均气温0 ℃左右，冬春季盛行西北风，3、4月平均风速可达10 ~ 15 m/s。

受地形影响，盆地内地表水系均以各湖泊为中心形成独立的向心水系。河流多有周围高山的冰雪融水补给，流量相对稳定，但在强烈日射及强劲风力作用下，蒸发强烈，盆地大小湖泊多为盐湖，平均矿化度高达103.97 g/L。地下水依地势侧渗移动，注入阿亚克库木湖的依协克帕提河在很大程度上就来自上游沙漠下渗水的补给。

受西北向盛行风影响，楚拉克阿拉干河谷沙带主要覆盖在河谷南侧山前倾斜平原上。

5.3.2 土壤与植被

盆地地形的剧烈垂直差异，决定了盆地自然景观具有明显的垂直地带性分异特征。盆地北部祁漫塔格山南麓，土壤为高寒荒漠土，植被主要为以蒿叶猪毛菜为建群种的半灌木荒漠；阿其克库勒湖以东、木孜塔格峰以北广大冲积平原及低山丘陵，土壤为高寒草原土、棕钙土，植被主要为紫花针茅、青藏苔草为优势种的高寒草原；盆地西北隅的阿其克库勒湖以北，主要是以青藏苔草及垫状驼绒藜为优势种的荒漠化高寒草原，土壤为荒漠化高寒草原土。

非地带性土壤类型包括风沙土、高寒沼泽土、高寒草甸土等。风沙土广泛分布在沙漠内部，高寒沼泽土、高寒草甸土主要分布在沙漠内湖泊周边或地下水位较高、地势低洼积水处。在有薄沙覆盖地段有硬叶苔草分布，在泉水周边及低湿地段有匍匐水柏枝灌丛及莎草科、根茎类杂草分布。

鲸鱼湖沙带主要分布在鲸鱼湖支流东玉浪河的河谷地带，为冰、水剥蚀物经风力作用而成。

5.4 沙漠环境的演变

库木库里盆地形成后，随着周边山地的不断隆升和盆地的相对下降，中新世以来接受了厚达5 600m的疏松沉积物，新构造运动中的垂直差异升降运动致使盆地中部早期沉积地层隆起出露，晚更新世，青藏高原继续隆升，气候干旱寒冷，湖泊萎缩，出露的河湖相沉积物遭受强劲的风力作用，盆地内的沙漠最早可能在此期或更早就已形成，但也有研究显示，盆地现代风沙地貌形成时间则不早于6 000年前。湖相剖面揭示距今17 000年以来，盆地湖泊曾在距今17 000 ~ 15 000年、12 000 ~ 11 000年及8 000 ~ 6 000年间先后出现过3次短暂的高湖面期，而湖泊大约从2 000年前才开始逐步进入成盐作用的预备阶段，20世纪50年代以来开始进入盐湖自析盐阶段，表明至少近2 000年以来，盆地湖泊总体上呈现不断收缩咸化的趋势。据此推测，此间盆地沙漠环境在总体稳定中渐趋干旱化，并逐渐演化为当今的高寒荒漠–高寒荒漠草原景观。

6 古尔班通古特沙漠

准噶尔盆地位于我国新疆北部，是一个被天山、阿尔泰山及盆地西部界山合围的大型山间盆地。古尔班通古特沙漠展布在盆地中，其中以盆地中、南部分布最为集中。沙漠分布区地理坐标 44° 08′ 19″ ~48° 25′ 16″ N, 82° 38′ 12″ ~91° 41′ 24″ E，沙漠面积49 883.74 km^2，为我国第二大沙漠。沙漠全域分布在新疆维吾尔自治区境内，行政区划涉及8个地州的22个县、98个乡镇（团场）。

6.1 地质构造与地貌

古尔班通古特沙漠所处的准噶尔盆地是自晚古生代至中生代以来形成的大型陆相山间盆地，白垩纪-晚古近纪盆地规模空前扩大，新近纪在普遍沉降背景下，盆地接受了巨厚的冲洪积物堆积。中新世-更新世，受欧亚板块与印度板块碰撞影响，盆地周边山地大幅隆升，盆地呈现不均衡被动下沉，接受来自周边山地的风化岩屑沉积。第四纪中期，陆梁隆起隔断了乌伦古湖与古玛纳斯湖的联系，导致原本注入盆地西部古玛纳斯湖的乌伦古河改道西北，注入乌伦古坳陷，形成乌伦古湖，留下三个泉子干谷。自晚古生代以来，准噶尔盆地处于持续沉积过程，其中盆地南缘晚第三系及第四系的厚度分别达3 000 ~ 4 000 m和500 ~ 1 000 m。新近纪以来，随着天山的隆起及盆地不均衡构造运动，盆地汇水中心不断向北、向西迁移，艾比湖为现今陆梁以南的盆地汇水中心。

▼ 古尔班通古特沙漠及其周边卫星影像

▼准噶尔盆地及其周边数字高程地貌图　0　28　56 km

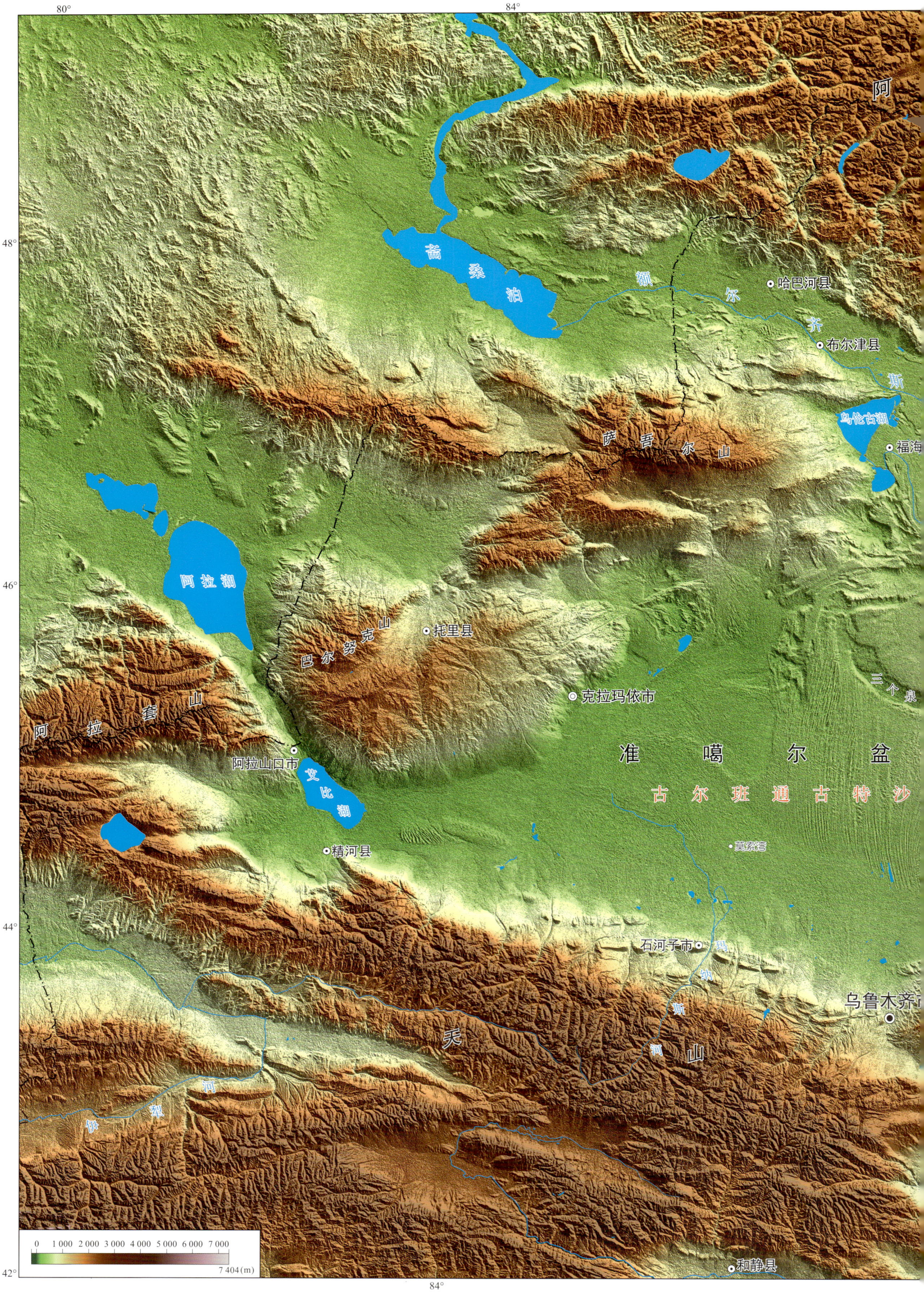

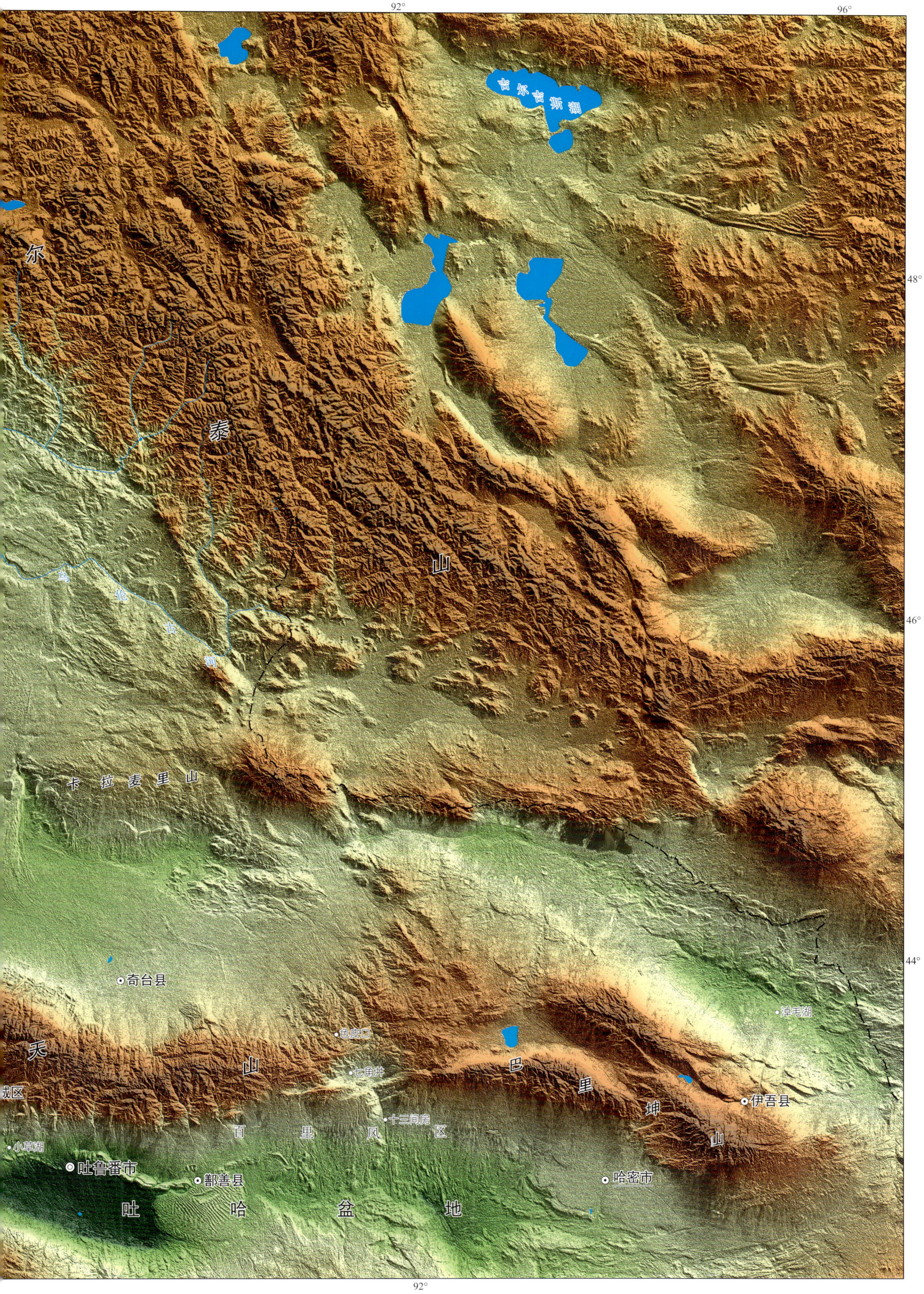
92°
96°
48°
46°
44°
92°
吉尔吉斯湖
尔
泰
山
乌伦古河
卡拉麦里山
奇台县
天
山
色皮口
七角井
十三间房
巴里坤山
淖毛湖
伊吾县
城区
小草湖
百里风区
吐鲁番市
鄯善县
哈密市
吐哈盆地

准噶尔盆地的降水主要受西风环流控制，极地气团挟带的北冰洋水汽也给盆地送来降水。盆地西部断续相连的山地相对较低，其中的多处垭口及河流宽谷成为西风带和极地气团进入盆地的宽敞通道，给盆地带来较高的降水，也为盆地沙漠的形成及风沙地貌的塑造提供了强劲的外部营力。从盆地东头向西看，上述环境格局尽在眼底。

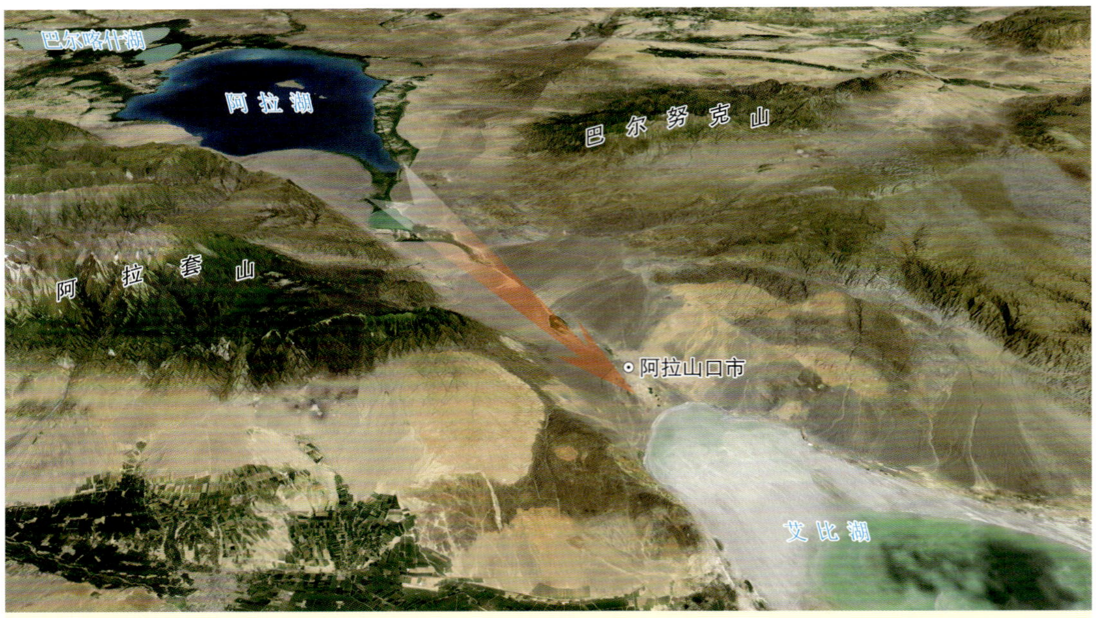

盆地西部界山中的垭口——阿拉山口

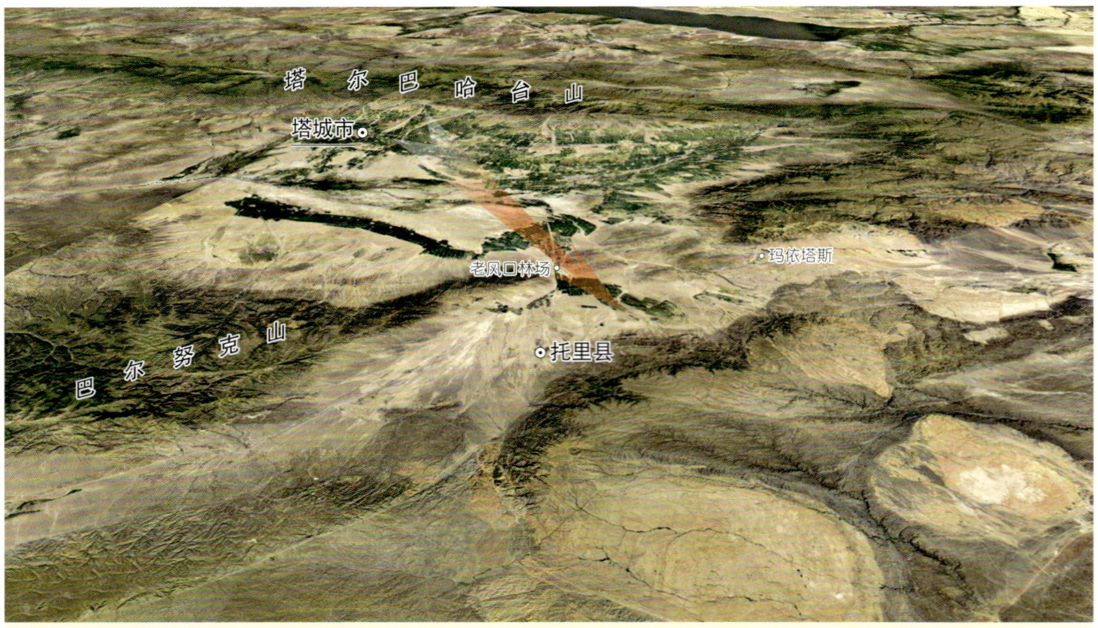

盆地西部界山的另一垭口——老风口

准噶尔盆地三面环山，海拔4 000～4 500 m的天山北支博罗科努山及博格达山呈东西向矗立于盆地南侧，海拔2 500～3 000 m的阿尔泰山横亘于盆地东北侧，由阿拉套山、巴尔努克山及萨吾尔山等构成的西部山地（界山）断续地绵延于盆地西侧，整个盆地形近向西张开的喇叭状。横贯喇叭口的西部山地海拔相对较小，不规则的排列和连接使其形成众多的山垭和缺口，为西风环流进入盆地提供了有利条件，特别是盆地西北部宽达数十千米的额尔齐斯河谷，成为西伯利亚高压经斋桑低谷南袭准噶尔盆地及我国大陆的重要通道。阿尔泰山支脉-北塔山西延卡拉麦里山与陆梁隆起相接，呈西北-东南向斜贯盆地，将盆地一分为二：南部为内流区；北部包括外流的额尔齐斯河及内流的乌伦古湖两个流域。盆地平均海拔500 m左右，西部约在300 m以下，向东渐升，到东部的低山丘陵下缘可达1 000 m左右。由东向西倾斜的总体地势，以致发源于天山北坡的河流进入盆地后多转为偏西流向，湖泊也多集中分布在盆地西部。盆地西南隅的艾比湖湖面海拔189 m，为盆地最低处。古尔班通古特沙漠的主体分布在陆梁隆起及三个泉子干谷以南，额尔齐斯流域中下游冲积平原亦有少量分布。

6.2 沙物质来源及风沙地貌特征

古尔班通古特沙漠自形成以来总体处于持续沉积过程，来自周边山地的风化剥蚀物在盆地形成了巨厚的河湖相沉积层，仅晚第三系、第四系的堆积厚度就达数千米，这些河、湖相沉积物成为盆地沙漠形成的主要物源，其中三个泉子干谷以南及盆地东半部沙漠的物源主要为河相冲积物，古玛纳斯湖盆及艾比湖等西部湖盆洼地的沙源多为湖湘沉积物；斜贯盆地的陆梁隆起等剥蚀高地的基岩风化剥蚀物也成为沙漠的重要物源；沙漠周边的山前戈壁和冲洪积平原的堆积物亦为沙漠提供丰富的物源；额尔齐斯河冲积平原沙丘的物源主要是河相冲积物及来自于河流上游山地的风化剥蚀物。

古尔班通古特沙漠以固定、半固定沙丘占绝对优势，固定、半固定及流动沙丘分别占沙漠面积的70.86%、26.55%和2.58%。固定沙丘主要分布在沙漠的东北部、西北部及南部，在额尔齐斯河下游冲积平原亦有分布，固定沙丘的形态主要为高度5～10 m的灌丛沙堆、高度10～30 m的沙垄、垄状-蜂窝状沙丘及高达30～50 m的新月形沙丘及沙丘链；半固定沙丘主要分布在沙漠的中部及西南部，形态以高度10～30 m的各种纵向沙垄为主，间有高度10～30 m的新月形沙丘和沙丘链分布其间；流动沙丘主要分布在沙漠的东部边缘及额尔齐斯河下游冲积平原，形态以新月形沙丘及沙丘链为主，高度一般10～30 m，部分30～50 m或50～100 m，沙漠西南缘有纵向沙垄集中分布，高度一般10～30 m。

纵向沙垄和纵向树枝状沙垄为古尔班通古特沙漠最具特征的沙丘形态，其走向受到盛行风向及地形因素的强烈影响：从沙漠北部到中部沙垄大体呈南北向排列，在沙漠东部先是呈近南北向，受北塔山西延卡拉麦里山地阻挡及对气流的影响，逐渐转呈东北-西南向排列，再向南又因天山影响便统一转呈西北-东南向排列，甚或近东-西向排列。沙垄长度一般数百米至10 km，从沙漠北部向腹地垄高呈增加、密度呈增大趋势，北部垄高一般小于10 m，在沙漠腹地可达10～20 m，垄间距则由北部的1～2 km减少到300～500 m，沙垄顶部一般宽10～40 m。半固定沙垄的顶部一般为流沙带，中下部及垄间为植物所固定。

古尔班通古特沙漠地处干旱荒漠地带，却能维持以固定、半固定沙丘占绝对优势的稳定状态，其原因：一是西风环流和极地气团带来较为丰沛的水汽；二是降水季节分配比较均匀，特别是冬春季有长时间的稳定积雪覆盖和较多的春雨；三是上述气候条件促进了短命植物在早春季节的繁盛发育；四是菌类、藻类及地衣等低等植物及其构成的生物结皮十分发育，对沙丘表面起到保护。这些独特的自然条件一起使古尔班通古特沙漠成为荒漠地带沙漠中少见的以固定、半固定沙丘为主的沙漠。

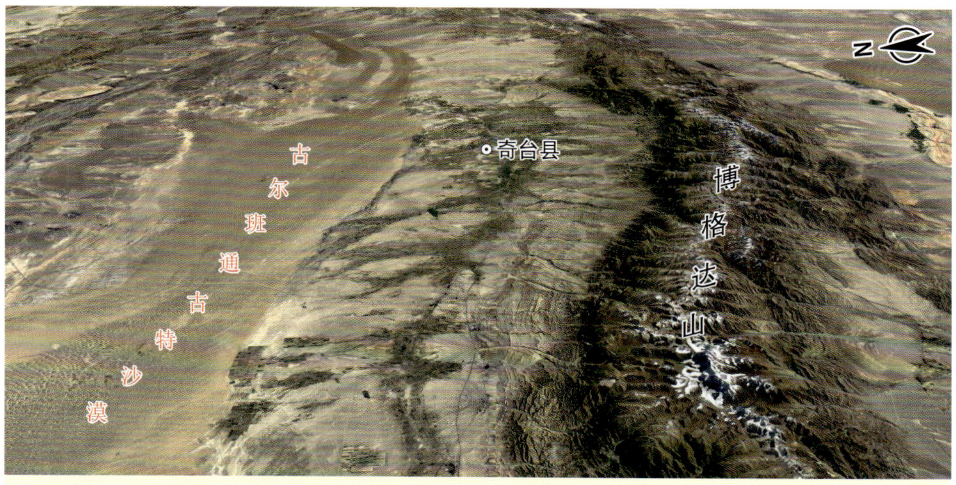

卫星影像显示了准噶尔盆地南缘的天山山脉、山前低山丘陵、戈壁带（冲积扇）、冲洪积平原上的绿洲及沙漠从南向北依次呈带状分布。

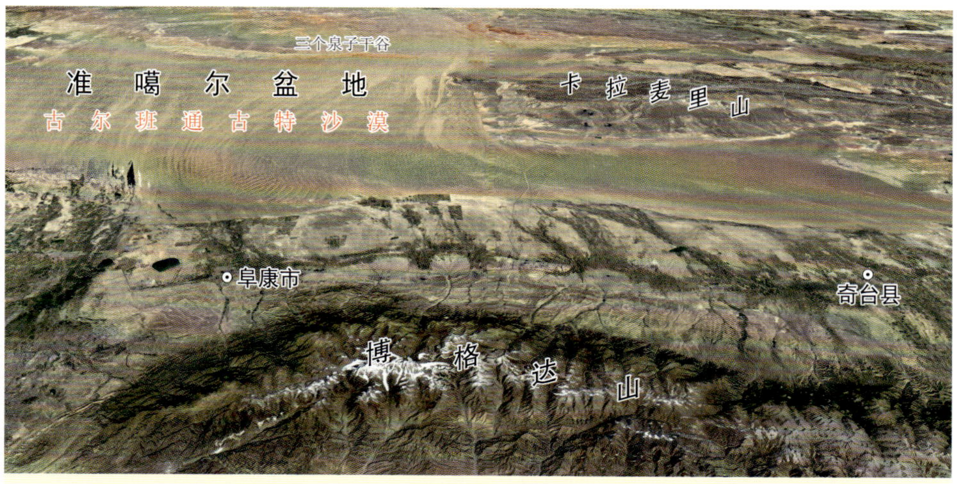

海拔750～1 100 m的卡拉麦里山地处沙漠正东侧，比沙漠的平均海拔高出150～500 m左右，风向受其顶托发生变化，导致沙垄排列及走向随之发生相应的变化－由近南北向转为北偏东向，再因天山屏障的影响，风向和沙垄在山前冲积平原下方一并折向东去。可见，古尔班通古特沙漠东、南缘沙丘分布及排列走向格局发生重大转折的原因主要是地形变化引起气流发生改变的结果。

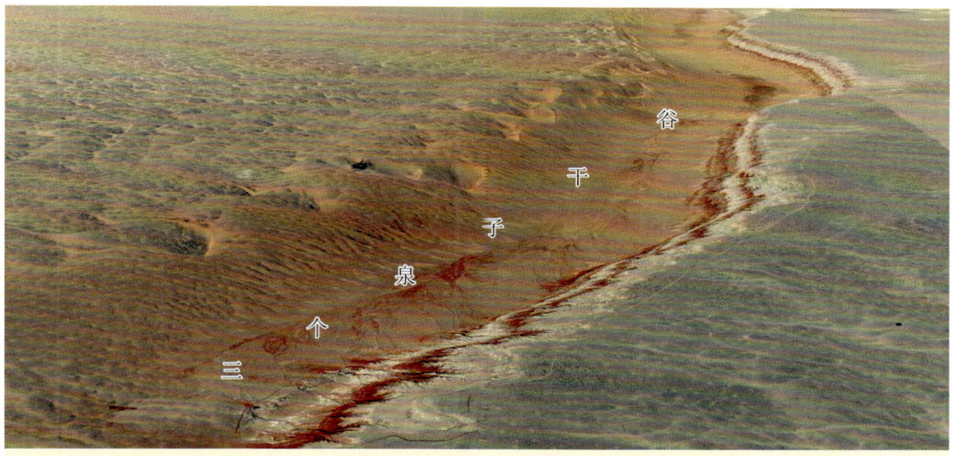

乌伦古河原本出山后向西南注入玛纳斯古湖，后因其北侧发生陆梁隆起，迫使乌伦古湖改道，其故道即为现今三个泉子干谷。在长达百余千米的干谷中，被剥蚀的第三系红色地层为沙漠提供了大量的物源。

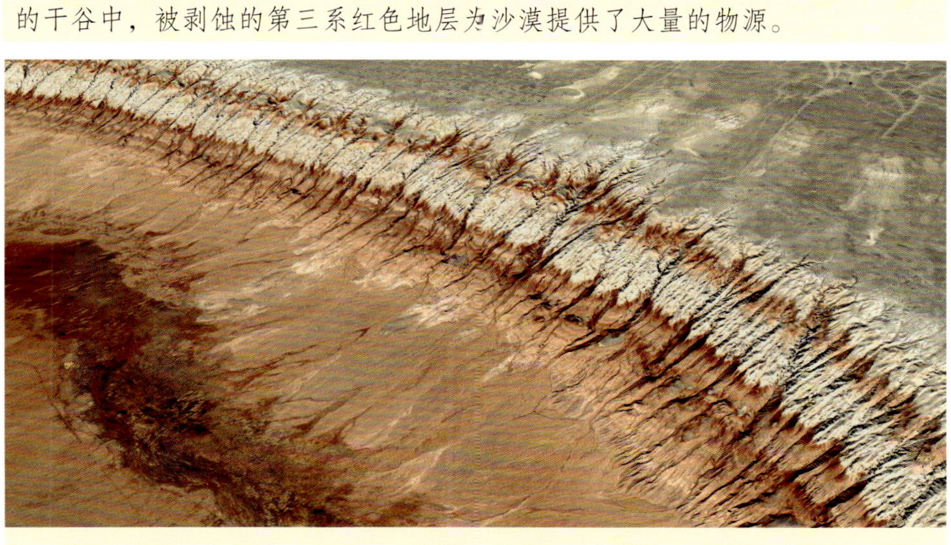

三个泉子干谷北侧岸坡上的侵蚀沟

古尔班通古特沙漠沙丘形态类型图

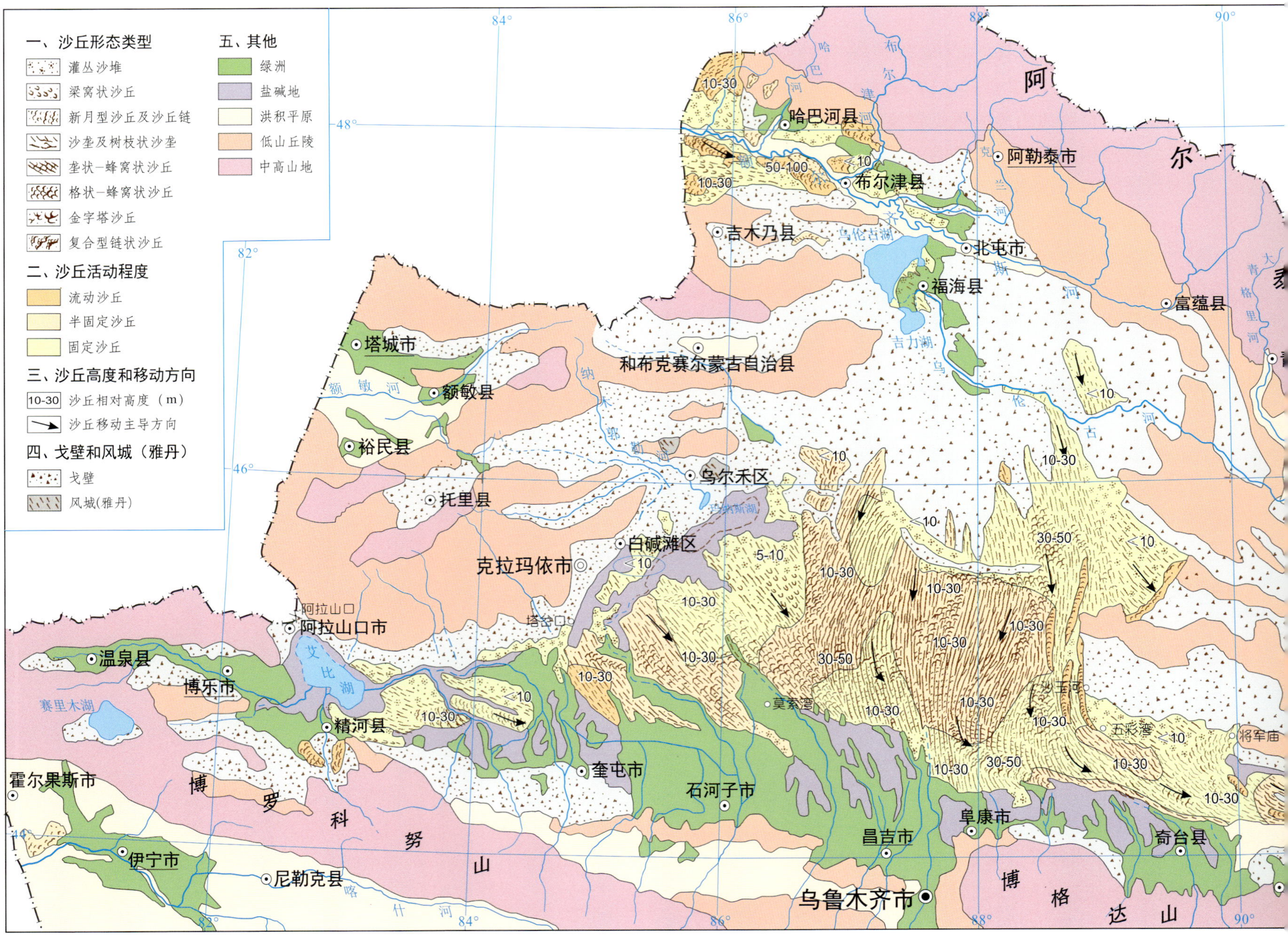

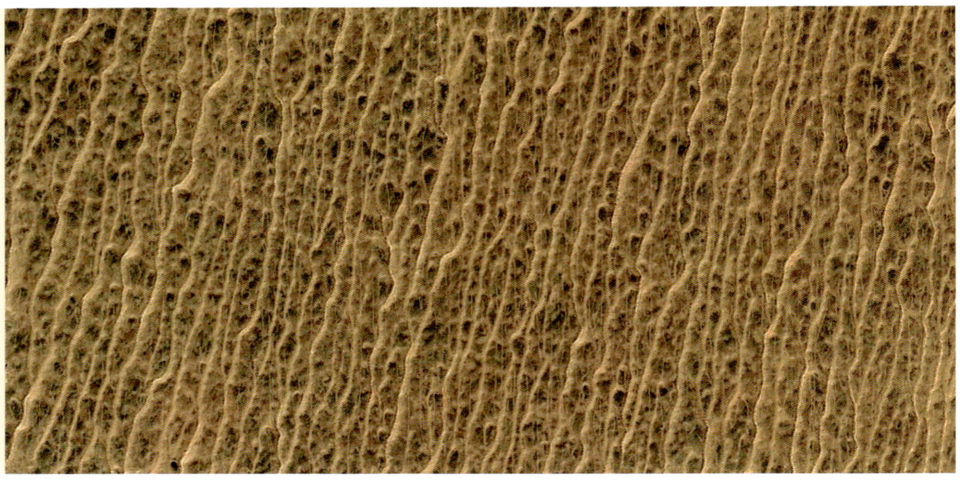

纵向沙垄是古尔班通古特沙漠最具特色的沙丘形态类型，其分布范围占据了整个沙漠的绝大部分。

纵向树枝状沙垄细部

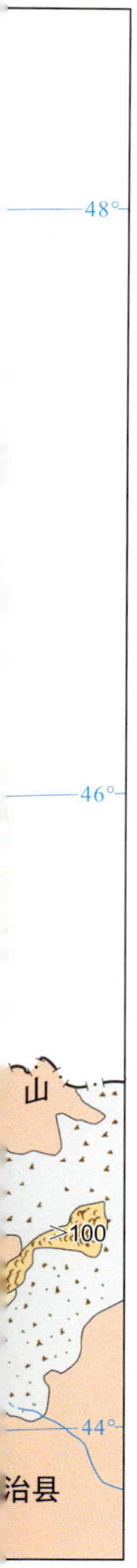

沙漠东部的复合型沙垄

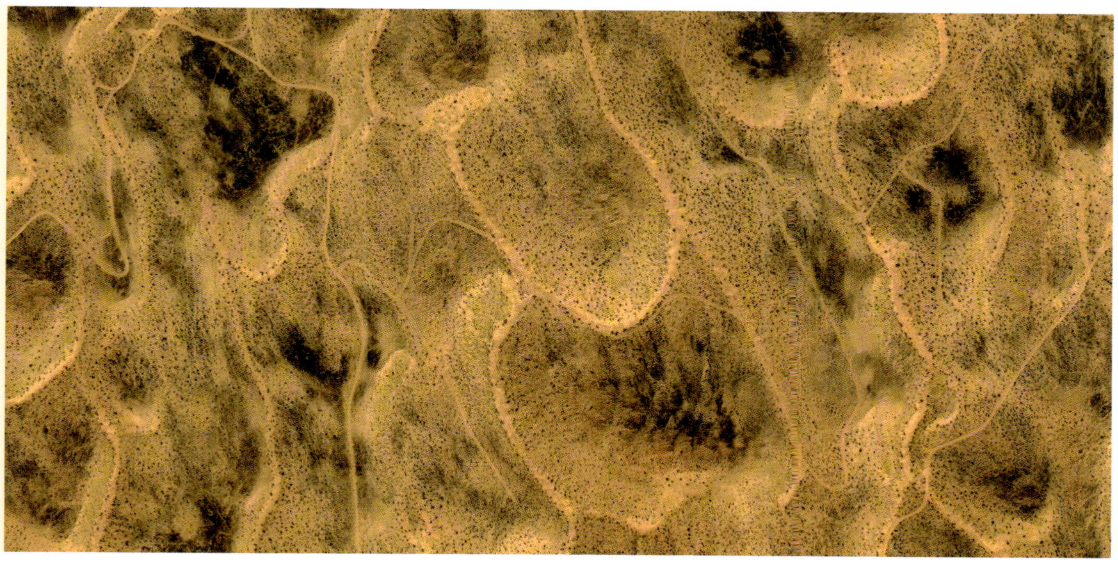

在沙漠最东端的东西向槽状地形北侧，发育了一片金字塔形沙山群－木垒鸣沙山，其中最高可达35 m，成为独具特色的旅游景点。

古尔班通古特沙漠虽处典型荒漠带，由于西风环流和极地冷湿气团的惠顾，使其成为以固定、半固定沙丘为主的沙地环境，丘间低地及沙丘下部基本固定，沙丘的中上部多呈半固定状态，窄带状流沙只出现在沙丘顶部。照片为沙漠南缘环境景观。

（新疆维吾尔自治区林业厅治沙办　提供）

6.3 沙漠的自然条件

6.3.1 气候与水文

古尔班通古特沙漠的气候主要受西风环流控制。盆地西部的山地相对低矮，且有许多垭口和开阔的通道，为西风环流及极地气团的湿润水汽进入盆地提供了有利条件。沙漠年降水量70～150mm，向东渐趋抬高、变窄的地势与地形导致降水呈由西向东逐渐增高的分布趋势，沙漠西南缘年降水量100mm左右，东缘则接近200mm；降水亦具有从南北两侧山地向沙漠腹地渐趋减少的分布趋势，盆地边缘区域一般可达150mm以上，腹地则为70～100mm；降水的季节分配比较均衡，其中11月到次年5月的降水量占全年降水量的30%～55%，冬春季稳定积雪日数可达100～160天，积雪厚度20mm左右，春季积雪融化后沙体可形成50～60cm的悬湿砂层。沙漠年均气温5～7℃，年蒸发量1 700～2 200mm。这些独特的气候要素，使得深居内陆的古尔班通古特沙漠显得较为湿润，甚至具有某些草原带沙地的特征。沙漠春夏季盛行风向为西风环流主导的西北风，秋冬季为西伯利亚-蒙古高压主导的东北风，其中对风沙地貌起控制作用的起沙风向为春夏季的西北气流，决定着沙丘（垄）的类型、排列方式和移动方向。在地形影响下，沙丘移动及沙垄排列方向的转折性变化在沙漠东南缘表现得十分明显。

沙漠中地表水资源比较贫乏。天山北坡虽然发育了许多河流，但多消失在山前绿洲平原或戈壁地带，除玛纳斯河、奎屯河等极少河流能穿过沙漠，分别注入下游的玛纳斯湖和艾比湖外，很少有常流水进入沙漠腹地。发源于阿尔泰山的额尔齐斯河，水量丰沛，是沙漠中唯一的外流水系，也是我国唯一流入北冰洋的河流。由于向西倾斜的地势，使玛纳斯湖、艾比湖、乌伦古湖、艾里克湖等较大湖泊多分布于盆地西部，且多为咸水湖或盐湖。沙漠中潜水水位较深，腹地多在地表16m以下，边缘区域一般5m左右，矿化度多在2g/L以下。

6.3.2 土壤与植被

盆地地带性土壤主要为灰漠土、灰棕漠土，非地带性土壤主要为风沙土，局部有盐土、龟裂碱土等。风沙土是沙漠中的主体土类，以固定、半固定风沙土占绝对优势，流动风沙土极少；灰漠土主要分布在沙漠与绿洲交错地带，为黄土状母质发育，内具含盐层和钙积层。灰棕漠土主要分布于东部砂砾质戈壁区，土壤多粗砾，土体干燥。

地带性植被为以梭梭为主的灌木荒漠，其中白梭梭群落覆盖了沙漠的绝大部分；额尔齐斯河冲积平原为以沙生针茅及矮半灌木为主的荒漠草原；中部陆梁及乌伦古河流域是以假木贼、蒿类为代表的荒漠。此外，沙漠中分布的短命植物达15科29种，在风沙活动最为活跃的4～6月，当灌木和多年生草本植物的盖度尚未复苏到10%时，沙垄表面短命植物的盖度已依次可达13.9%、40.2%和14.1%；沙漠中以藻类、菌类及地衣等低等植物形成的生物结皮也极为发育，覆盖了大约28.7%的沙漠面积，分布区平均盖度可达33%，这些独特的植被类型及其对沙丘的覆盖，都是我国其他沙漠所没有的。

▼ 博格达峰及其周边的冰川

内陆盆地降水虽少，但其周边的高山却有较高的降水量，其高海拔地带分布的冰川和积雪为盆地提供了丰富的水源。卫星影像为天山东部的博格达峰及其冰川，影像左侧的山间水面为天池。

6.4 沙漠环境的演变

古尔班通古特沙漠可能在早更新世末就已形成，中更新世期间，大约在

▼ 额尔齐斯河冲积平原的沙丘

准噶尔盆地西北缘的额尔齐斯河是盆地唯一的外流河，也是我国唯一注入北冰洋的河流，其辽阔的冲积平原是西风环流及西伯利亚高压进入盆地的重要通道，冲积平原上散布着带状、片状沙丘。

梭梭灌丛在古尔班通古特沙漠广为分布，照片为沙漠南缘梭梭半固定沙丘的冬日景象。（杨维西 摄）

距今650ka和500ka前后，盆地气候干旱化显著增强，沙漠曾有两次大的扩展过程。晚更新世以来，沙漠总体处于干旱环境控制之下，但在距今62ka和28ka前后，曾有两次明显偏湿的气候环境。末次冰期，冬季风环流显著增强，西风环流减弱，沙漠植被退缩，固定、半固定沙丘活化，流沙扩展，沙漠范围远比现今要大。约在距今15ka前后，艾比湖、乌伦湖等湖泊曾出现高湖面，其原因可能是受晚冰期增温导致高山冰融水增加的影响，推测此时沙漠环境可能并未发生大的改变。

进入全新世，随着气温和降水的回升，沙漠环境趋于改善，在距今7 500～4 500年间，为本区气候最适期，植被生长繁茂，沙丘几近完全固定，沙漠范围空前缩小，并先后发育了3层较为成熟的古土壤，沙漠环境呈现出草原景观。16～19世纪的小冰期，处于西风环流控制下的西部地区总体呈现冷湿的气候特征，利于植被繁衍，故沙漠环境没有出现负向变化。此后，气候虽有多次波动变化，但总体上尚不足以导致沙漠环境的剧烈变化。因此，全新世晚期以来，古尔班通古特沙漠总体上处于基本稳定的状态。

7 巴丹吉林沙漠

巴丹吉林沙漠位于阿拉善高原中部。沙漠北起苏泊诺尔湖盆南缘，南抵北大山与雅布赖山接合部，西临合黎山东北麓，东至雅布赖山东部的诺日公敖包–苏红图一线，地理坐标 39°20′02″~42°15′09″N，99°23′29″~104°27′25″E，沙漠面积49 083.76km²，为我国第二大流动沙漠。行政区划上涉及内蒙古自治区及甘肃省3盟市的4个旗（县）、14个苏木（乡镇），其中内蒙古自治区境内分布面积47 435.95km²，占沙漠面积的96.64%，甘肃省境内仅占3.36%。

7.1 地质构造与地貌

地质构造上巴丹吉林沙漠属于阿拉善古陆台的银根–额济纳坳陷盆地。银–额盆地是一个中新生代沉积盆地，盆地在晚侏罗世–早白垩世全盛发展期沉积了深厚的河湖相沉积物，第四纪以来继续接受沉积，后因构造运动的差异性升降，盆地中形成了一系列隆起与坳陷。盆地西面及北面为辽阔的中央戈壁，弱水经盆地西缘向北注入居延海坳陷的沉积中心–居延海。盆地的西南面是海拔1 800~2 600 m、呈西北–东南走向的合黎山及北大山，海拔1 600~2 200 m、呈西南–东北向的雅布赖山横亘于盆地的东南侧。盆地北面、西北面为开阔的戈壁地带。从盆地的西北到东南有多条西南–东北向的坳陷和隆起呈带状相间平行分布，其中相对高度100~200 m的宗乃山–沙拉扎山地势较高，其余均较低矮平缓。

巴丹吉林沙漠主要分布在银–额盆地的中西部，覆盖在带状隆起和凹陷湖盆之上。沙漠地势东高西低、南高北低，总体从东南向西北倾斜，平均海拔900~1 600 m。发源于祁连山脉的弱水在沙漠西侧形成开阔的冲积平原，古日乃湖和拐子湖分别位于沙漠西缘和北缘，两湖之外为辽阔的堆积戈壁和剥蚀戈壁。沙漠地处蒙古–西伯利亚高压东进的要冲，风力极为强劲，北部拐子湖一带为我国沙尘暴的主要源区。沙漠东南缘的雅布赖山犹如一道堤坝，阻挡着沙漠的南徙，但因其相对高度多不超过100 m，且北坡比较平缓，并有多个低矮的山口，在强劲冬季风的作用下，成为流沙溢出南侵的通道。沙漠东部为低山丘陵、剥蚀台地或堆积戈壁。

▼ 巴丹吉林沙漠及其周边数字高程地貌图

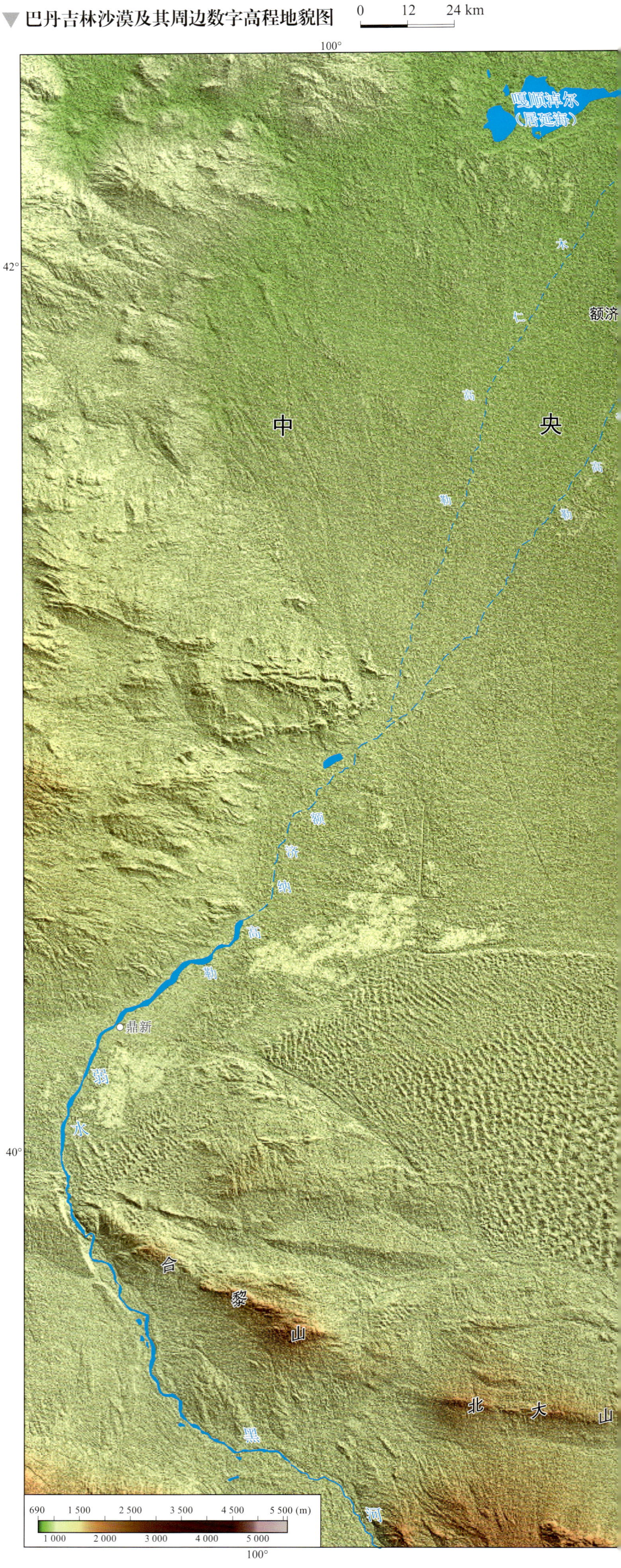

102°
104°
苏泊淖尔
42°
戈
壁
温图高勒苏木
苏红图
巴
丹
吉
林
沙
漠
山
乃
宗
古日乃
山
赖
孟根布拉格
40°
布
雅
雅布赖
阿拉善右旗
102°
104°

▼巴丹吉林沙漠及其周边卫星影像

7.2 沙物质来源及风沙地貌特征

巴丹吉林沙漠的物质来源主要有以下几个方面：发源于青藏高原东北缘的弱水，将祁连山的巨量风化岩屑源源不断地搬运到银-额盆地，特别是第四纪以来形成的深厚湖相沉积层，在气候干旱、湖底出露时，成为沙漠形成的主要物源；环绕沙漠西侧和北侧的古代湖盆、河道等水文网残迹，堆积有大量的河湖相沉积，亦为沙漠的重要物源；盆地周边及盆地中的山地、干燥剥蚀高地的风化碎屑直接为沙漠提供了大量的沙物质。此外，在沙漠以西的弱水至马鬃山之间分布着辽阔的砾质戈壁，地形开阔平坦，西北向冬季风极为强劲，戈壁中的细小沙粒被强风吹扬东移，在雅布赖山前受阻，沙粒沉降，是巴丹吉林沙漠形成与发展中极为重要的物源。

巴丹吉林沙漠是以流动沙丘占绝对优势的沙漠，流动沙丘约占75.25%，固定、半固定沙丘分别仅占7.55%、17.20%。固定、半固定沙丘主要分布在古日乃湖和拐子湖湖盆及弱水下游三角洲一带，在沙漠东部山前倾斜平原地带也有分布。固定沙丘多为灌丛沙堆，半固定沙丘则多为梁窝状沙丘和灌丛沙堆，高度小于5 m。流动沙地广布于沙漠各处，沙丘形态主要为新月形沙丘和沙丘链、格状沙丘、金字塔沙丘及沙山、复合型沙丘链及沙山等。沙丘高大、沙山广布是巴丹吉林沙漠的独有特征，其面积约占沙漠总面积的55.3%。高大沙山主要为复合型链状沙丘（山）及金字塔型沙丘（山）。复合型链状沙丘及沙山主要分布在沙漠中南部及中部，其迎风坡多有叠置沙丘，链长一般10 ~ 15 km，宽1 ~ 3 km不等，高度随地形及风况变化有所差异，沙漠中部高度一般100 ~ 200 m，西南部200 ~ 300 m，东南部可达300 ~ 400 m。在高大沙山之间的低洼地，多有湖泊分布，尤以沙漠东南部的巴丹吉林庙周边及其西北区域分布最为密集。金字塔型沙山多以孤立状分布在沙漠南部及东部山前地带，高度一般100 m；新月形沙丘及沙丘链主要分布在沙漠东部、西南部及沙漠周缘地带，新月形沙丘高度一般5 ~ 10 m，沙丘链高度一般10 ~ 30 m，部分区域达30 ~ 50 m。沙漠西北部有格状沙丘分布，古日乃湖东南缘有梁窝状沙丘分布。沙漠东部及古日乃湖盆有大片风蚀雅丹地貌，多呈残丘及垄岗状。除少数区域因地形影响外，整个沙漠的沙丘及沙丘链的排列主要受盛行西北风控制，排列方向大体与盛行风向垂直，从西北向东南移动。

横亘在沙漠东南缘的雅布赖山虽然比较低矮，且有许多垭口，但它对于强劲的西北向冬季风仍然像一道堤坝，挡住了巴丹吉林沙漠主体的大规模向南扩散；如果没有这道堤坝，我国北方沙漠的分布格局必将是另外一种情景。

尽管有雅布赖山的阻挡，但处在强大蒙古－西伯利亚高压通道上的巴丹吉林沙漠，仍然成为我国沙漠中扩展活力最强的沙漠，即使其南缘－东北部分布着一系列西南－东北向的山系，仍然阻挡不住流沙向南向东扩散、倾泻。从沙漠的西南面向东北望去，源自巴丹吉林沙漠的风沙流，就像一条条血脉，从心脏流向肌体各个部位，而巴丹吉林沙漠正是输出血脉的心脏，孟根流沙带是众多流沙带中最大的一个。

万米高空视野中的巴丹吉林沙漠（杨维西　摄）

巴丹吉林沙漠沙丘形态类型图　0　17　34 km

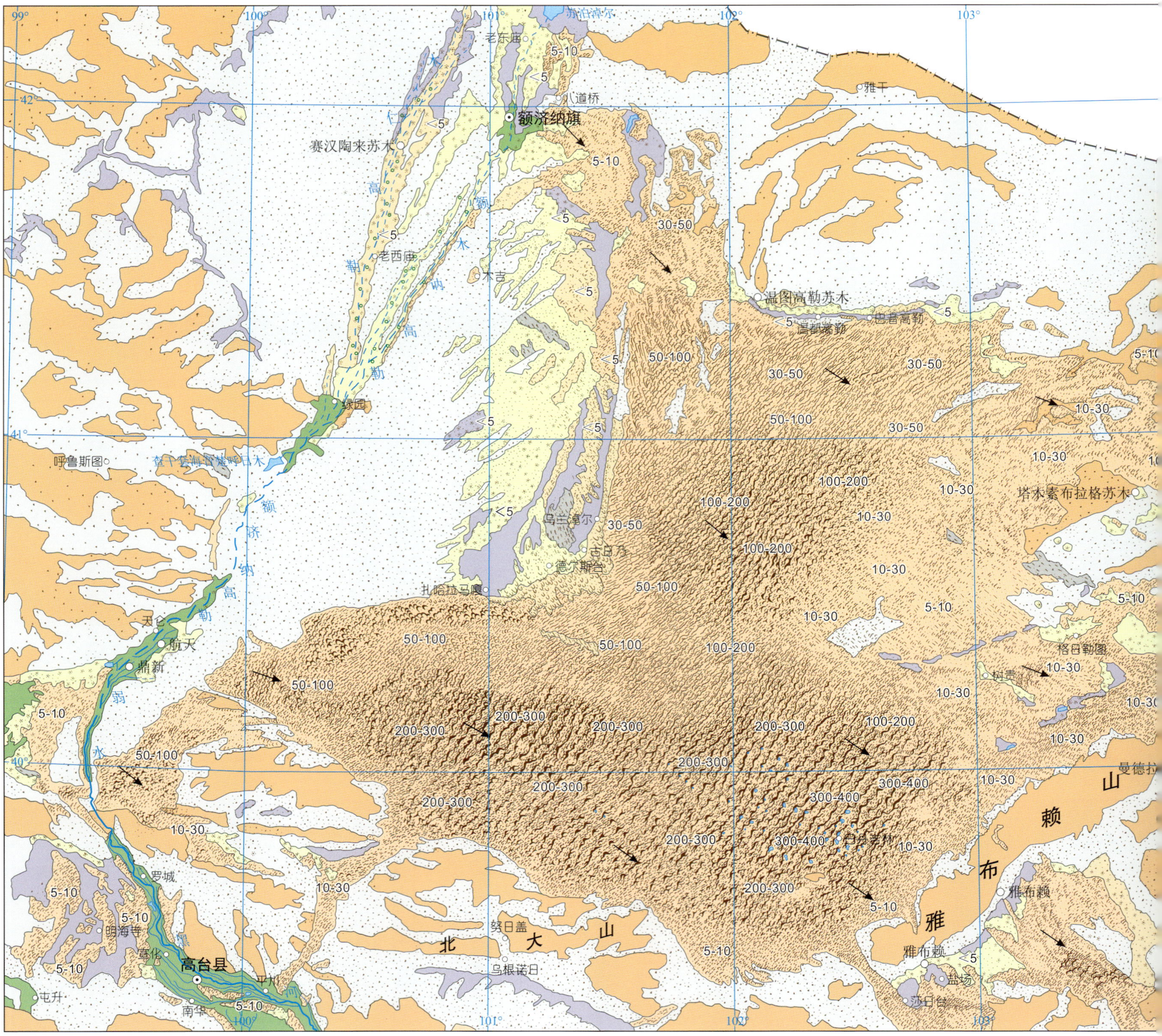

从雅布赖山西端垭口向南扩散的新月形流沙带（杨维西　摄）

沙漠东南部稀疏的高大复合型沙山（诺敏·何　摄）

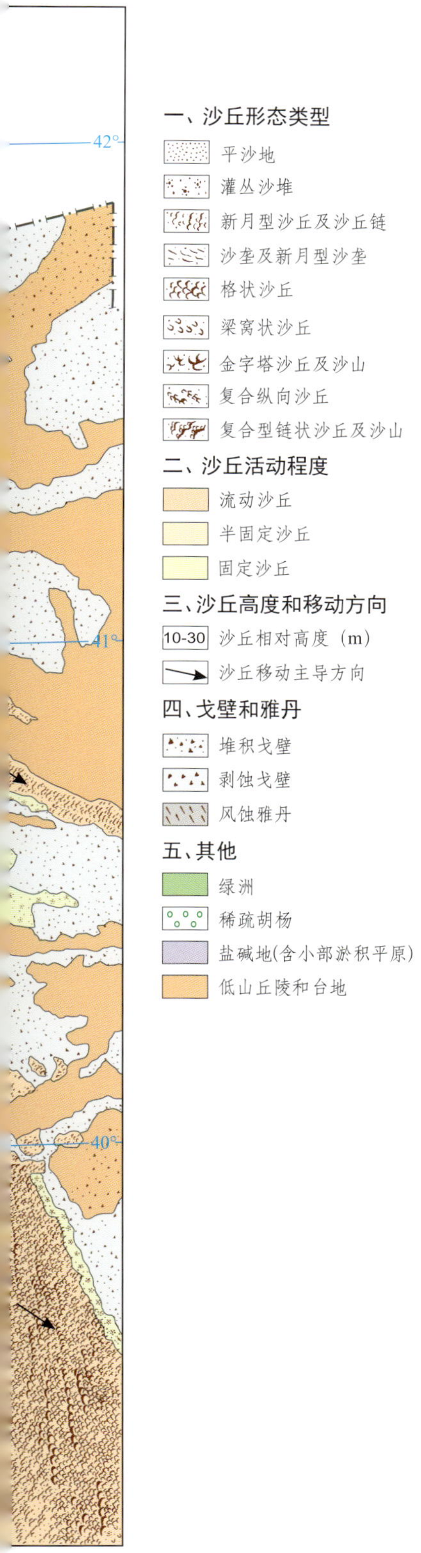

发源于祁连山脉的弱水是阿拉善高原的最大流河，它把祁连山的风化剥蚀物搬运到沙漠西部的冲积平原和居延海湖盆，再经西北向蒙古高压的吹扬、风积，成为巴丹吉林沙漠的主要沙物质来源。

在西北向盛行风和沙漠西侧及北侧特殊地形的共同作用下，沿沙漠西北边缘形成了带状高大沙丘群。

沙漠西南端的金字塔沙山群

沙漠中的复合型沙垄

7.3 沙漠的自然条件

7.3.1 气候与水文

巴丹吉林沙漠总体上属西风环流控制区，但东亚夏季风也常伸入沙漠带来降水，年均降水量为100～50 mm，呈东南部向西北递减趋势，年均蒸发量2 400～4 000 mm，呈东南向西北递增趋势。年均气温8～9℃。沙漠地处冬季风东进的通道，盛行西北风，大风频仍，风力强劲。年均风速4.0～4.5 m/s，年大风日数40～60天，春季风速最大，特别是沙漠北部的槽状地形，使风力产生加速效应，致拐子湖一带成为我国西北内陆沙尘暴的重要源地。沙漠生物气候环境，东部为典型荒漠，西部及西北部属极旱荒漠。

巴丹吉林沙漠地表径流匮乏， 除发源于祁连山的弱水外，沙漠无常流水系，仅遇暴雨时，沙漠外围山前出现山地洪流。在沙漠内部高大沙山之间的丘间低地分布有众多内陆湖泊，其中常年积水湖泊百余个，但湖泊面积都不大，湖水多为盐水，湖泊总面积约32 km^2，尤以沙漠东南部分布最为集中。湖泊受降水补给，凝结水及深部承压水形成的泉水亦为湖泊的重要补给来源。

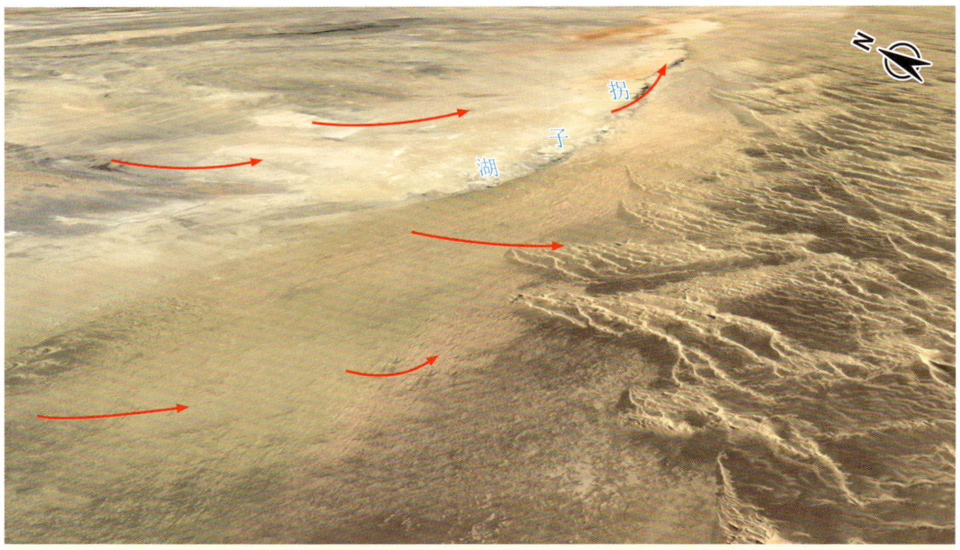

在干涸的拐子湖盆及沙漠北缘分布着大面积的风蚀地貌，冬半年特别是春季，湖盆的凹槽状狭长地形使西北向蒙古高压在湖盆加速，加上此时沙漠快速增温产生的热力条件，使拐子湖盆一带成为阿拉善高原沙尘暴频发地带。

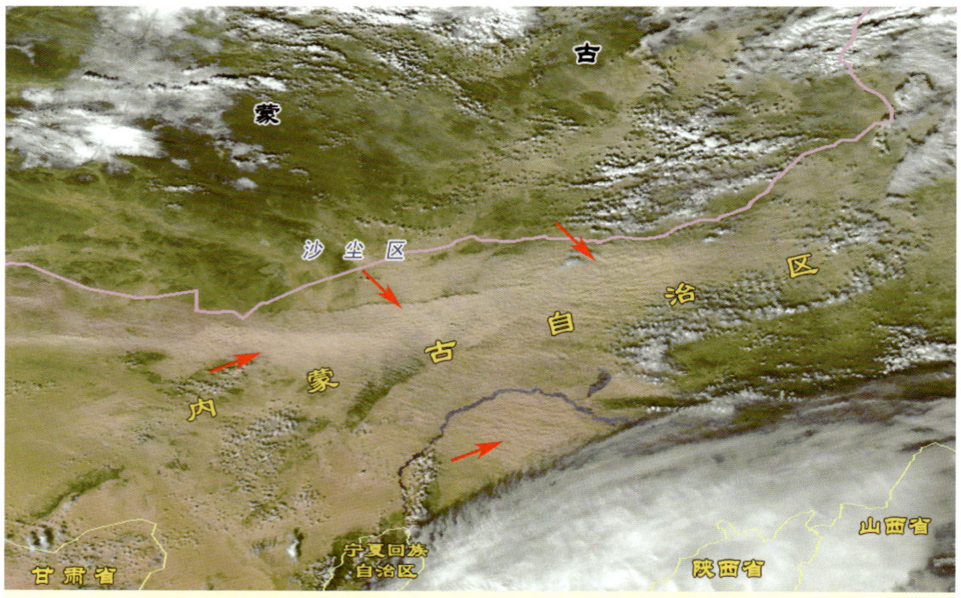

2004年4月23日在沙漠北部形成并沿中蒙边境向东移动的沙尘暴卫星云图

7.3.2 土壤与植被

沙漠地带性土壤主要为灰棕漠土、棕漠土，非地带性土壤主要是风沙土，在湖盆周围分布有盐土及盐化和碱化的土壤，多呈规律性同心圆分布。灰棕漠土主要分布在沙漠外围的砾质戈壁地带，土体干燥。风沙土广泛分布在沙漠各处。

地带性植被主要为灌木、半灌木荒漠，东南部湖盆聚集区沙丘植被覆盖度相对较高，以蒿类、梭梭为多。高大沙山的植物一般分布在迎风坡和背风坡下部，盖度 5 %～10 %；沙漠西部植物种以沙拐枣和籽蒿为主，伴有沙米、绵蓬，东部则以籽蒿、沙竹为主，伴有沙拐枣和花棒；新月形沙丘链及格状沙丘多为籽蒿及沙拐枣等，盖度小于 5 %；沙漠外围的固定、半固定沙丘，多为白刺、柽柳为主的灌丛沙堆，盖度多在 20 %以上。古日乃湖、拐子湖盆分布有芦苇、芨芨草等盐化草甸植被；弱水沿岸有大片的胡杨林及柽柳灌丛分布。

沙山与湖泊相间分布，是巴丹吉林沙漠的重要景观。

巴丹吉林沙漠中的复合型沙山——毕鲁特峰（诺敏·何 摄）

雅布赖山东部孟根流沙带上的白刺沙堆（杨维西 摄）

巴丹吉林沙漠中的沙山与湖泊（丁 荣 摄）

7.4 沙漠环境的演变

巴丹吉林沙漠约形成于中更新世，形成之后经历了多次正逆发展过程。地层剖面研究揭示，在冬、夏季风交替演变影响下，仅距今150ka以来，沙漠就经历了20余个强度不同的正逆交替变化过程。晚更新世的末次冰期，极其强劲的蒙古高压使阿拉善高原的风沙活动空前活跃、流沙扩展，沙漠范围显著扩大。其中，末次冰盛期，流沙可能扩展到雅布赖山北麓及整个额济纳盆地。

末次冰期过后，随着东亚季风的增强，沙漠气温及降水均有增加。全新世中期，蒙古高压空前减退，东亚季风大幅向西推进，区域降水量明显增加，植被得到恢复，沙漠边缘地带流沙固定，沙漠面积有所缩小，局部区域出现明显土壤化过程。近2 000年来，区域气候虽有多次干湿波动变化，但其波动强度相对较小，尚不足以改变以流动沙丘占绝对优势的总体格局，沙漠环境总体处于相对稳定的状态。

8　腾格里沙漠

腾格里沙漠地处阿拉善高原东南部，东起贺兰山西麓，西迄河西走廊东段绿洲东缘，北以雅布赖山与巴丹吉林沙漠为界，南至祁连山东延余脉乌鞘岭北麓-长岭山一线，地理坐标为37° 26′ 14″ ~ 40° 02′ 01″ N，102° 25′ 31″ ~ 105° 43′ 02″ E，沙漠总面积39 071.07km^2。沙漠分布范围涉及内蒙古、甘肃、宁夏3个省（区）的3盟（市）6个县（旗）46个乡（镇、苏木），其中内蒙古自治区境内分布面积占沙漠总面积的72.89%，甘肃和宁夏分别占25.91%、1.20%。

8.1　地质构造与地貌

腾格里沙漠分布区地质构造为一大型山间构造盆地，是自中新生代起相继发育的古阿拉善弧形盆地系的一部分，大体涉及弧形盆地系的巴彦浩特盆地的南部、潮水盆地东部及武威盆地和雅布赖盆地。中生代以来，古阿拉善弧形盆地系在多次构造运动中历经不断地发展演化，后受印度板块与欧亚大陆地壳碰撞影响，盆地因挤压变形，逐渐萎缩，第四纪以来，潮水盆地、巴彦浩特盆地等相继萎缩以至消失，腾格里沙漠的区域地质环境逐渐发展演化到当今的格局。

海拔1 500 ~ 2 000 m的贺兰山耸立在沙漠东面，既阻挡了腾格里沙漠向东扩展，也削弱了东南季风带来的水汽；沙漠西面是祁连山脉，发源于此的石羊河穿过山前走廊流入沙漠西部，将祁连山的水资源与风化剥蚀物一同带给沙漠；西南-东北走向的雅布赖山（1 600 ~ 1 800m）横亘在沙漠西北面，将腾格里沙漠与巴丹吉林沙漠隔开，阻挡了巴丹吉林沙漠的大规模南侵；沙漠西面的龙首山，纵贯于走廊与沙漠之间，其西北-东南的走向对冬季风侵入沙漠在一定程度上起了导向及加强作用；沙漠西南是祁连山东延丘陵山地，为青藏高原、内蒙古高原及黄土高原的交汇区，亦为高寒森林草甸带、温带草原带及温带荒漠带的交汇过渡地带；黄河从沙漠东南流过，以南为山前冲洪积台地，以北为风沙堆积平原。

在沙漠内部，沙丘覆盖的平原是最主要的地貌类型，其间分布着众多的湖盆及裸露残丘。在沙漠中南部的图兰泰至头道湖之间，集中分布着近南北走向、平行排列的湖盆，单个湖盆面积从几平方千米到几十平方千米不等，相邻湖盆间为3 ~ 5 km的流动沙带；沙漠西北部白碱湖-西硝池一

▼腾格里沙漠及其周边数字高程地貌图

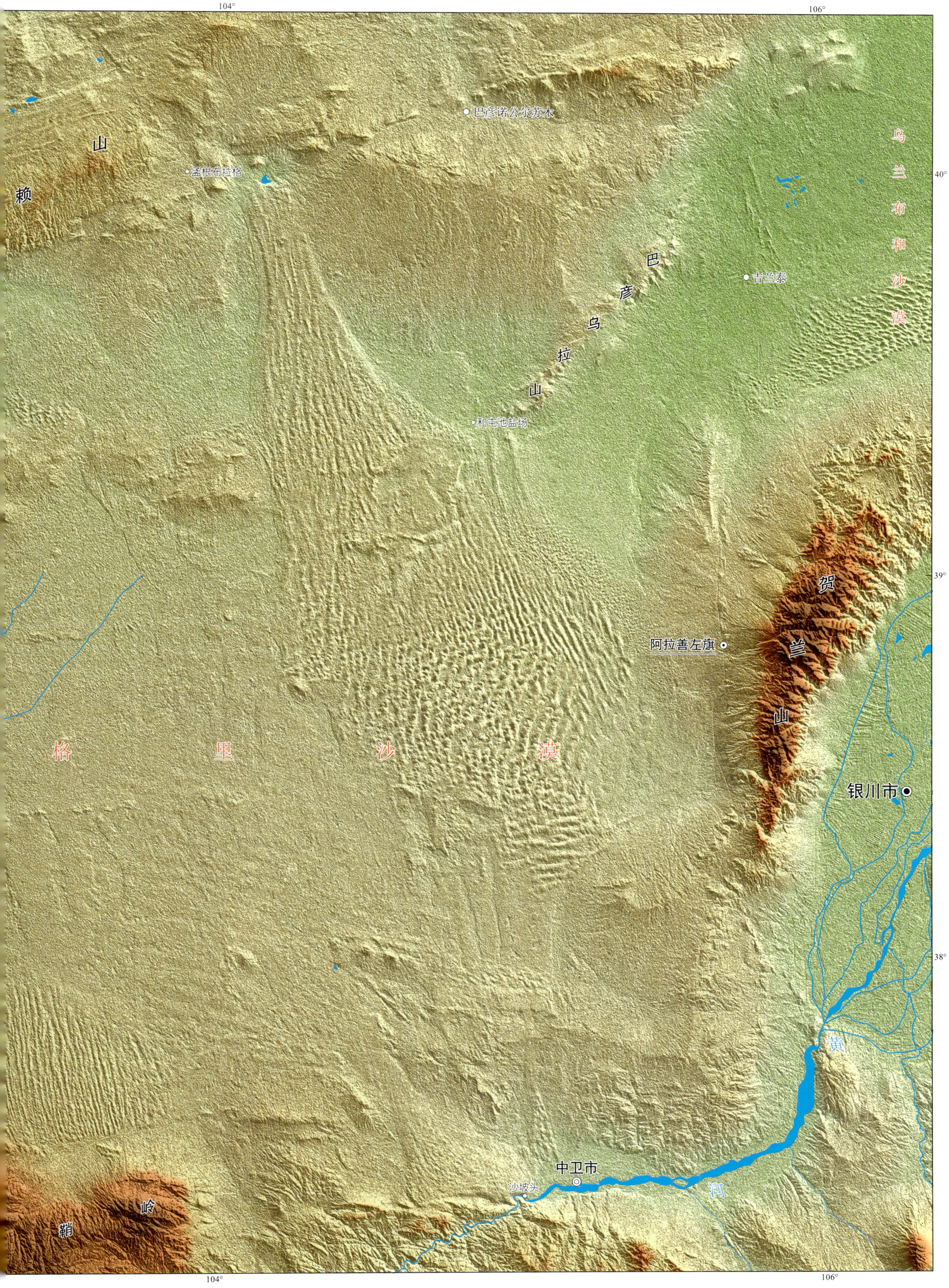
104°
106°
40°
39°
38°
巴彦诺公尔苏木
孟根布拉格
山
赖
乌兰布和沙漠
巴彦乌拉山
吉兰泰
和屯池盐场
贺兰山
阿拉善左旗
银川市
格 里 沙 漠
黄
河
中卫市
沙坡头
岭
鞘

带亦为湖盆分布比较集中的区域，其中白碱湖为沙漠中最大的碱湖；此外，在沙漠西部、东部及东北部也有相对集中的湖盆分布。现湖盆多已干涸，极少数已演化为盐湖，湖盆周边多有草滩分布。沙漠西部和中部有大体呈东西走向的带状剥蚀高地和残丘出露，但多呈孤立、不连续状，高度20 ~ 50 m；沙漠东南部有北西–南东走向的丘陵山地断续出露。

▼腾格里沙漠及其周边卫星影像

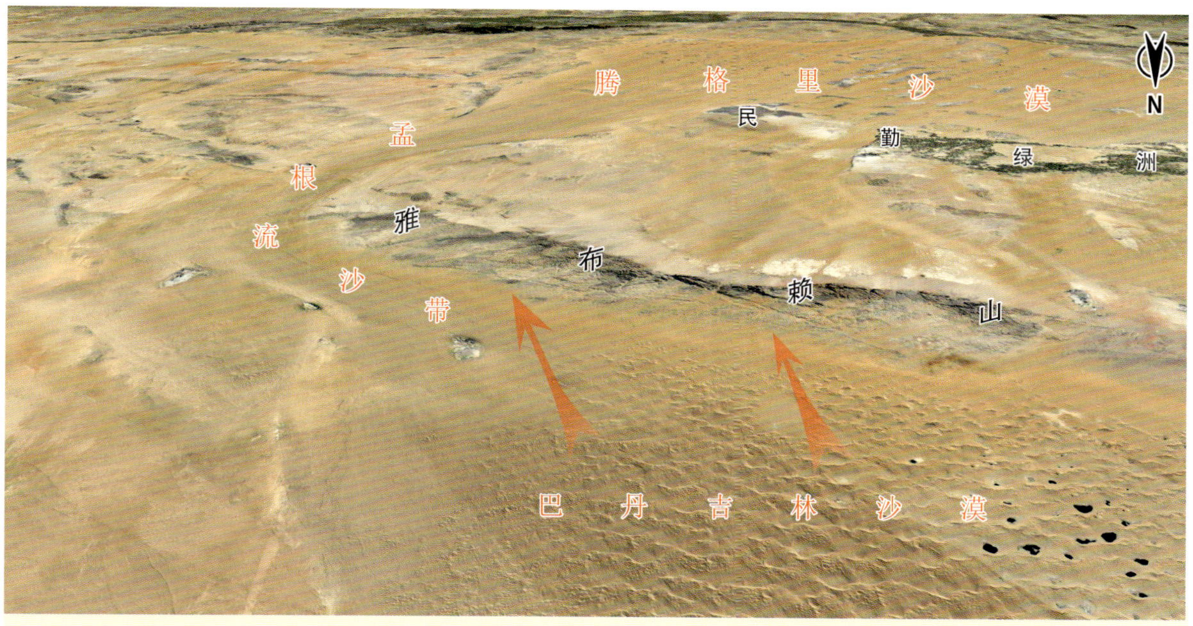

从巴丹吉林沙漠看腾格里沙漠，孟根流沙带成为连结两个沙漠的主要纽带。

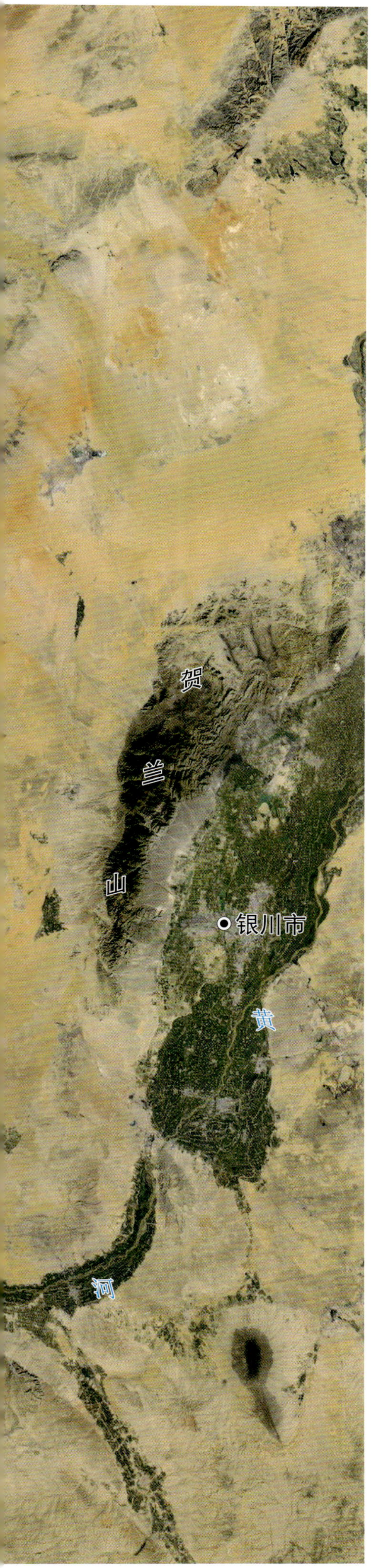

8.2 沙物质来源及风沙地貌特征

腾格里盆地是由多个古湖盆发展演化而来，盆地沉积了深厚的湖相沉积物，其中早更新世以来连续堆积的湖相沉积物为沙漠的主要物源；石羊河搬运的祁连山风化剥蚀物为沙漠西北部的风沙地貌提供了丰富物源；在沙漠北缘的孟根附近，巴丹吉林沙漠的流沙越过雅布赖山口呈喇叭状向东南扩散，与沙漠东北部的基岩残积–坡积物一起，成为沙漠东部和东北部风沙地貌的重要物源。

腾格里沙漠是以流动沙丘占优势的沙漠，流动沙丘占71.30%，半固定沙丘占13.47%，固定沙丘占15.23%。流动沙丘的形态主要为格状沙丘、新月型沙丘及沙丘链、复合型链状沙丘及沙山等；半固定和固定沙丘以梁窝状沙丘和灌丛沙堆为主。格状沙丘是腾格里沙漠分布最为广泛的沙丘形态类型，其中以沙漠中南部、东南部及东北部分布最为集中，沙丘高度10 ~ 30 m；新月型沙丘及沙丘链主要分布在沙漠腹地及石羊河与雅布赖山之间、沙漠西南部及东部边缘，高度一般5 ~ 10 m；复合型链状沙丘主要分布在沙漠中东部及沙漠北部，高度30 ~ 100 m，部分可达100 ~ 200 m；沙垄主要分布在雅布赖山口以南的沙带，垄高5 ~ 10 m；以灌丛沙堆与梁窝状沙丘为主的固定沙丘广泛分布在湖盆周边及沙漠边缘，高度一般小于5 m。

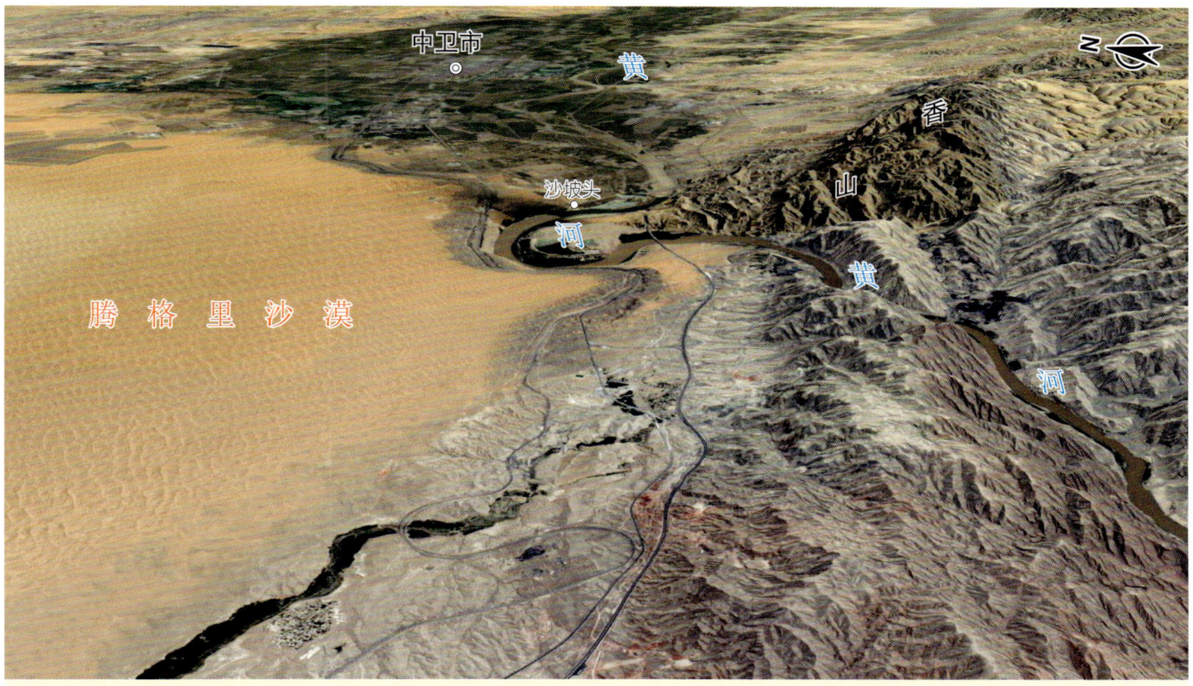

黄河出黑山峡后绕沙漠南缘流向宁夏平原，沙漠边缘蛇曲状阴影带是包兰铁路及其两侧的人工植被带，卫星影像上部的绿洲为宁夏平原。

▼腾格里沙漠沙丘形态类型图

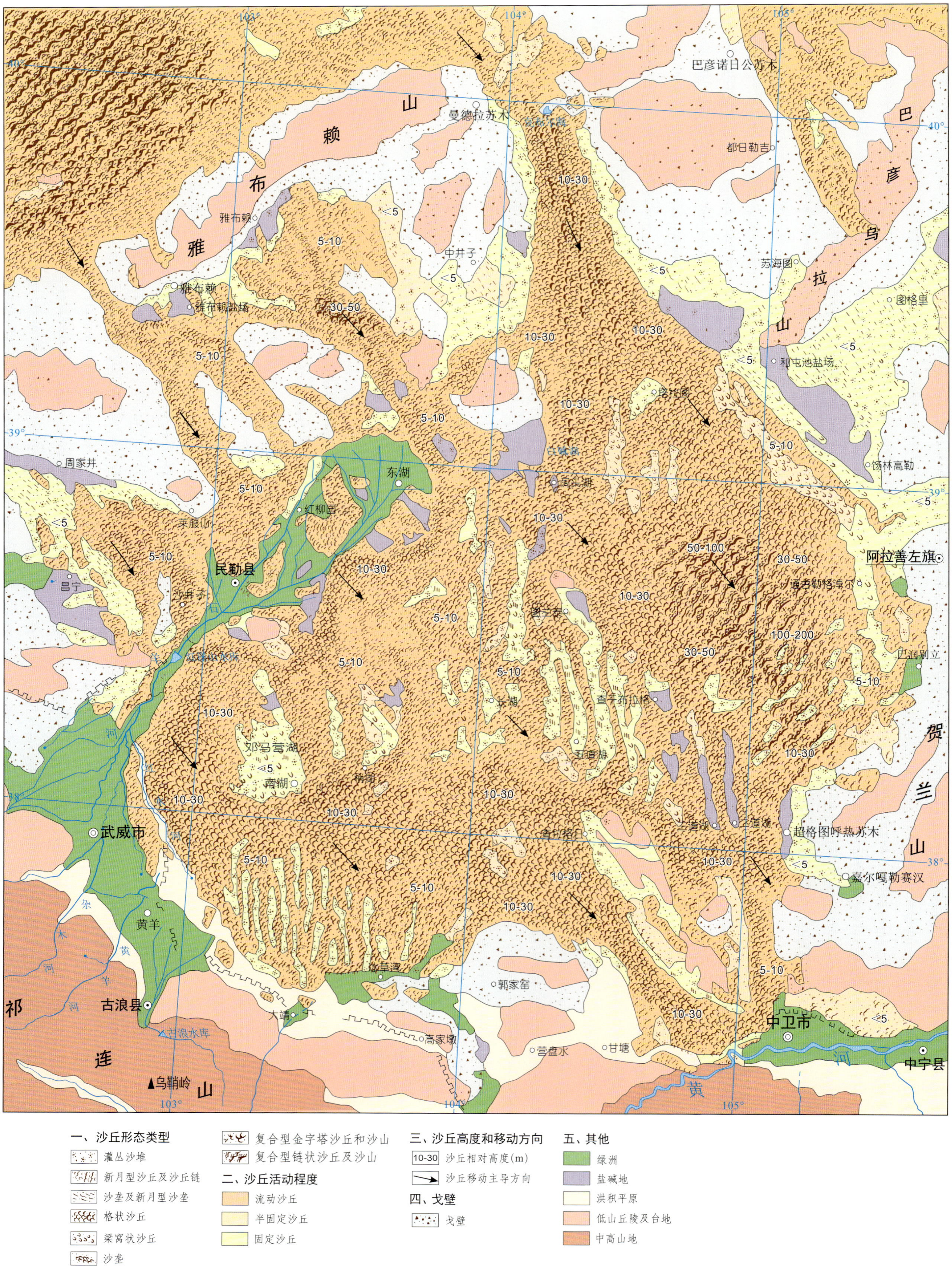

腾格里沙漠景观（杨 孝 摄）

8.3 沙漠的自然条件

8.3.1 气候与水文

腾格里沙漠地处东南季风的西北边缘地带，年均降水量100～200mm，自东南向西北呈递减趋势；年蒸发量3 000～3 500mm，自东南向西北呈递增趋势；年均气温7.0～9.7℃，极端最低气温 -25 ～-28 ℃，极端最高气温42℃；盛行风向为西北风，其次为东北风，年大风日数20～50天，主要集中在3～5月。

腾格里沙漠地表径流贫乏，除了沙漠东南部黄河沿岸局部区域外，沙漠全域均为内流区。沙漠西部的石羊河为沙漠最大河流，河水主要依赖祁连山区降水和冰川融水补给，年均径流量15.6亿m^3；黄河从沙漠东南缘流过，但因河床下切太深，无助益沙漠水文环境。沙漠中有大小湖盆数百个，总面积约5 000 km^2，但多为无积水的碱、草湖，有水湖面积仅约237 km^2，且多为咸水或卤水，湖水较浅，对自然降水波动极为敏感。除西北部石羊河下游外，沙漠地下水资源总体比较贫乏。

腾格里沙漠虽有其独立的物源，但来自巴丹吉林沙漠的流沙在很大程度上丰富了腾格里沙漠东部的沙物质来源，影像显示了在冬季风的作用下巴丹吉林沙漠的流沙溢过低矮的雅布赖山脊及多个山口向腾格里沙漠倾泻的情景。

在沙漠东部，盐湖湖盆分布于大体呈东北－西南走向的复合型沙丘链间的洼地，盐湖多已干涸，或仅在多雨年份形成积水。

孟根流沙带犹如一条主动脉，源源不断地给腾格里沙漠输送沙物质。

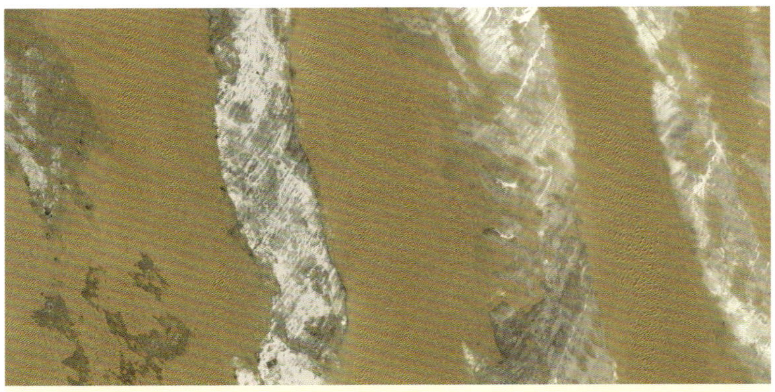

在沙漠中部，盐湖与沙带大体呈南北向平行分布，湖盆底部宽阔平坦，多有稀疏的盐生植被发育。

格状沙丘是腾格里沙漠中面积最大的沙丘类型，广泛分布在沙漠各处。

格状沙丘（近景）（杨　孝　摄）

8.3.2 土壤与植被

腾格里沙漠总体上属于荒漠带，其中东南部为荒漠草原。地带性土壤主要为灰漠土和灰棕钙土，非地带性土壤主要为风沙土、草甸土、沼泽土等。风沙土是组成沙漠的主体土类，土壤化过程微弱。盐生草甸土和沼泽草甸土主要分布在湖盆及其周边地带。棕钙土和灰漠土主要分布在山麓及山前倾斜平原。沙漠植物以旱生灌木和小灌木为主。在流动沙丘边坡下部，生长有稀疏的圆头蒿、沙拐枣、沙蓬等，盖度不足1%。半固定、固定沙丘以籽蒿、白刺、沙竹为多。湖盆地带的盐生草甸以芨芨草为主，伴生有赖草、白刺、盐爪爪等，植被盖度60%左右，盐分较轻的地段，植被盖度可达90%；沼泽草甸植被则以莎草占绝对优势，伴生有芦苇、赖草等，草层低矮，盖度较大。在山前戈壁以及沙漠中的石质低山、残丘地带，生长有稀疏的琵琶柴、霸王、麻黄等超旱生植被，盖度较低。

腾格里沙漠的湖泊——月亮湖（杨　孝　摄）

沙丘迎风坡的沙粒被风力吹向背风坡，推动着沙丘向前移动，展示了沙漠的生命与活力。（杨维西　摄）

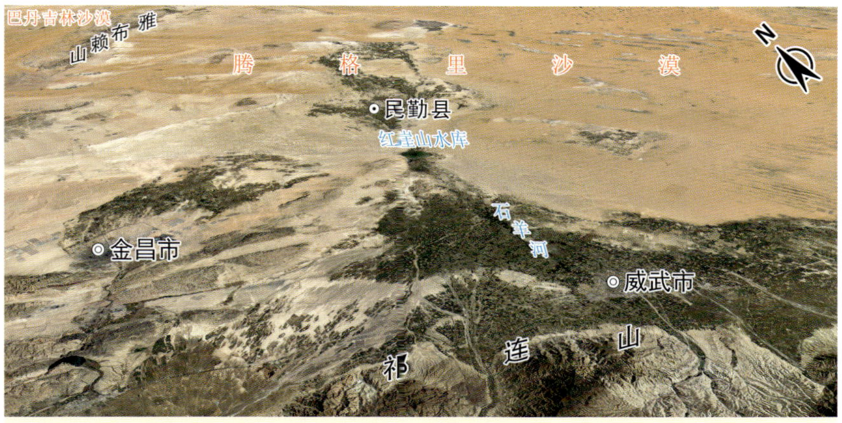

发源于祁连山的石羊河是流入沙漠的最大河流，在跨越绿洲后注入沙漠北部的潴野泽。

8.4 沙漠环境的演变

腾格里沙漠约形成于早更新世。古风成沙研究揭示，沙漠自形成以来经历了多次程度不同的流沙扩展与沙丘固定、生草成壤的发展旋回。其中在距今1.1Ma和0.8Ma前后，曾经历过至少两次大的扩展过程。从距今60ka以来，腾格里沙漠经历了5个演化阶段。末次冰期蒙古高压极为强盛，东亚夏季风大幅退缩，气候极其寒冷干旱。末次冰盛期，固定沙丘全部活化，流沙东扩南侵，沙漠漫延到香山及祁连山东延余脉的北麓，其中距今20～10ka为沙漠扩展最强烈的时期，沙漠环境呈现荒漠-极旱荒漠景观。末次冰期结束后，气候回暖转湿，沙漠环境趋好。在距今8～5ka的全新世大暖期，受夏季风环流空前增强、降水大幅增加的影响，沙漠植被转好，流动沙丘大幅减少。并在距今约6～5ka出现一次程度较高的土壤化过程，沙漠环境呈现疏林草原-荒漠草原景观。全新世晚期以来，随着气候波动变化，沙漠也曾经历过多次程度不一的正逆过程，但总体处于比较稳定状态，再未出现过末次冰期和全新世大暖期那样剧烈的沙漠正逆过程。

腾格里沙漠东北部外缘的植被斑块，斑块之外流动沙丘的丘间地也有稀疏的灌丛植被生长。

9　乌兰布和沙漠

乌兰布和沙漠位于阿拉善高原东部。沙漠东临黄河，西依狼山-巴彦乌拉山，南起贺兰山北麓，北至杭锦后旗太阳庙，地理坐标39° 07′ 08″ ~ 40° 54′ 23″ N，105° 33′ 07″ ~ 107° 01′ 24″ E，沙漠面积9 760.4km^2，行政区划涉及内蒙古自治区阿拉善盟、巴彦淖尔市和乌海市的4个旗（县）、25个乡（镇、苏木）。

9.1 地质构造与地貌

乌兰布和沙漠在地质构造上属于古近纪形成的吉兰泰-河套断陷盆地。早更新世-中更新世，外围山地间歇性抬升，盆地下陷中发育巨大湖泊，形成区域汇水中心，连续沉积了厚度超过1 000 m的疏松物质，盆地西侧的巴彦乌拉山和东侧的贺兰山在抬升过程中伴随强烈的夷平过程，风化剥蚀物在山前以洪积相堆积。海拔1 400 ~ 1 800 m的狼山-巴彦乌拉山呈东北-西南走向分布在沙漠的西北侧，海拔1 600 ~ 2 300 m的贺兰山-桌子山环绕在沙漠的东南-东侧，黄河干流紧贴沙漠东缘向北流去，沙漠东北面为黄河冲积而成的河套平原、沙漠西南部为吉兰泰湖积平原，地势低洼，盐湖比较发育，其中吉兰泰盐湖面积最大，湖面海拔1 030 m，为沙漠最低处。乌兰布和沙漠平均海拔1 200 ~ 1 300 m，地势总体呈现南高北低、东高西低的趋势。

▼ 乌兰布和沙漠及其周边卫星影像

▼乌兰布和沙漠及其周边数字高程地貌图

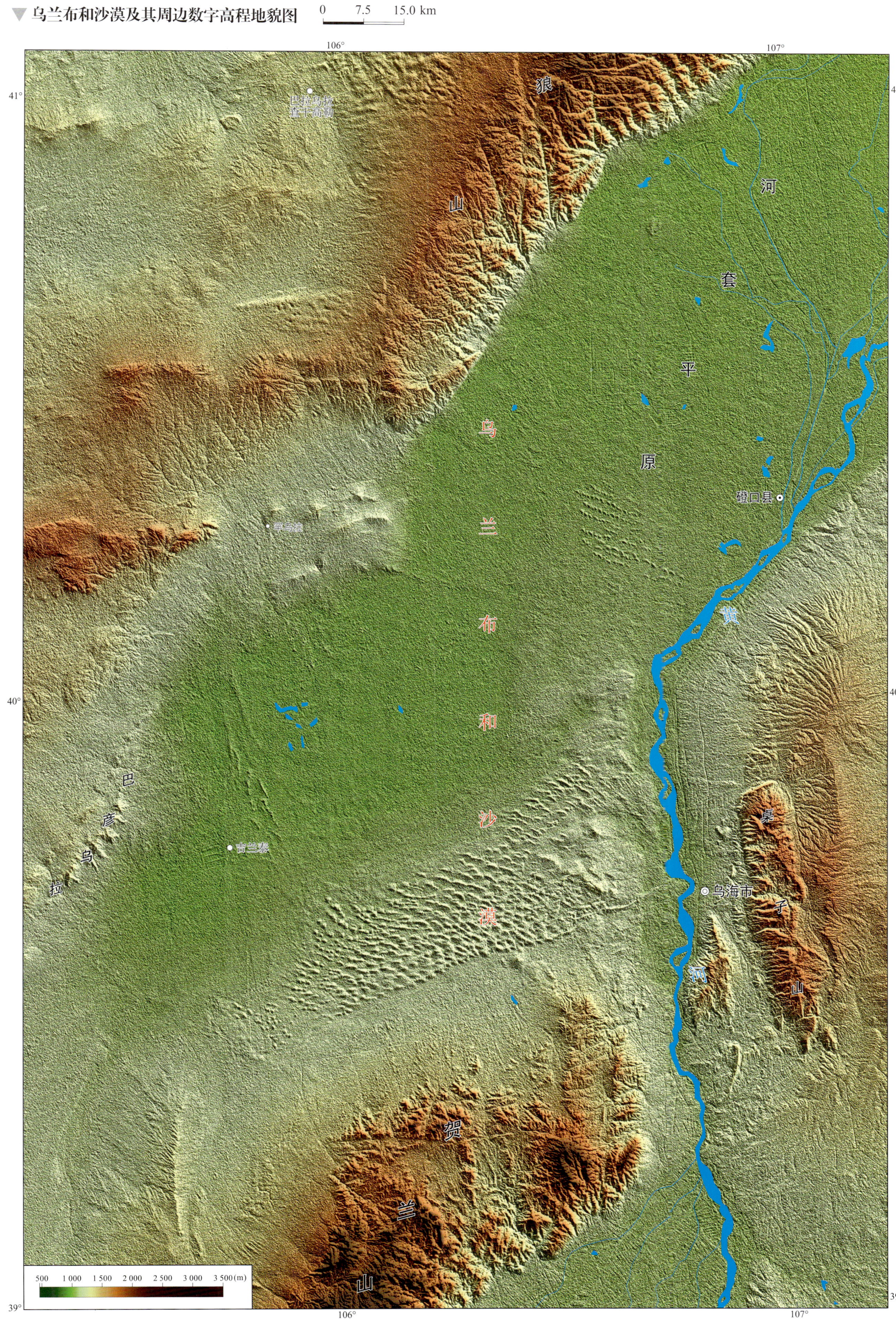

9.2 沙物质来源及风沙地貌特征

乌兰布和沙漠的物源主要包括古黄河冲积物、第四纪湖相沉积物和周边山地山前冲洪积倾斜平原堆积物三个方面。其中沙漠西南部断陷湖盆中的第四纪深厚湖相粉砂质沉积物，成为乌兰布和沙漠的重要物源；北部黄河古道冲积平原积聚的丰富冲洪积物，也为沙漠的重要物源；沙漠周边的狼山、巴彦乌拉山及贺兰山的侏罗纪、白垩纪砂岩，岩性松软，风化剥蚀过程强烈，在山前堆积了大量冲洪积物，也为沙漠的形成及发展提供了沙物质来源。

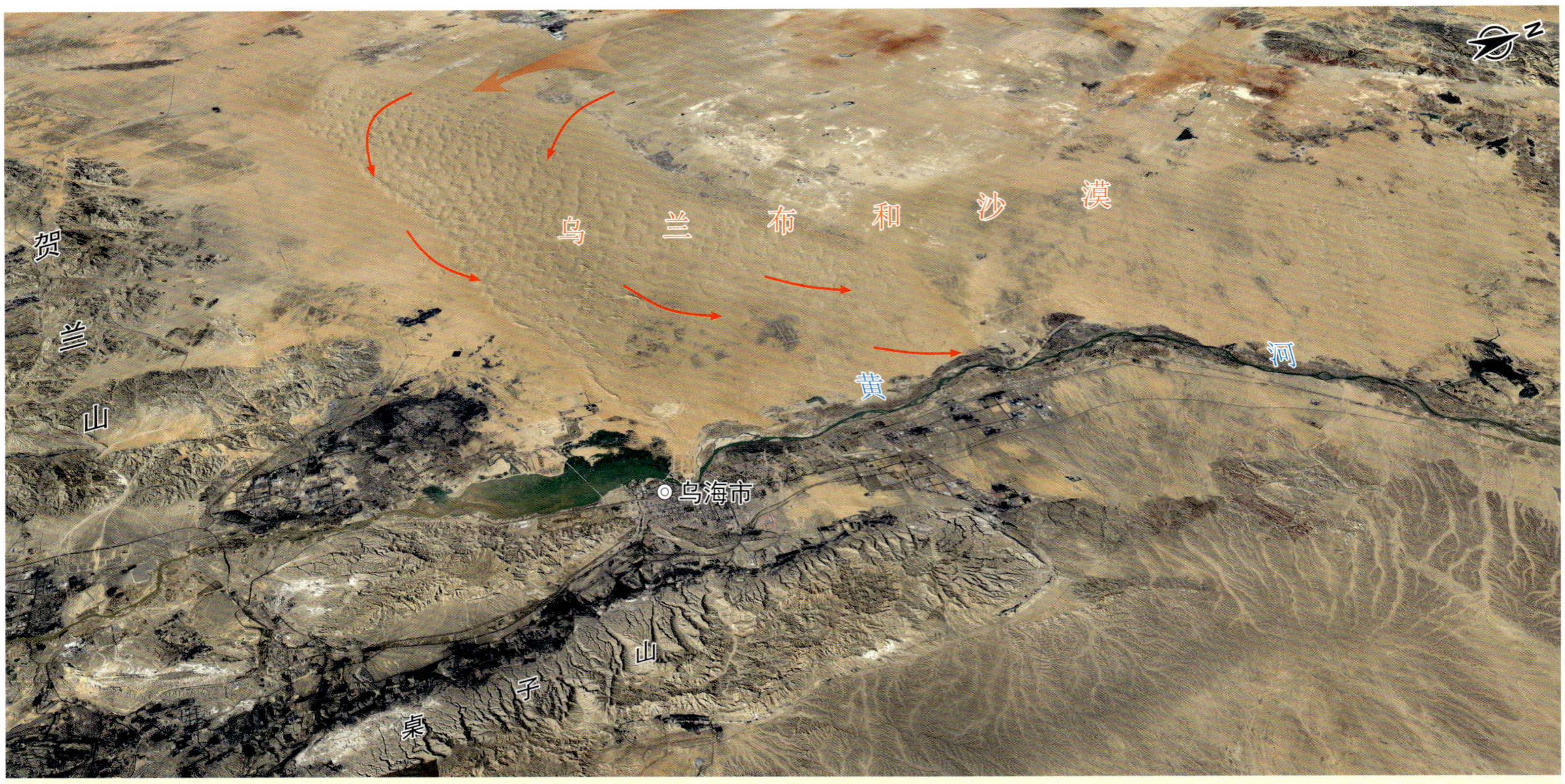

从偏东方向看，沙漠东南和东面由贺兰山－桌子山构成的围限地形，使西北向蒙古高压遇阻减速并发生风向转折，特殊地形及风况环境使这里成为乌兰布和沙漠高大沙丘的集中分布区域。

▼ 乌兰布和沙漠沙丘形态类型图

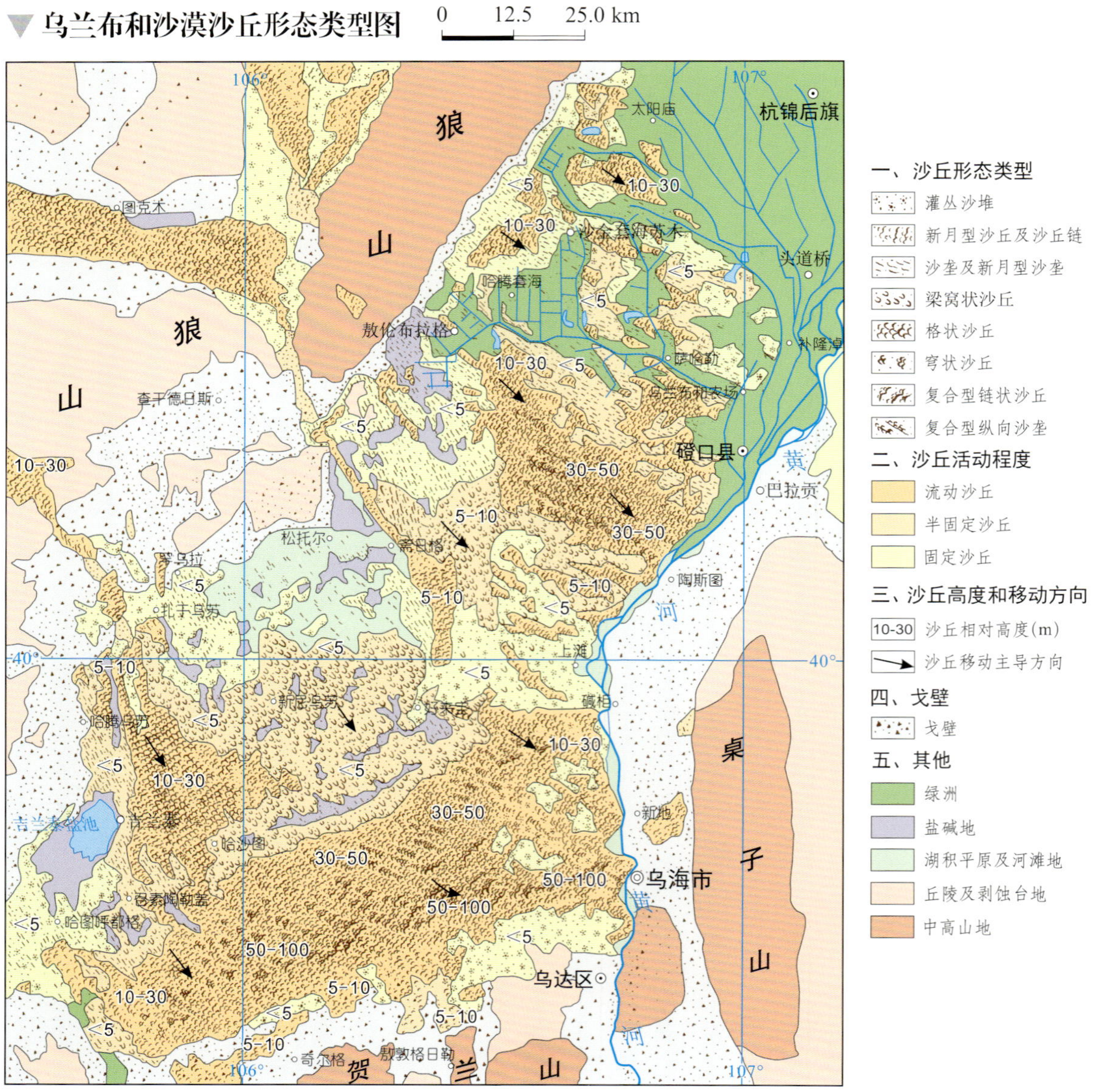

乌兰布和沙漠以固定、半固定沙丘为主，固定、半固定及流动沙丘分别占沙漠总面积的33.59%、23.67%及42.74 %。流动沙丘集中分布在沙漠南部、西南部和北部；半固定沙丘主要分布在沙漠西部湖盆洼地及沙漠中、北部；固定沙丘比较集中地分布在沙漠中部，在北部绿洲及沙漠周缘地带也有不连续分布。

乌兰布和沙漠的沙丘形态类型主要有新月型沙丘及沙丘链、格状沙丘、穹状沙丘、梁窝状沙丘及灌丛沙堆等。新月型沙丘及沙丘链多呈流动态，比较集中地分布在沙漠的南部和北部，沙丘高度一般30～50 m，边缘地带10～30 m或小于10 m；格状流动沙丘主要分布在吉兰泰盐湖以东的沙漠西南部，沙丘高度10～30 m；复合型链状流动沙丘镶嵌在沙漠南部的新月形沙丘及沙丘链中，沙丘高度

50～100 m；以半固定为主的梁窝状沙丘主要分布在中西部湖盆洼地的东南部及沙漠中部偏北区域，沙丘高度5～10 m；以灌丛沙堆为主的固定沙丘，主要在沙漠中东部、北部绿洲及沙漠周缘地带单一或与梁窝状沙丘或沙垄相间分布，高度一般小于5m；此外，在南北两大片流沙集中分布区，均有复合型纵向沙垄镶嵌其中，沙垄走向与盛行西北风大体一致。

乌兰布和沙漠地处我国北方农牧交错带，土地利用类型主要包括流动沙丘和部分半固定沙丘为主的未利用土地，面积为4 171.41 km^2，占沙漠总面积的42.74%；分布在丘间地及部分半固定沙丘的草地面积2 856.32 km^2，占29.26%；主要分布在沙漠西部和北部的灌丛地1 665.99 km^2，占17.07%。

沙漠中呈岛状广泛分布的穹状沙丘

一个孤立的穹状沙丘（细部）

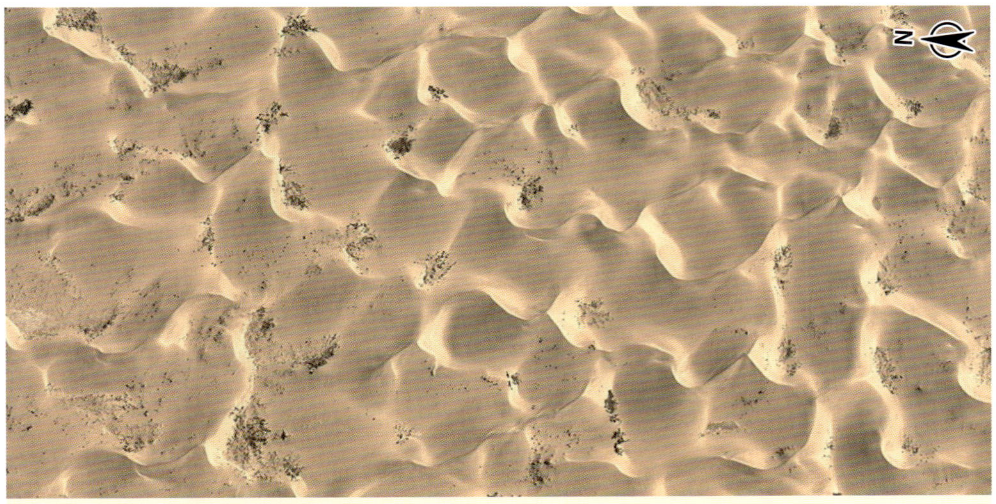

吉兰泰附近的格状流动沙丘及丘间低地的植被

沙漠东缘的复合型格状沙垄（乌海）（杨维西　摄）

9.3 沙漠的自然条件

9.3.1 气候与水文

乌兰布和沙漠降水受东南季风控制，但因邻近季风的西部边缘，年均降水量仅100～140 mm，且自东向西呈递减趋势，年蒸发量2 400～2 900 mm，自东向西呈递增趋势。冬半年受蒙古-西伯利亚高压控制，盛行风向为西北风，年均风速3～3.7m/s，年均大风日数20～40天，且以冬春季节最为频繁和强劲。

沙漠西部水资源十分贫乏，虽然湖泊众多，但因依靠自然降水补给，湖水浅少，且几乎全为咸水，位于沙漠西南部的吉兰泰盐湖为沙漠中面积最大的湖泊。受农区灌溉及黄河侧渗影响，沙漠北部及东缘沿河地带地下水资源较为丰富，潜水埋深一般在1.5～5 m，水质较好。

9.3.2 土壤与植被

沙漠分布区地带性土壤为棕钙土和灰漠土，主要分布在沙漠东南部和西北部。非地带性土壤中，风沙土广泛分布在沙漠各处，草甸土和盐渍土主要发育在湖盆、洼地等处。

沙漠地处荒漠草原向荒漠的过渡区域，总体呈现荒漠草原（半荒漠）景观。其中沙漠东南部为荒漠化草原，主要有克氏针茅、藏锦鸡儿、红砂等；西北部为草原化荒漠或荒漠，主要有梭梭、白刺、沙冬青、沙拐枣等。此外，在一些地势低洼、地下水位较高地段或湖泊边缘分布有草甸、沼泽或盐生植被。

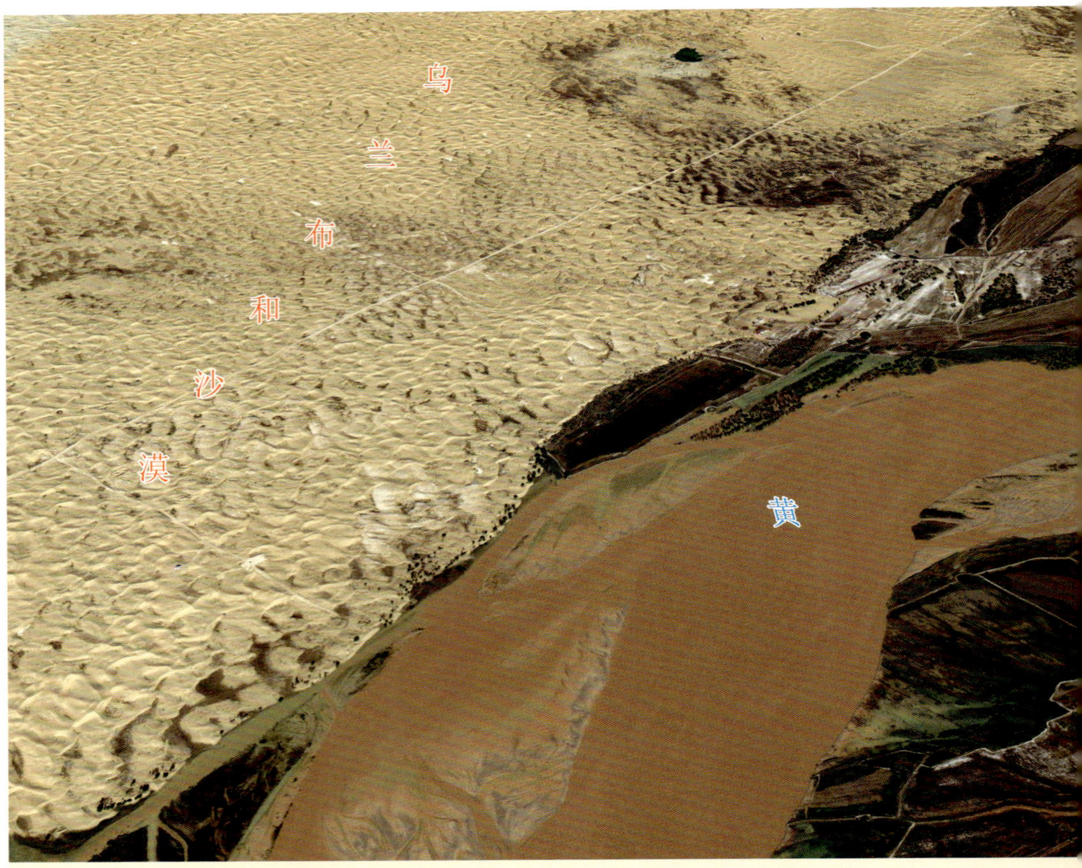

乌海附近的乌兰布和沙漠与黄河

乌兰布和沙漠西北部低湿地带沙漠景观（磴口县巴音布日格嘎查）（杨　孝　摄）

乌兰布和沙漠中南部植被、流沙带及高大的复合型沙垄。（丁　荣　摄）

乌兰布和沙漠北部流动沙丘上的先锋植物——沙米，部分丘间地或丘坡有芦苇生长，显示这里风力虽大，但地下水位较高。（丁　荣　摄）

9.4 沙漠环境的演变

乌兰布和沙漠形成于第四纪中更新世。中更新世中期，随着气候干旱化的加剧，位于吉兰泰—河套断陷盆地、面积达数千平方千米的淡水湖泊逐渐萎缩，湖底深厚的湖相沉积物出露地表，在强劲的冬季风作用下，乌兰布和沙漠的雏形逐渐形成。沙漠形成以后，在冰期—间冰期交替的气候旋回中，经历了多次流沙扩展与沙丘固定、湖面上升与下降干涸的变化过程。末次冰期时，气候异常干旱寒冷，湖泊萎缩、植被衰退、流沙扩展，到冰盛期沙漠完全变为流动状态，区域环境呈现干旱荒漠景观。全新世早期，气候转向冷湿，沙漠北部和西南部湖泊得以发育和扩张，植被有所恢复，流沙趋于缩小。全新世大暖期，区域气候温暖湿润，沙漠湖泊普遍出现高水位，植被繁茂，流沙多被固定，沙漠面积大幅缩小，沙漠呈现干草原—荒漠草原景观。

全新世大暖期过后，气候复趋干冷，沙漠环境转差。在以干冷为特征的小冰期，植被退缩、风沙活动加剧，部分固定沙丘活化，流沙有所扩展，沙漠环境明显恶化。此后，气候虽有多次不同程度的干湿波动，但其强度都不甚剧烈，沙漠环境总体处于荒漠化草原-草原化荒漠的半荒漠景观范畴。

乌兰布和沙漠东临黄河，沿河地带沙丘密集裸露，地形平坦开阔，缺乏天然屏障，冬半年强劲的蒙古高压将沙漠中大量流沙挟裹泻入黄河，致河床淤积，流速减缓，每逢河面封冻或消融时节，常发生流凌叠覆、河水四溢的情景，给沿岸民众的生产和生活带来严重危害。

沙漠东缘的黄河河岸没有任何防护屏障，偏西向冬季风将乌兰布和沙漠的流沙直接送入黄河，使河床淤积抬高，增加了水患风险。（杨 孝 摄）

10 库布齐沙漠

库布齐沙漠位于鄂尔多斯高原北缘，呈西偏北-东偏南展布在黄河南岸阶地上。沙漠西部宽阔，中、东部狭窄细长，平面轮廓形似蝌蚪，其中西部南北宽约50～60km，中、东部宽仅5～20km，沙漠东西绵延约400km，地理坐标39° 34′ 22″ ～ 40° 48′ 29″ N，107° 03′ 07″ ～111° 23′ 06″ E，沙漠总面积12 983.83km²。沙漠全域分布在内蒙古自治区境内，涉及鄂尔多斯市的5个旗（区）、20个乡（苏木）。

10.1 地质构造与地貌

库布齐沙漠的地质构造属鄂尔多斯地台，在第三纪前接受了巨厚的沉积物，第三纪末受喜马拉雅运动影响，逐渐隆起为高原，而其西北部下陷为洼地，接受黄河挟带的泥沙沉积，形成深厚的河湖相沉积层；高原在第四纪继续上升，由西向东横穿高原北缘斜坡的黄河侵蚀下切，在南岸渐次形成三级河流阶地。

海拔1 500～2 100 m的阴山山脉、海拔1 000 m左右的河套平原及黄河呈弧形依次展布在鄂尔多斯高原的西北面，河套平原与沙漠隔黄河相望；高原西面的狼山与西南面的贺兰山-桌子山间为上百千米的开阔地形，导致来自阿拉善高原与越过阴山的西北风在河套地区交汇后形成西偏北风，使沙漠覆盖在黄河南岸的阶地及鄂尔多斯高原北缘海拔约1 000～1 400 m的斜坡上。

库布齐沙漠及其周边卫星影像

库布齐沙漠及其周边数字高程地貌图

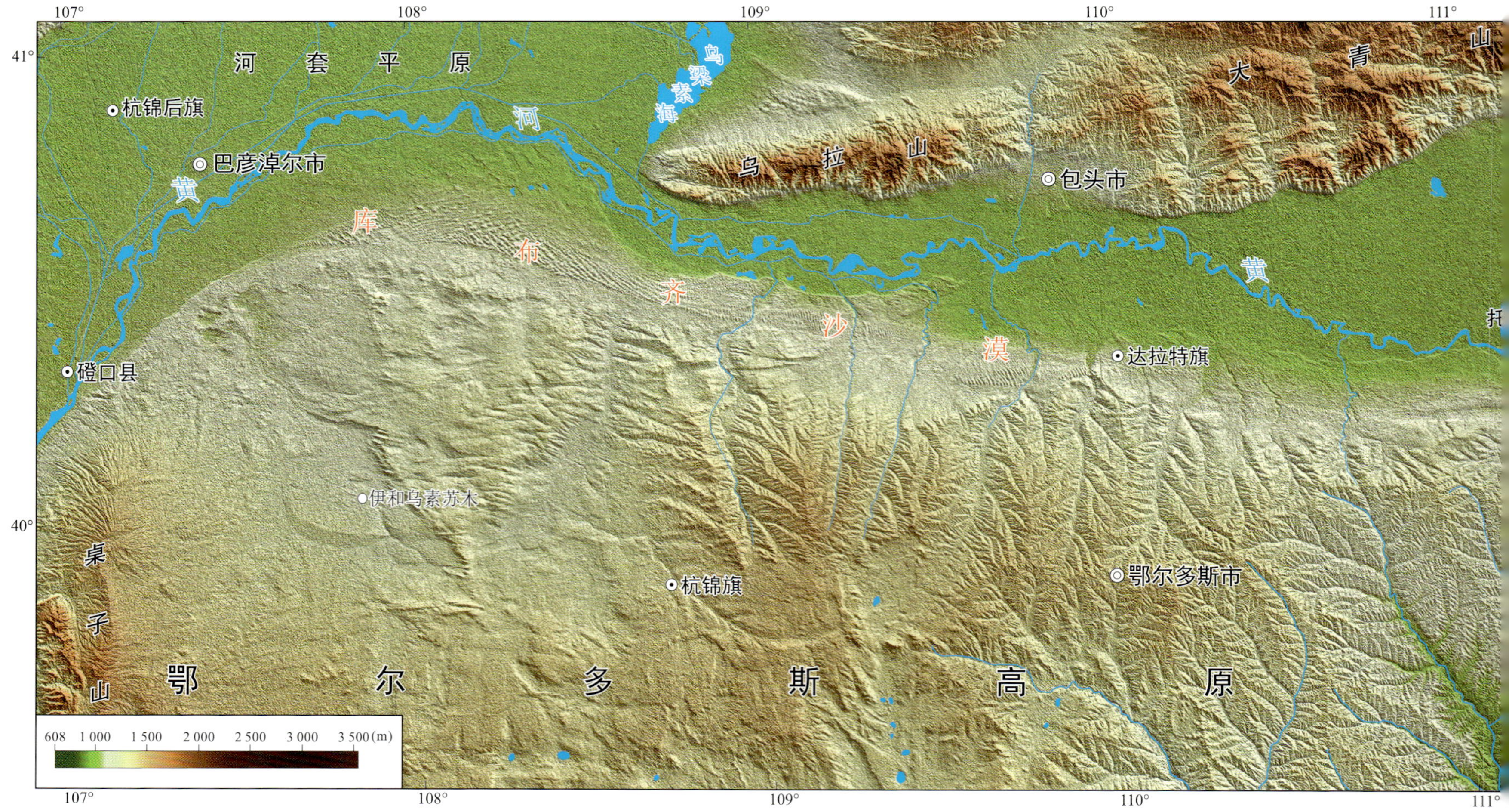

由于东部丘陵地形的阻碍，一路东行的黄河在托克托附近转折向南，进入晋陕峡谷，沙带也变得越来越窄，形成断续的带状分布形状，库布齐沙漠向东扩展的脚步也最终停留在黄河以西，没能扩散到黄河以东。

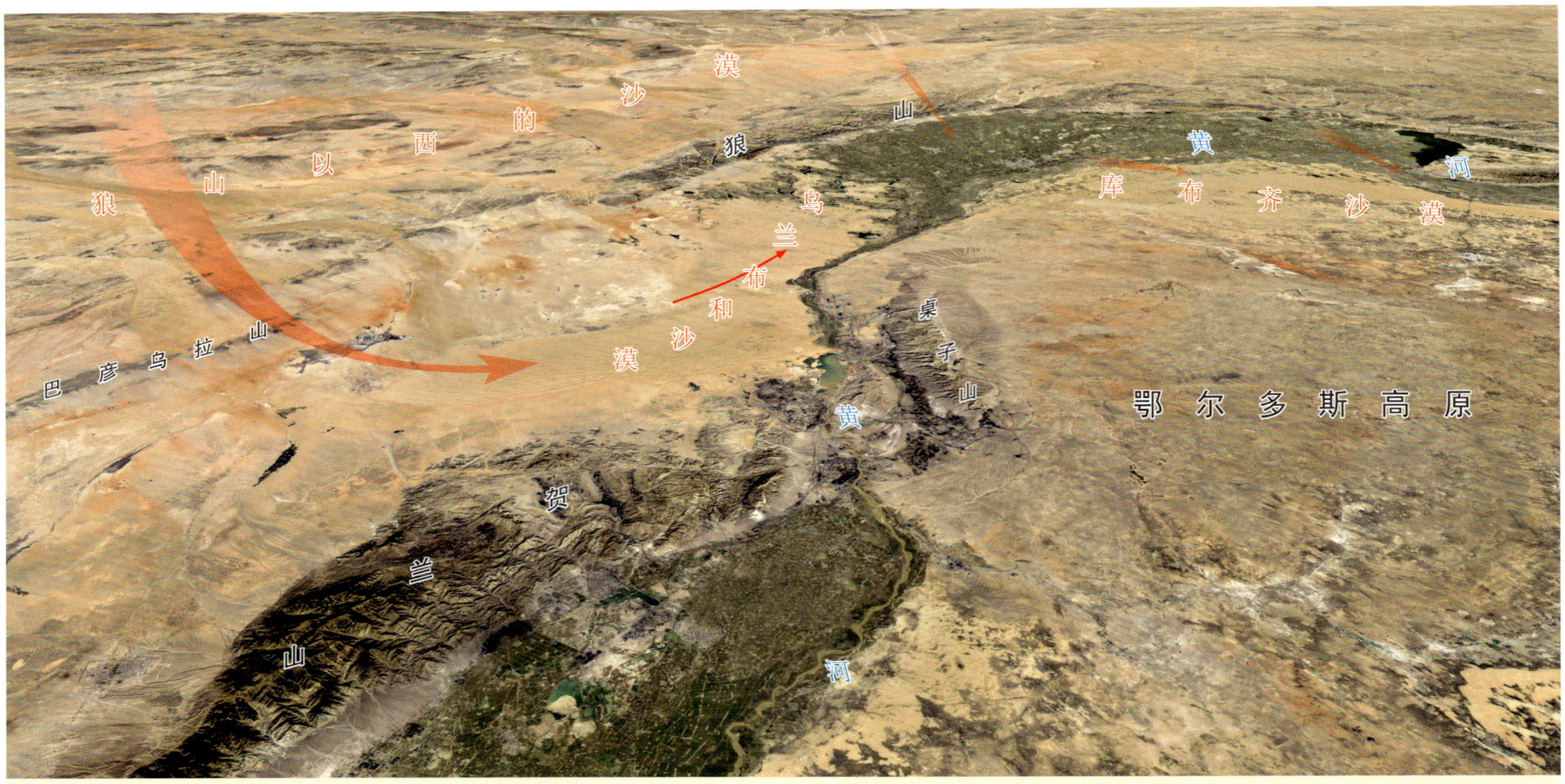

来自阿拉善高原的西北向蒙古高压受贺兰山及桌子山阻挡与导流，沿桌子山与狼山之间宽达近百千米的开阔平缓地形折向东北，在越过阴山的西北向气流的顶托下，风向又转为西偏北向，将河谷地带的沙物质搬运到鄂尔多斯高原北坡的河流阶地，使地处干草原地带的库布齐沙漠中东段形成狭长高大流动沙带、并保持较大比例流动沙丘。

10.2 沙物质来源及风沙地貌特征

库布齐沙漠的物源主要来自第四纪河湖相冲积、沉积物和高原斜坡基岩风化的残积–坡积物等。喜马拉雅运动时期，鄂尔多斯地台西北部曾为一沉陷洼地，古黄河在这里沉积了巨厚的河湖相沉积物，成为库布齐沙漠的主要物源；发源于鄂尔多斯高原北部干燥剥蚀高地的诸多季节性河流，在流经高原北缘斜坡时冲刷的大量泥沙，也为沙漠的物源之一；高原西部、北部出露的侏罗–白垩纪砂质基岩，易于风化，其剥蚀残积、坡积物也为沙漠提供了物质基础。此外，黄河河床及滩地堆积的泥沙在西北向冬季风的

▼ 库布齐沙漠沙丘形态类型图

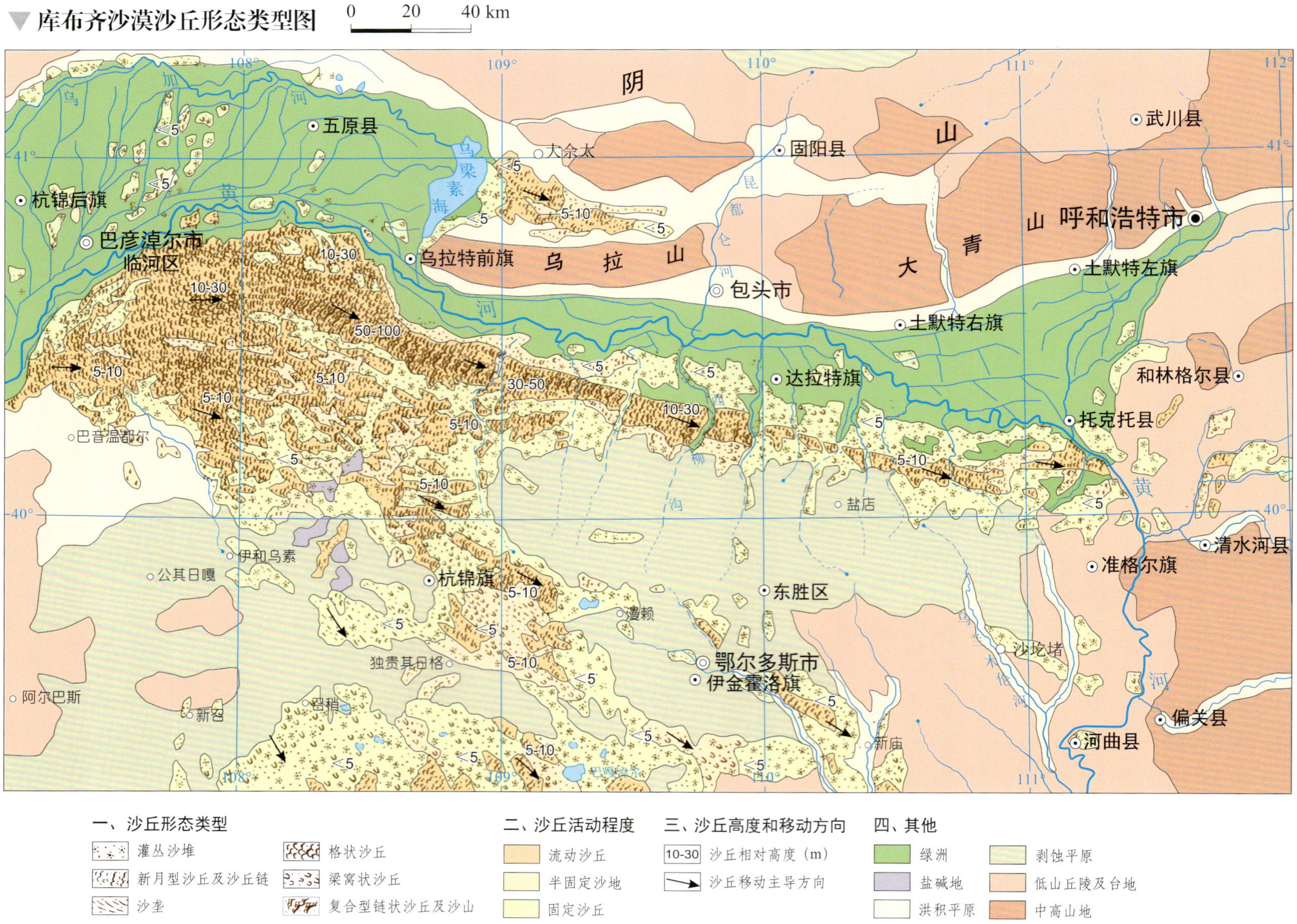

吹扬下，也为沙漠补充物源。

沙漠所处的独特地理位置及其周边的地形因素共同导致库布齐沙漠成为我国唯一分布在荒漠草原–干草原地带、而流动沙丘却占较大比例的沙漠。其中流动沙丘面积5 328.78 km^2，占沙漠面积的41.04%。流动沙丘主要分布在干燥的西部区域及中、东部黄河南岸二级和三级阶地过渡带上，沙丘年均向东南方向移动7～8 m；半固定沙丘2 531.47 km^2，占19.50%，主要分布在沙漠中、南部，以及东部流动沙丘边缘；固定沙丘5 123.58 km^2，占39.46%，主要分布在降水较多、植被长势较好的东部区域。

沙漠的沙丘形态主要有新月形沙丘及沙丘链、复合型链状沙丘及沙山、格状沙丘、梁窝状沙丘等。在沙漠中部，自西向东覆盖着一条长达200余千米的高大沙带，形似沙漠的脊梁。沙脊以复合型链状沙丘及沙山为主，高度由西部的50～100 m向东逐渐降低至30～50 m，沙丘链排列方向与控制风向大体垂直。新月形沙丘及沙丘链广泛分布在沙漠西部、中南部及东部，高度由10～30 m向东降至5～10 m；格状沙丘主要分布在沙漠西部，高度一般10～30 m。新月形沙丘及沙丘链、复合型沙丘及沙山、格状沙丘几乎全为流动状态，固定、半固定沙丘以灌丛沙堆和梁窝状沙丘为主，在沙漠中部及东部分布较为集中，沙丘高度一般小于5 m。

库布齐沙漠地处我国北方农牧交错带，植被较好的地段常作放牧利用，河漫滩及沙漠边缘局部也有农家定居。沙漠中最主要的土地利用类型是以流动沙丘为主的未利用地，其面积约5 324.13 km^2，占沙漠总面积的41.01%；在丘间地及水分条件较好地段分布的草地面积5 582.87 km^2，占43.77%；灌丛地面积1 284.04 km^2，约占9.89%。

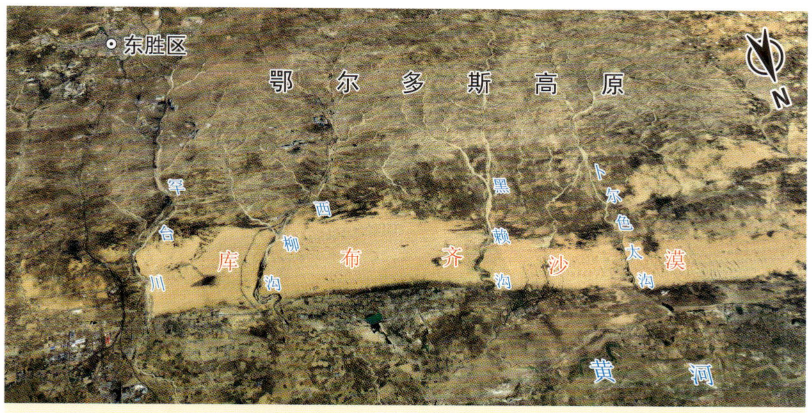

从黄河北岸向南看，鄂尔多斯高原北坡发育的众多干河沟（孔兑）挟带着冲刷的大量泥沙穿越库布齐沙漠后堆积在下游河滩或流入黄河，泥沙中的沙粒再被西北向冬季风刮到斜坡，补充到沙带。遥感影像为沙漠中东部的干河沟。

在鄂尔多斯高原北麓，黄河沿着下切的宽谷一路东行，强劲的西北风向蒙古高压将黄河谷地的沙物质吹扬到鄂尔多斯高原北坡的黄河二、三级阶地上，造就了与其北（左）侧的黄河并行排列的库布其沙漠中、东段带状狭长高大流动沙带，形似沙漠的脊梁。

库布齐沙漠湖相平原地带沙漠景观（杨　孝　摄）

库布齐沙漠中的高大复合型沙垄（丁 荣 摄）

10.3 沙漠的自然条件

10.3.1 气候与水文

库布齐沙漠地处东亚夏季风尾闾地带，属典型温带大陆性干旱–半干旱季风气候，具有冬季漫长寒冷、夏季温和短促、春季干旱多风、秋季天高气爽的特征。沙漠东部年均降水量约400 mm，向西逐渐递减至150 mm；年均蒸发2 100～2 700 mm，但呈由东向西递增趋势。年均气温6～7.5℃，西北风为冬半年盛行风向，年均风速3.5m/s，其中春季平均风速为4.9m/s，最大风速为22m/s，年大风日数25～35天，主要集中在春季。沙漠东部为干草原，西部为荒漠草原。

沙漠西、北两面紧邻黄河，黄河的侧渗作用对沙漠边缘地段有一定的水分补给，西北部洼地及临河地段水资源丰富，地下水位较浅。中东段黄河河床地势较低，对于覆盖在高原斜坡上的沙漠主体难以惠及。沙漠东、中部降水量较高，河沟比较发育，但多为南北向季节性河沟，深切下伏地层并横穿沙漠后注入黄河。

沙漠东部响沙湾附近的沙丘与季节性河沟（远处为乌拉山）

沙漠中东段穿越高大沙带的干河沟，部分干河沟下游的宽谷已开垦为农田，世代耕作。

10.3.2 土壤与植被

库布齐沙漠地带性土壤为栗钙土、棕钙土和灰漠土。栗钙土主要分布在降水量较高的沙漠东部，棕钙土分布在沙漠的西部，西北部局地分布有灰漠土。非地带性土壤有风沙土、草甸土、盐土、沼泽土。风沙土主要分布在各类沙丘，是分布最广的土壤，北部河漫滩上有发育程度不同的草甸土、盐土和沼泽土。

库布齐沙漠东部的地带性植被为干草原，以多年生禾草占优势，建群种为长芒针茅、羊草、隐子草，伴生小半灌木有百里香等；西部为以矮小禾草及稀疏低矮灌木、半灌木荒漠草原，主要灌丛有锦鸡儿类、红砂等。非地带性植被主要为盐生和草甸植被，多分布在黄河河漫滩上。

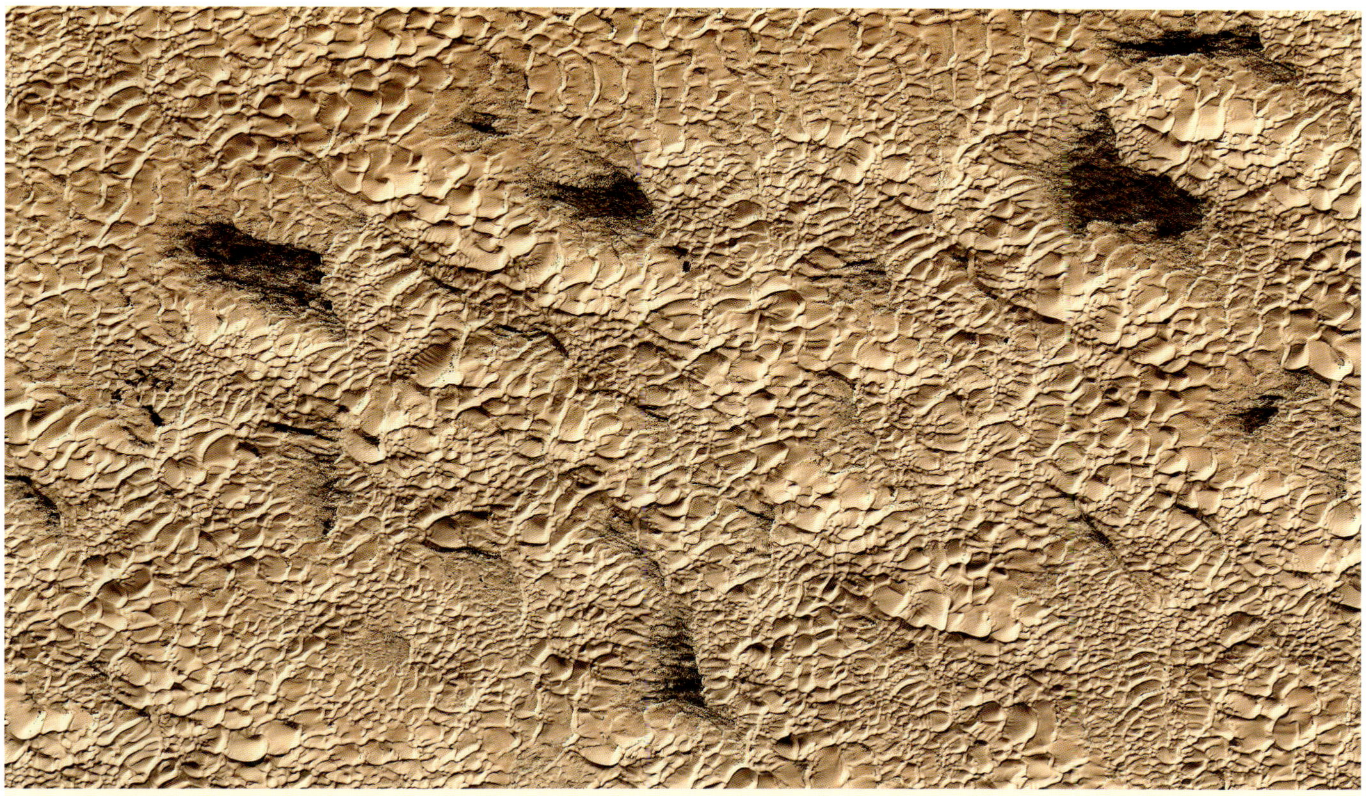

库布齐沙漠的流动沙丘占很大比例，但在中东部主沙带的垄间低地，有植被呈斑块状分布。

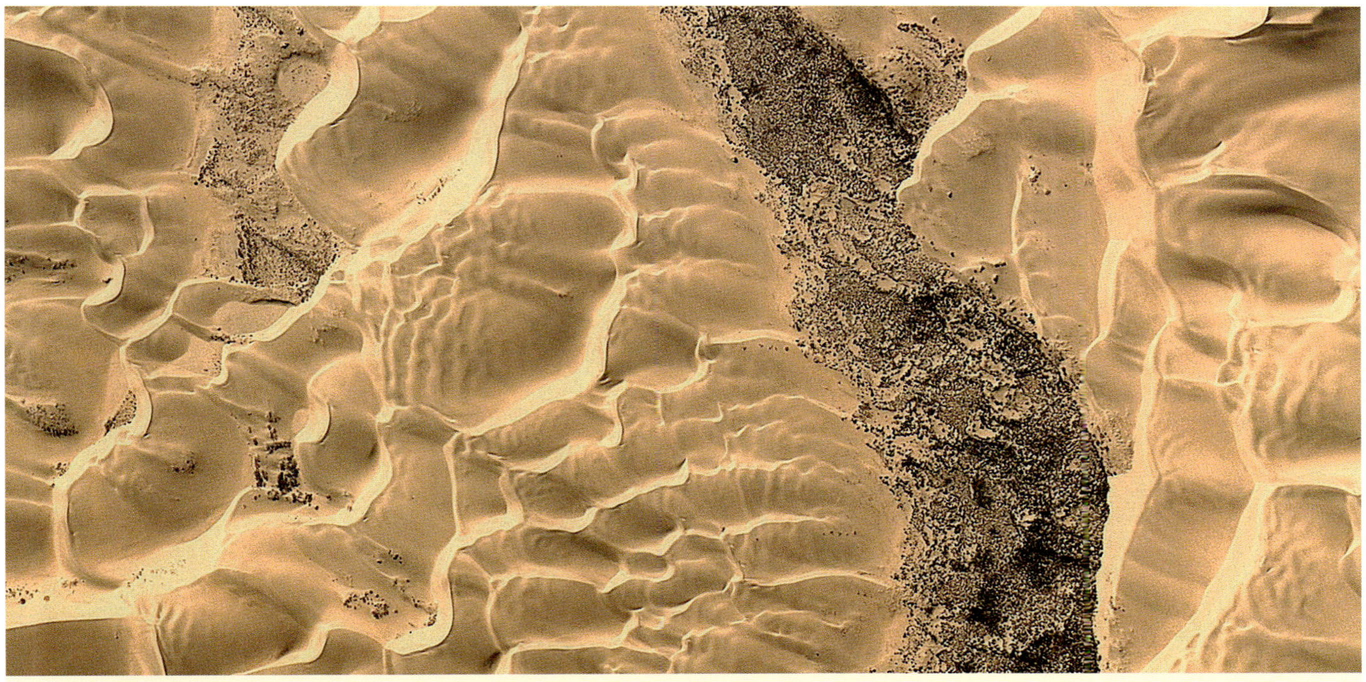

在狭长沙垄间分布的带状植被斑块（细部）

10.4 沙漠环境的演变

库布齐沙漠形成于第四纪中更新世。中更新世中期，气候干燥寒冷，高原西北部的河湖相沉积物经强劲冬季风的吹扬、风积，库布齐沙漠逐渐形成。其后，冰期–间冰期交替发展，气候波动频繁，沙漠经历了多次沙丘固定、生草成壤与沙丘活化流沙扩展的正逆发展过程。末次冰期，气候异常寒冷干旱，植被大幅退缩，流沙漫延。末次冰盛期是沙漠扩展最强烈的时期，沙漠环境呈现荒漠草原–荒漠景观。

全新世早期，气候转为冷湿，部分沙丘趋于固定。全新世大暖期，东南季风向西北大幅推进，气候温暖湿润，植被繁茂生长，流沙基本被固定，并有明显的成壤过程，沙漠环境呈现森林草原–干草原景观。全新世大暖期过后，气候复于干冷，特别是15～19世纪的小冰期，沙丘活化，流沙扩展，沙漠正过程显著增强。小冰期之后，气温和降水有所回升，沙漠环境亦有所好转，在干湿波动的气候变化中，逐渐演化为现今的景观格局。

11 狼山以西的沙漠

狼山以西的沙漠系指散布在阿拉善高原东北部–巴彦淖尔高原西部的亚玛雷克沙漠、博克台沙漠、海里沙漠及白音查干沙漠等4片沙漠（习惯上也将后3个小沙漠合称为巴音温都尔沙漠）的总称。沙漠分布范围大体于狼山–巴彦乌拉山以西的苏红图–乌力吉 –巴彦诺日公–和屯盐池一线以东、中蒙边界线以南的区域，地理坐标 39°41′22″ ~ 42°17′14″N，104°16′24″ ~ 106°59′14″E，沙漠总面积为 7 340.63 km^2，行政区划涉及内蒙古阿拉善及巴彦淖尔2个盟（市）的4个旗、11个乡镇（苏木）。

▼ 狼山以西的沙漠及其周边卫星影像

▼ 狼山以西的沙漠及其周边数字高程地貌图

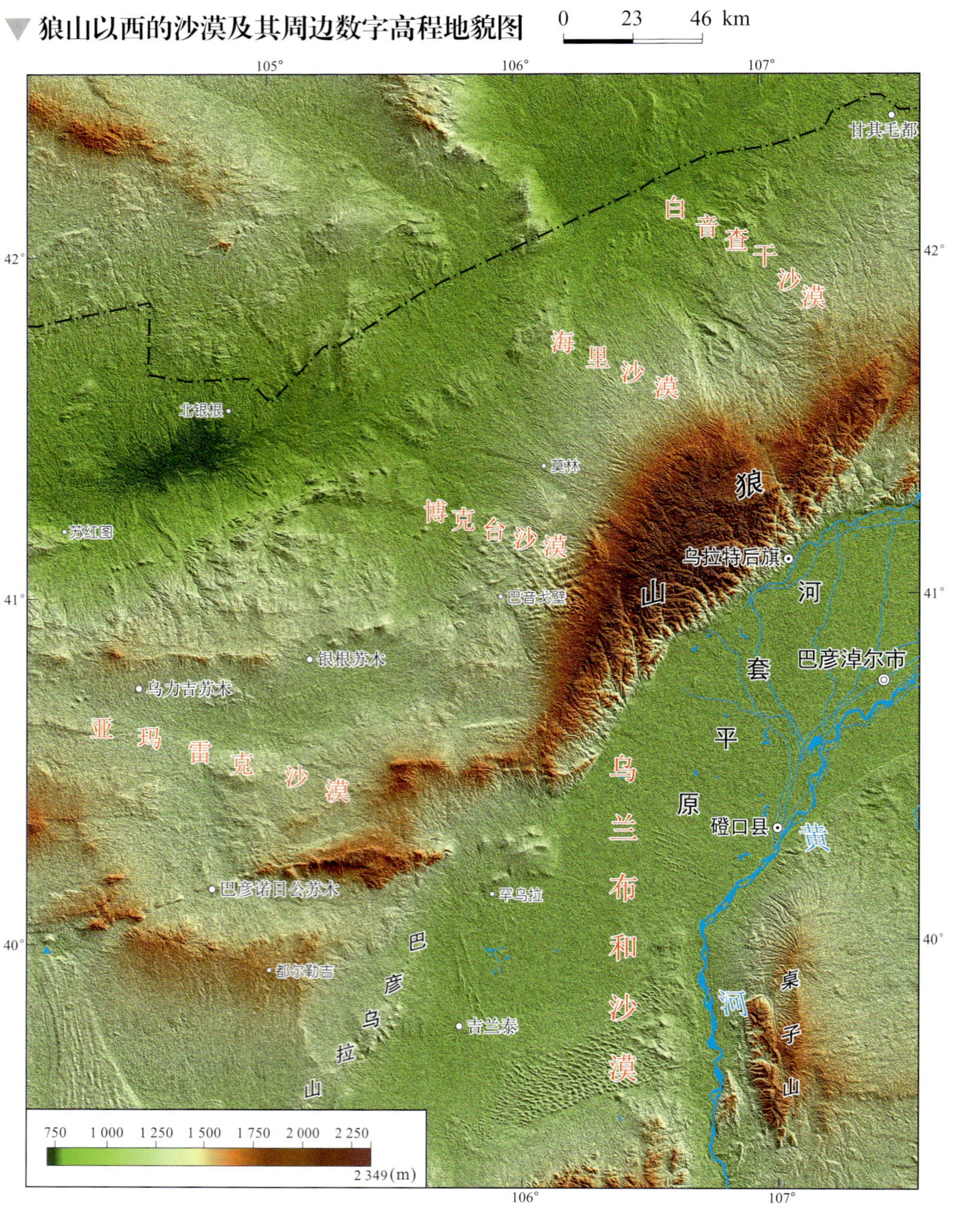

11.1 地质构造与地貌

狼山以西的沙漠散布的阿拉善高原东北部–巴彦淖尔高原西部一带，构造上属巴音戈壁盆地。巴音戈壁盆地是晚中生代形成的断陷盆地，早白垩世早期，在燕山运动影响下，盆地在快速下沉中伸展扩大，相连成片，广泛接受沉积，形成白垩系湖相沉积地层；后在以垂直升降为特征的构造运动中，宗乃山–沙拉扎山不断隆起，将盆地分割为南北两大坳陷盆地，坳陷盆地之内又分布着一系列走向大体相同、与隆起相间分布的次级坳陷，形成隆凹相间的地貌格局，致早白垩世地层遭受不同程度剥蚀。

古近纪，受喜马拉雅运动影响，区域强烈隆升，由于抬升速度由南向北递减，引发区域掀斜抬升，形成地势由南向北倾斜的总体趋势，坳陷盆地沉积了深厚的红色粘土及砂砾质堆积，其中狼山-巴彦乌拉山南部山前坳陷地带形成的河湖环境沉积了厚度超过百米的河湖相沉积物。新近纪末区域出现显著抬升，强烈的剥蚀作用致第三纪岩层普遍夷平；中更新世，气候转湿，流水作用增强，山间宽谷洼地中堆积了中更新统砂砾层。第四纪以来的新构造运动，总体呈现以上升为主的差异升降特征，经过长期的剥蚀与沉积，形成了现今地表开阔坦荡、起伏低缓、向西倾斜的波状高平原。宗乃山-沙拉扎山隆起与其东北方的巴格毛德隆起断续相连，呈近西南-东北向绵延于高平原中部。其东为狼山-巴彦乌拉山山麓向北或西北延展的低山丘陵、高台地或冲洪积倾斜平原，海拔约1 500 ~ 1 000 m；其西为海拔750 ~ 1 000 m、大体沿中蒙边界展布的带状凹地，地势向北或西北倾斜，中蒙边境一带有低缓丘陵分布。狼山以西的沙漠主体部分主要散布在狼山-巴彦乌拉山与宗乃山-沙拉扎山隆起之间的剥蚀残丘和干燥低洼盆地。

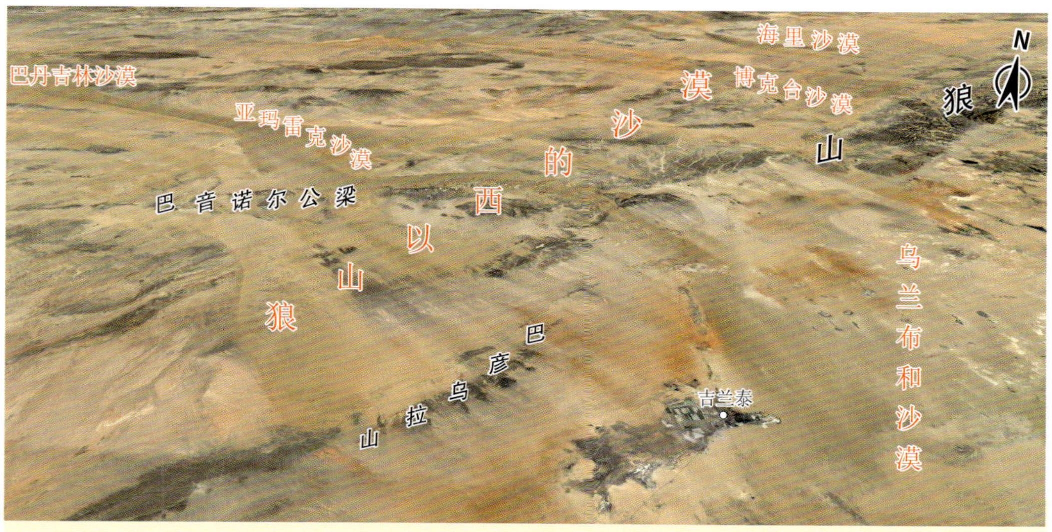

狼山以西的沙漠地处巴丹吉林沙漠的下风向，其间地形开阔平缓，强劲蒙古高压下形成的风沙流让它们之间形成了无法割舍的联系。

从东向西看，来自巴丹吉林沙漠的流沙向东南扩散，在越过巴彦诺尔公梁时先是沿着梁地北侧的凹槽东行，从垭口出山后再扩向偏南抛撒。

狼山西部的干燥剥蚀台地，在长期剥蚀中产生了大量的细碎岩屑。（昝国盛　摄）

11.2 沙物质来源及风沙地貌特征

狼山以西沙漠的物源主要来自河湖相沉积物、干燥剥蚀丘陵及高地、垄岗的风化剥蚀物。第三纪至第四纪初，山前凹陷地带集水形成河湖环境，并沉积了厚度超过百米的河、湖相沉积物，成为沙漠形成的主要物质来源；白垩纪的垂直升降及第三纪的掀斜抬升构造导致部分白垩纪和第三纪沉积地层隆起或出露，其红色沙质岩层风化剥蚀物亦为沙漠提供了重要物源；沙漠周边诸多山地的低山丘陵及山前冲洪积倾斜平原上发育有众多季节性河流，流水侵蚀冲刷物也成为沙漠的重要物质来源；位于沙漠上风向的巴丹吉林沙漠借助高原的开阔地形，特别是通过宗乃山和沙拉扎山的若干山口也向沙漠南部提供了一定的沙物质。

在四片独立、间断分布的小沙漠中，亚玛雷克沙漠面积最大，面积3 644.76km²；博克台沙漠居次，面积2 919.79km²；海里沙漠和白音查干沙漠较小，面积分别为639.34km²和136.74km²。

狼山以西的沙漠中，固定、半固定及流动沙丘分别占11.26%、33.33%和55.41%，其中亚玛雷克沙漠和博克台沙漠以流动沙丘为主（流动沙丘分别占57.99%、57.06%），海里沙漠和白音查干沙漠以半固定沙丘为主（半固定沙丘分别占46.42%、79.62%）。固定沙丘主要分布在博克台沙漠东南部的狼山山前冲洪积平原、海里沙漠西北部；流动和半固定沙丘广泛分布在沙漠各处。流动沙丘的形态主要为新月形沙丘及沙丘链、格状沙丘。新月形沙丘一般高5～10m，或10～30m，新月形沙丘链主

▼狼山以西的沙漠沙丘形态类型图

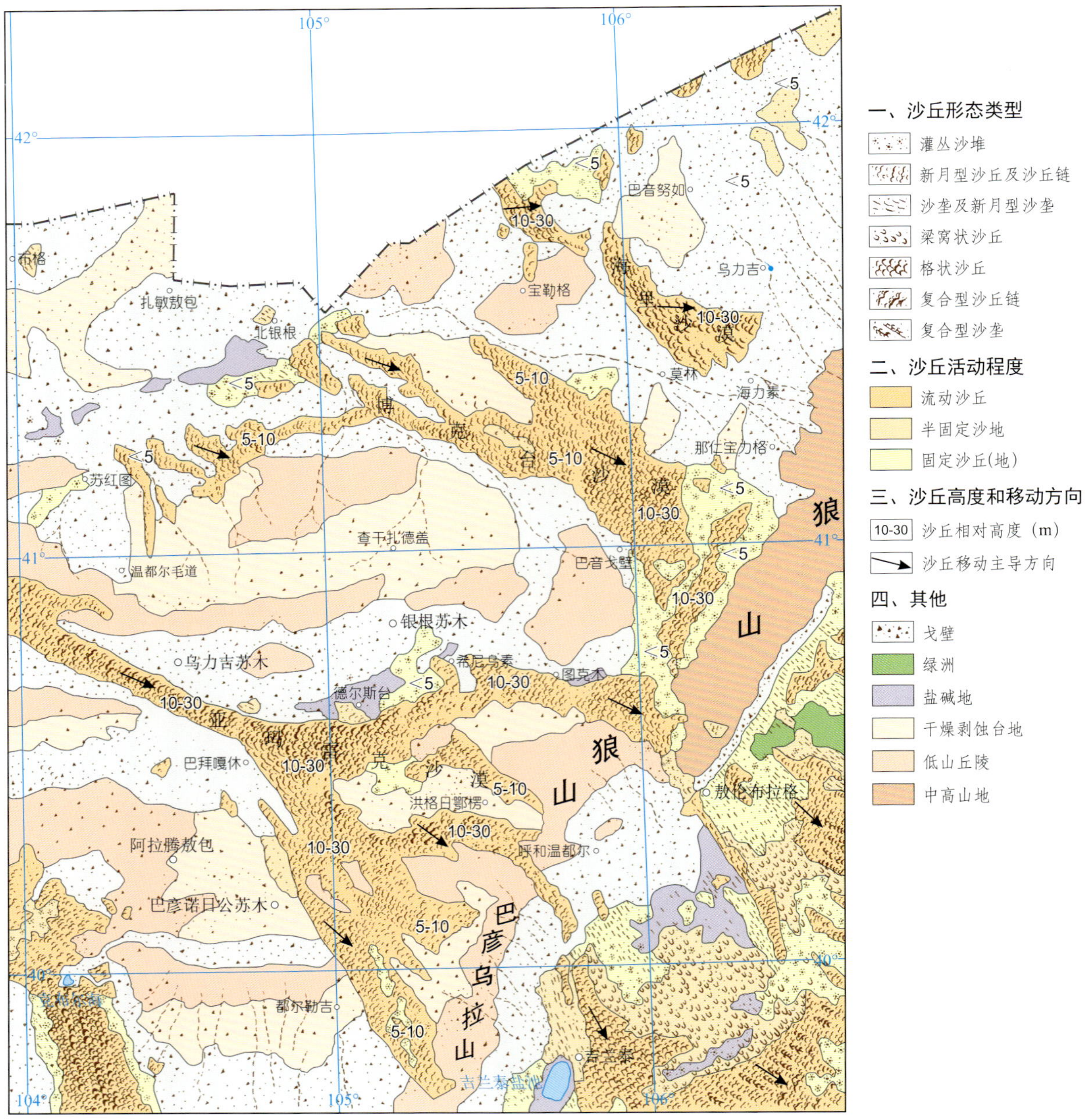

经持续侵蚀，干燥剥蚀台地就变成了孤立的柱状圆丘。（杨维西　摄）

狼山西坡发育了许多间歇性侵蚀河沟，山洪将大量剥蚀物搬运到下游冲积平原和湖盆洼地，成为沙漠的重要物源。

阿拉善高原东北部缓起伏剥蚀高地出露的紫色砂岩，在物理风化及流水和风力的共同作用下产生的大量细碎物质，成为沙漠的主要物源。（杨维西　摄）

冲积平原上的干燥剥蚀台地，在流水切割和风力吹扬下，为沙漠提供物源。

要分布在亚玛雷克沙漠及海里沙漠，高度10 ~ 30 m，最高可达50 m。格状沙丘主要分布在博克台沙漠中部，丘高10 ~ 30 m；固定沙丘主要以白刺沙丘为主，丘高大多小于5 m。沙丘排列大体与盛行西北风垂直，移动方向与西北风大体平行。

11.3 沙漠的自然条件

11.3.1 气候与水文

狼山以西的沙漠属温带大陆性季风气候，年均降水量70 ~ 150 mm，从东向西呈递减趋势，年均蒸发量2 800 ~ 3 600 mm，从东向西呈递增趋势；年均气温 4 ~ 7℃，年均日照时数3 000 ~ 3 400h，≥10℃积温3 200 ~ 3 400 ℃，无霜期140 ~ 150天。冬半年受蒙古高压控制，盛行西北风，受地形影响，东北部盛行风向转为西偏南风，年平均风速3.4 ~ 5.7m/s，年均大风日数40 ~ 70 天。

沙漠及其周边无常年地表径流，仅有季节性洪流。潜水主要呈带状分布在山前旱谷洼地中的冲洪积层内，含水层薄，水量小。

11.3.2 土壤与植被

本区为荒漠草原向荒漠的过渡地带，地带性土壤主要有棕钙土及灰漠土，非地带性土壤主要为风沙土。受降水分布影响，棕钙土分布在区域中东部，灰漠土分布在区域中西部。此外，区域东缘分布有栗钙土，西缘分布有灰棕漠土。

地带性植被东部为荒漠草原，西部为荒漠。东部主要植物种有油蒿、锦鸡儿及小针茅等，东南部主要有猪毛菜、籽蒿、白刺及小禾草等，中部以藏锦鸡儿、盐爪爪、绵刺等多见，沙丘或覆沙地有梭梭广泛分布，在接近中蒙边境的湖盆低地有稀疏的梭梭分布，其间伴有白刺，总盖度可达30%以上。

11.4 沙漠环境的演变

狼山以西的沙漠约形成于第四纪中更新世。中更新世中期，气候干旱，早更新世在山前坳陷发育的河流、湖泊逐渐萎缩、消失，大量河、湖相沉积物暴露地表，在强劲的冬季风作用下，沙漠的雏形基本形成。晚更新世沙漠经历了多次流沙扩大和固定缩小、古湖泊水位上升和下降的变化过程。末次冰期，气候空前干旱寒冷，沙漠完全被流沙覆盖，呈现干旱荒漠景观。全新世大暖期，气候温暖湿润，部分区域流沙固定，植被有所恢复，呈现干草原-荒漠草原景观。大暖期之后，气候趋于干旱寒冷，风沙活动加剧，沙丘活化、流沙有所扩展，沙漠最终形成当今的荒漠草原-荒漠景观。

沙丘上的梭梭（杨维西　摄）

受西北向蒙古高压及地形综合影响，狼山以西的沙漠多以西北－东南向的沙带平行展布在波状高原上，沙带间分布着白刺、梭梭灌丛等荒漠植被。照片为博克台沙漠的沙带。（杨维西　摄）

博克台沙漠中的一条沙带（孙　涛　摄）

白音查干沙漠的风沙地貌与沙丘间的梭梭遥感影像

亚玛雷克沙漠东北缘的新月形沙丘链遥感影像

梭梭、白刺灌丛及先锋植物——沙米是狼山以西沙漠半固定沙丘的主要沙地植被。（丁　荣　摄）

第三部分

主要沙地

1 共和盆地沙地

共和盆地位于青藏高原的东北部，共和盆地的沙地主要分布在盆地的中部及东南部，其中以沙珠玉河下游、黄河北岸阶地及黄河以南的木格滩等三大片分布较为集中，沙地面积2 214.81 km²，分布区地理坐标为35° 30′ 25″ ~ 36° 26′ 26″ N，99° 36′ 12″ ~ 101° 06′ 07″ E。共和盆地沙地全域均在青海省域内，行政区划涉及2个州的2县13个乡镇。

▼ 共和盆地沙地及其周边卫星影像

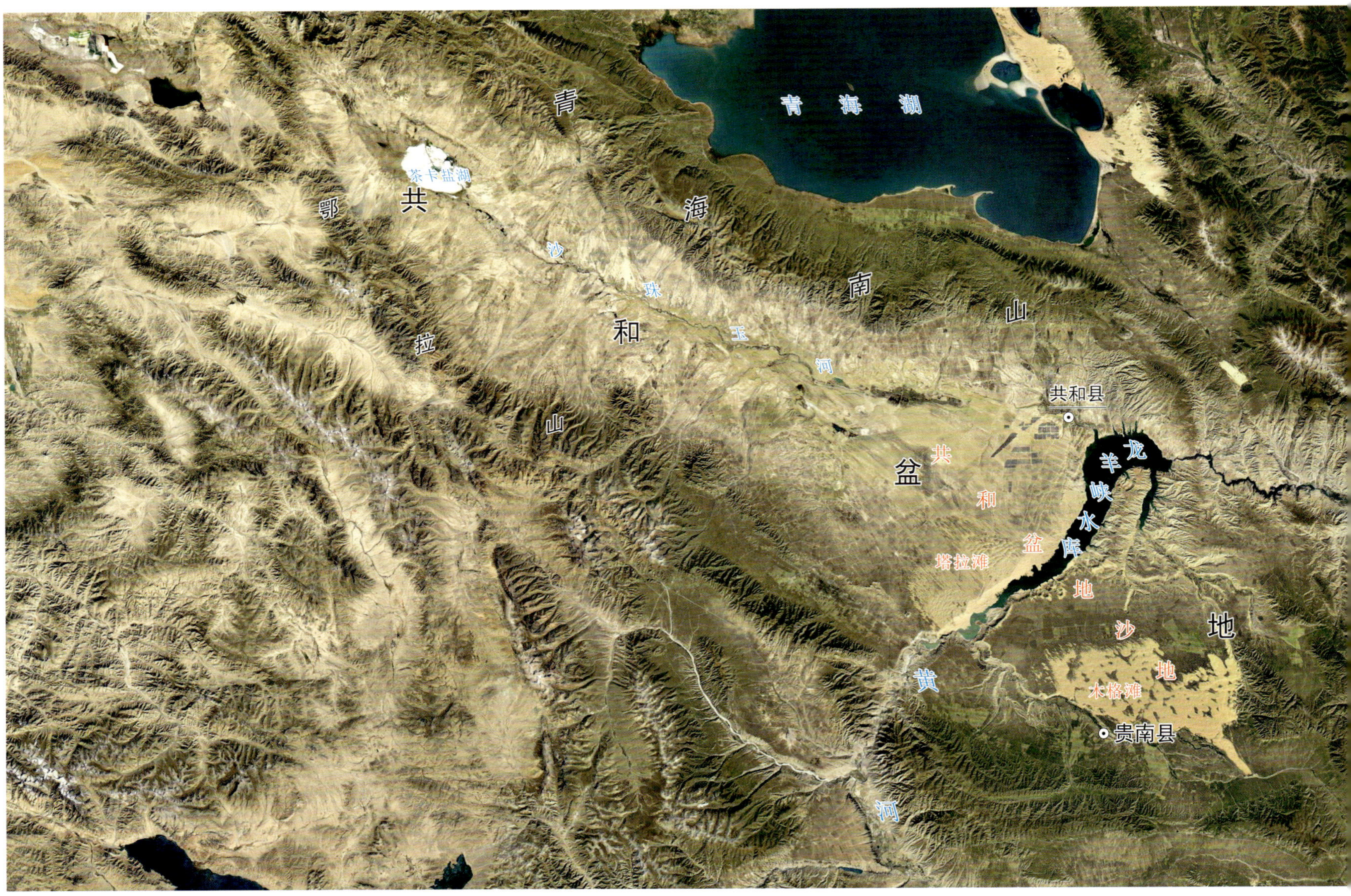

1.1 地质构造与地貌

共和盆地是青藏高原东北缘的一个新生代大型山间断陷盆地。盆地形成后，在构造运动中，经历了多次沉降与抬升、沉积与侵蚀的发展过程。第三纪期间盆地抬升，遭受强烈侵蚀，第三纪末盆地断陷下沉，形成以湖相细屑岩为主的晚第三系，中新世末至中更新世早期，在以沉降为主的构造运动中，盆地又接受来自周边山地的巨厚风化岩屑，而中更新世晚期的构造运动又使盆地与周边山地强烈上升，受到强烈侵蚀，形成海拔3 000 ~ 3 200 m、以木格滩及黄河北岸最高一级阶地（三塔拉）为代表的共和高原面。中更新世末发生的共和运动，使盆地大幅抬升，导致共和古湖解体，黄河干流在10多万年间下切共和高原面800余米，形成横穿盆地的深邃峡谷，下切中不断南移又使其北岸先后形成平坦的两级阶地（二塔拉、一塔拉）。同时，在黄河北岸形成达连海等新生内流湖泊。晚更新世，沙珠玉河上游南北两侧瓦洪河及乌水河的冲积扇相对推进，最终相接阻断沙珠玉河道，在盆地西端形成了完全封闭的内陆湖泊–茶卡盐湖，使盆地由西向东依次形成茶卡盐湖、沙珠玉河两个内流水系及黄河为主的外流水系。

共和盆地呈西北–东南向展布于海拔4 000 ~ 5 000 m的青海南山与鄂拉山之间，西北端以低矮干燥剥蚀山地与柴达木盆地相隔，东南为西倾山。沙珠玉河及其狭长的河湖相平原纵贯盆地，湖相平原南北两侧是海拔3 200 ~ 3 550 m的山前冲、洪积倾斜平原；地势从西北向东南倾斜，并逐渐变宽，盆地海拔从上游茶卡盐湖湖盆西侧的3 200m左右逐渐下降到黄河北岸三级阶地的2 600 m左右。盆地长约280 km，宽约30 ~ 80 km，总面积约1.57万km²。黄河从盆地中东部横穿而过，将原本完整相连的盆地一分为二，以北为沙珠玉河冲积平原，以南为木格滩河湖相积平原，盆地内广布风积地貌和风蚀地貌。

▼ 共和盆地及其周边数字高程地貌图

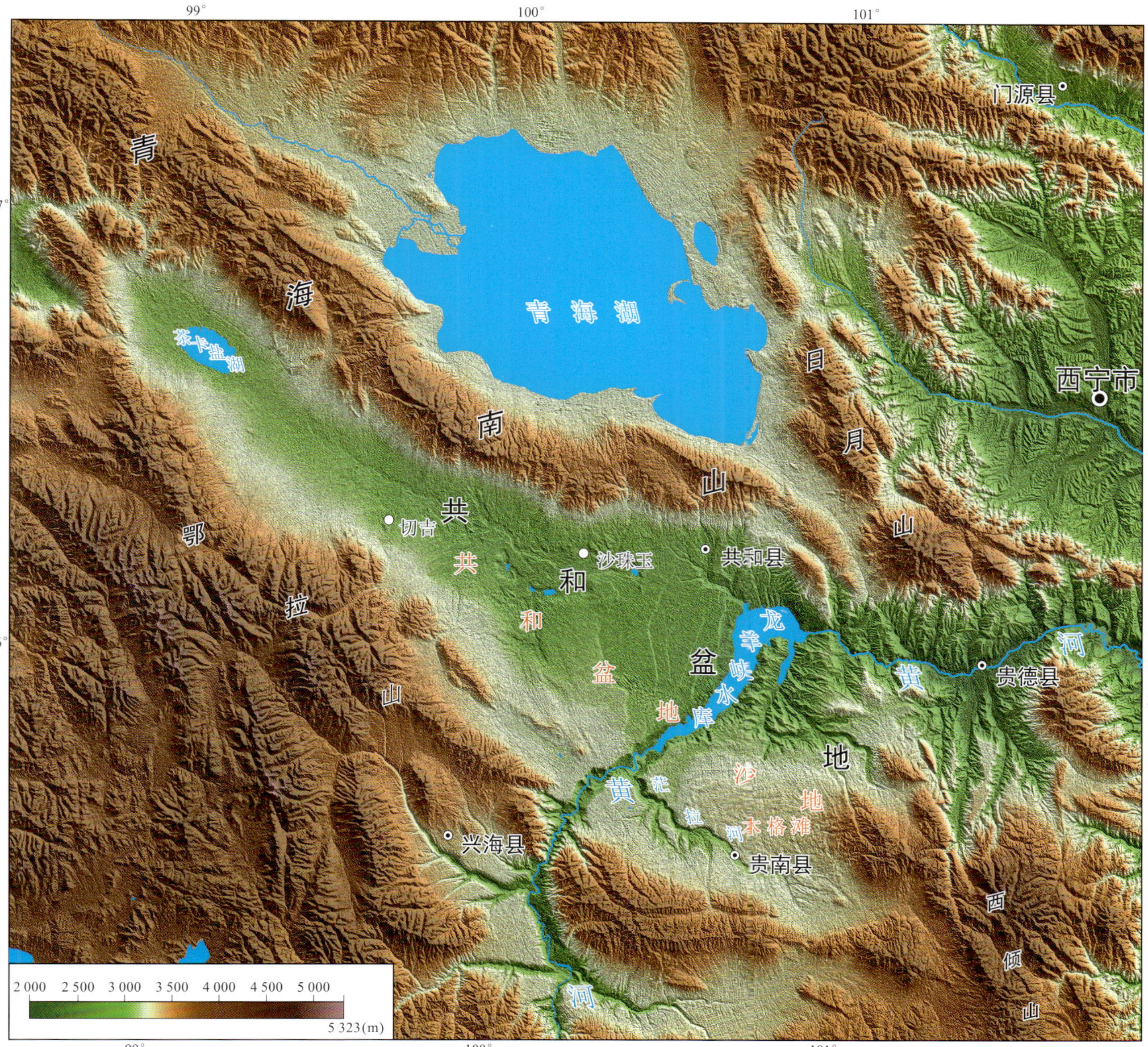

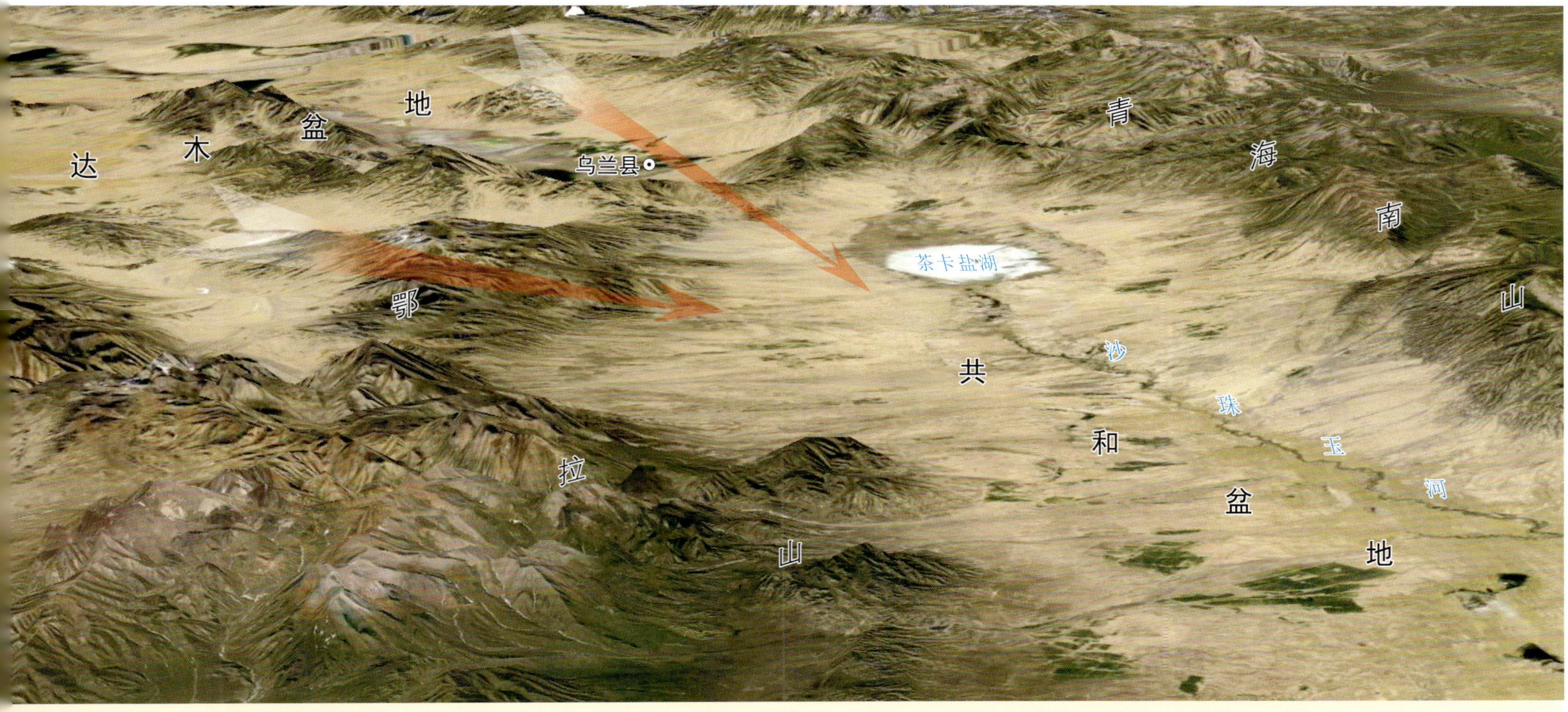

共和盆地与柴达木盆地的分水岭低矮且有多个宽敞的垭口，使得冬半年掠过柴达木盆地的蒙古高压得以直达共和盆地，成为主导盆地的盛行风向。

1.2 沙物质来源及风沙地貌特征

共和盆地自形成以来在一系列继承性缓慢的沉降过程中，堆积了厚达三四千米的湖相沉积物，其中第四纪更新系的厚度就达500～600 m，这些以细砂、粉砂为主的深厚湖相沉积物成为共和盆地沙地的主要物源；此外，南北两侧山地山前倾斜平原堆积的丰富冲洪积物，也为沙地提供了重要物质来源。

共和盆地沙地是一个以流动沙丘为主的高原沙地，其中流动沙丘1 036.3 km^2，占沙丘总面积的46.79%，半固定沙丘375.97 km^2，占16.98%，固定沙丘802.54 km^2，占36.24%。流动沙丘广泛分布于盆地各处，其中以黄河以南的木格滩、沙珠玉河尾闾地带及黄河北岸阶地较为集中；固定、半固定沙丘主要分布在沙珠玉河中游两岸平原、下游湖滨地带、黄河阶地及木格滩北部等水分条件较好的地段及部分流动沙地的边缘。

共和盆地沙地的沙丘形态以新月形沙丘及沙丘链、沙垄为主，梁窝状沙丘、抛物线状沙丘、复合型链状沙丘等亦有分布。以流动为主的新月形沙丘及沙丘链主要分布在沙珠玉河尾闾湖滨地带、黄河北岸阶地及木格滩一带，沙丘高度一般10～30 m，其中集中分布在二塔拉的复合型链状沙丘及沙山高度可达50～100 m；半固定沙丘主要以沙垄及新月型沙垄、灌丛

从西南侧的茫拉河冲积平原看木格滩沙地，边缘下切面已不那么陡峻，在盛行西北风吹扬下流沙从高约250m的岸坡流下，沙地中的阴影是植被斑块。

▼ 共和盆地沙漠沙丘形态类型图　0　5　10　15　20 km

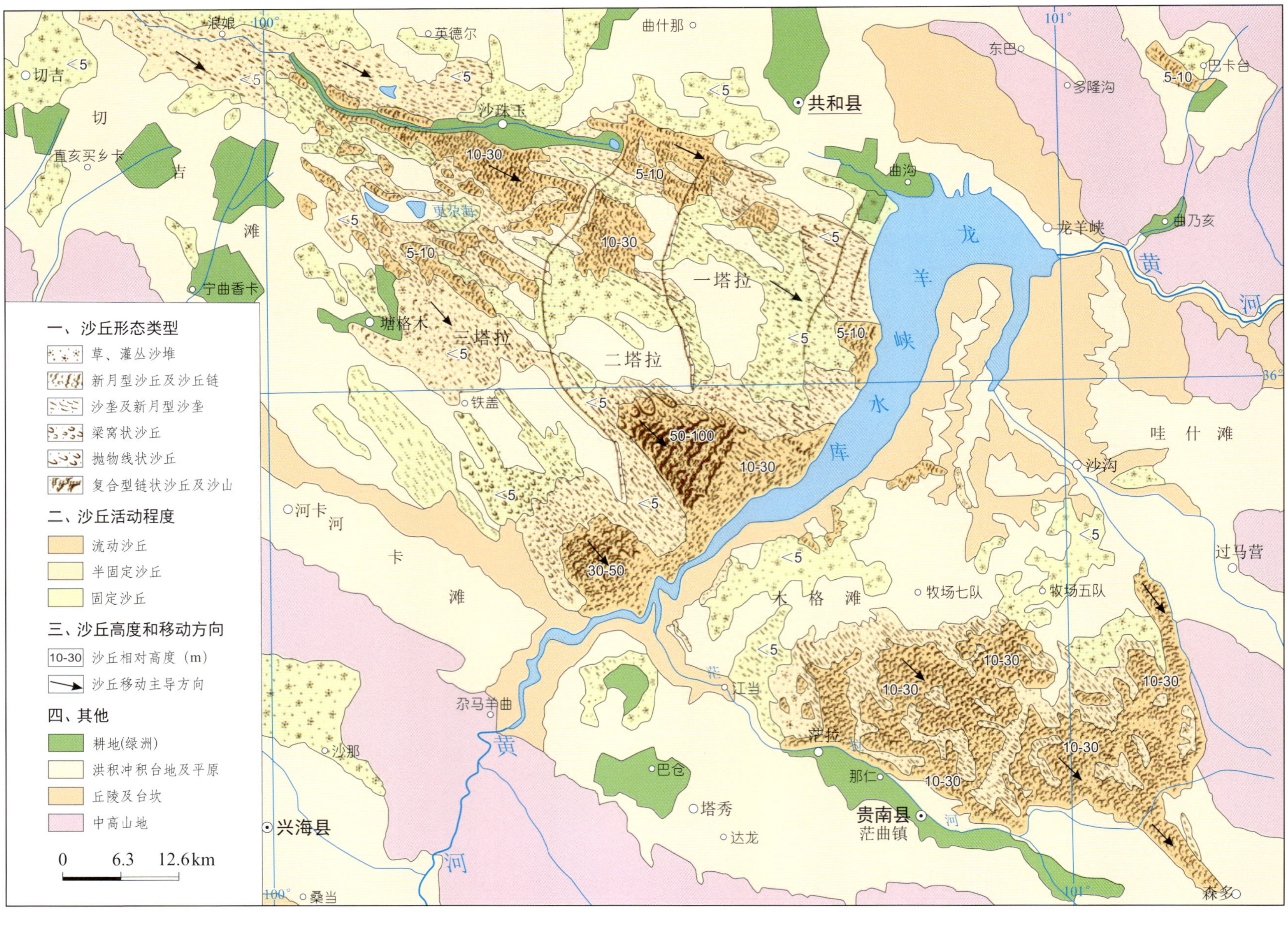

沙丘为主，广泛分布在盆地各处，沙丘高度多小于5 m；以灌丛沙堆为主的固定沙丘主要分布在流动沙丘外围等水分条件较好的地段，高度一般小于5 m。抛物线状沙丘主要分布在黄河北岸西侧，沙丘高度多小于5m。在沙珠玉河中游河流两岸及黄河北岸西部风蚀地貌广泛发育。受盆地控制风向的作用，沙丘总体上从西北向东南移动。

共和盆地的沙地处于草原游牧与农耕的交错地带，沙地土地利用类型主要包括未利用土地、草地及灌丛林地等。其中未利用土地主要以流动沙丘为主，面积1 036.30 km^2，占沙地面积的46.79%；草地主要分布在丘间地及部分固定、半固定沙丘，面积 787.02 km^2，占35.53%；灌丛主要分布在木格滩及黄河以北的低湿地和河岸阶地，面积 148.75 km^2，占6.72%。

木格滩是在中更新世晚期构造运动中形成的共和高原面的一部分。中更新世末发生的共和运动，使盆地大幅抬升，此后10多万年间黄河溯源侵蚀下切800余米，将完整统一的共和高原面一分为二，把木格滩留在了黄河南面，木格滩西侧也因河流侵蚀形成新的冲积平原（阶地）。影像为木格滩上的沙地景观——流动沙丘与大片的植被斑块相间分布。

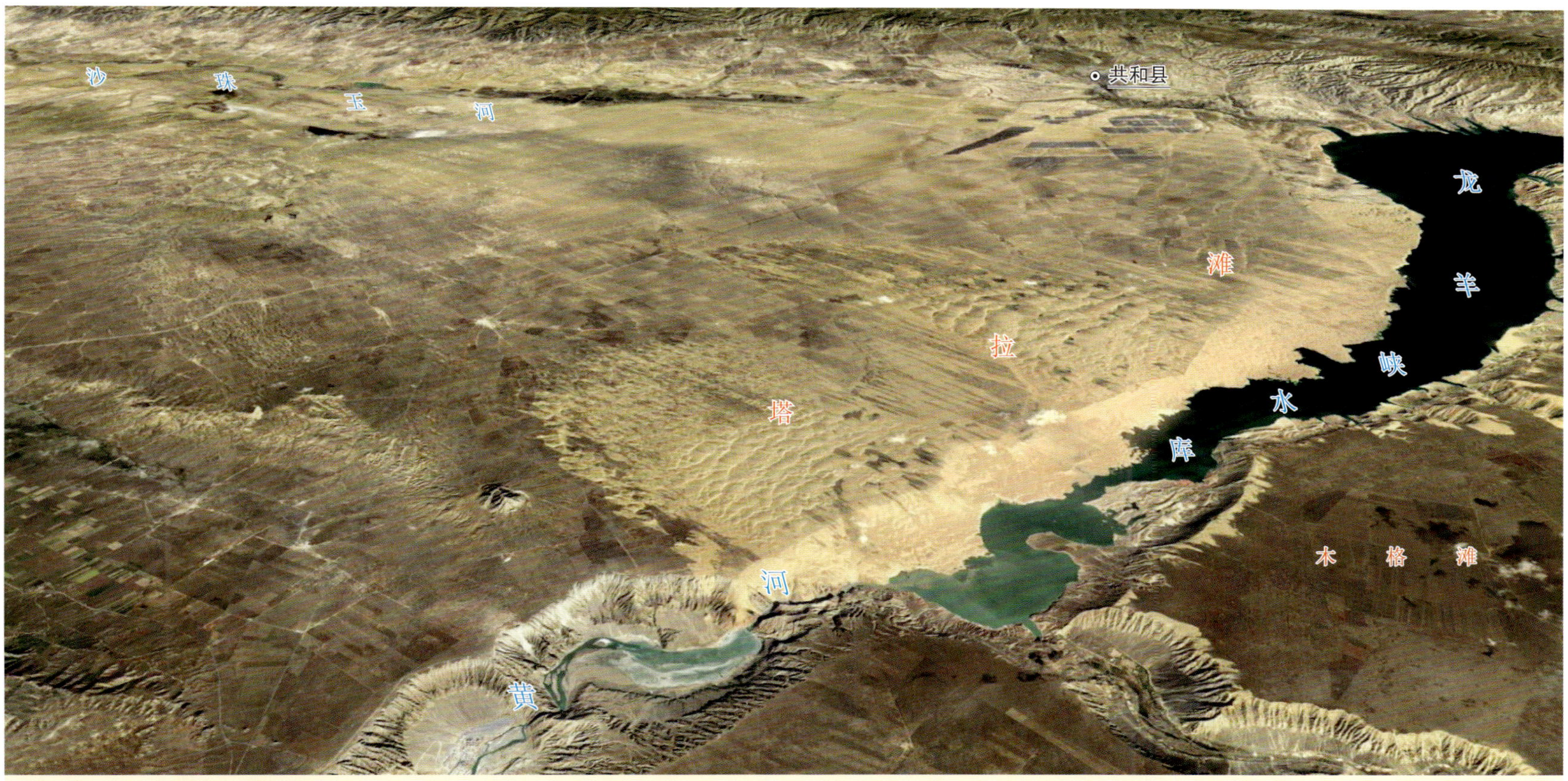

黄河北岸河流阶地（塔拉）及沙珠玉河尾间的湖滨地带是黄河以北沙丘集中分布的地段

在黄河北岸的西部，覆盖在河流阶地上的沙丘一直漫延到龙羊峡水库的水面。

受到盆地南端山地的阻挡，木格滩的流沙在黄沙头停下了南移的脚步。照片为木格滩沙地东南端的景观。
（张胜邦　摄）

1.3 沙地的自然条件

1.3.1 气候与水文

共和盆地沙地地处东亚季风边缘地带，属高寒干旱–半干旱大陆性季风气候。沙地年均降水量200 ~ 400 mm，自东南向西北呈递减趋势，年均蒸发量1 500 ~ 1 900 mm，自东南向西北递增；年均气温1.0 ~ 5.2 ℃。冬半年盆地受来自柴达木盆地的蒙古高压控制，盛行西北风，年均风速3.4m/s，春季平均风速4.0m/s，与盛行方向一致的狭长地形对风力起到增强效应，年均大于等于8级的大风日数为30 ~ 50天，局部区域春季最大风速可达20m/s以上。

盆地内水资源总体缺乏。因沙珠玉河上游河段阻塞隔断而形成的茶卡盐湖，面积104 km^2，为我国重要盐湖之一，沙珠玉河为盆地内最大内流水系。共和古湖消亡后，沙珠玉河尾闾残留的达连海、英德尔海及更尕海等多个彼此分割的小湖泊，现多已干涸。盆地内现有的几条小河，流量均不大；黄河虽横穿盆地，流量丰沛，但因河床深深下切，难以惠及沙地。黄河以南的木格滩年均降水量达400 mm左右，沙地环境较为湿润，沙丘间多有散状或斑块状植被分布。

1.3.2 土壤与植被

共和盆地沙地的地带性土壤为栗钙土和棕钙土。栗钙土主要分布在沙地东南部，棕钙土主要分布在沙地西北部。非地带性土壤主要有风沙土、草甸土、沼泽土、盐土。其中风沙土广泛分布在沙地腹地和部分边缘地带，是沙地的主体土壤。湖盆、洼地分布有发育程度不同的草甸土、沼泽土和盐土。

共和盆沙地生物气候环境总体呈现荒漠草原–干草原景观。其中盆地中西部的地带性植被为川青锦鸡儿为主，伴有冰草、芨芨草、狼毒等植物组成的荒漠草原，东南部为以克氏针茅等耐旱禾草为主，伴有冷蒿、短花针茅等植物组成的干草原。非地带性沙生植物广泛分布在丘间地及固定、半固定沙丘及流动沙丘分布区的边缘；在地势低洼的低湿地分布有草甸植被，在湖泊边缘、河滩地、丘间积水滩地及黄河沿岸低地分布着沼泽植被。

位于盆地南部的木格滩降水量较大，在流动沙地地势较低处大片的灌丛植被（遥感影像中的阴影）呈斑块状分布。

散布在流动沙丘中的植被斑块（近景）

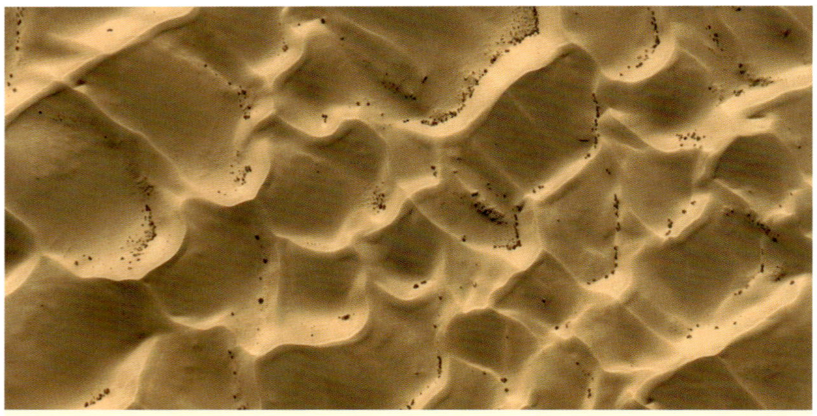

在植被斑块之间的流动沙丘中，也有散生的灌丛生长。

1.4 沙地环境的演变

古风成沙揭示，共和盆地沙地可能形成于晚更新世。在中更新世末的共和运动中，盆地发生强烈抬升，黄河拦腰下切盆地，共和古湖消亡，深厚的河湖相疏松沉积层出露地表，在来自柴达木盆地的强劲蒙古高压作用下，共和盆地沙地逐渐形成。自形成以来，沙地经历了多次流沙扩展与固定缩小的旋回。末次冰期，蒙古高压极其强盛，气候寒冷干旱，植被退缩、风沙沉积加剧，流沙扩展，沙地全部变为流动状态，其间虽然也曾出现短暂沙丘固定、生草成壤过程，但流动沙丘规模和范围远大于现代，沙地呈现干旱荒漠景观。全新世，气温回暖，降水增加，植被繁茂生长，除去历时较短、强度较弱的风沙活动，沙地总体上以生草成壤过程占优势。特别是全新世中期，流动沙丘全被固定，沙地发育了较厚的黑色砂质古土壤，其粘粒和有机质含量均较高，土壤化程度较高，且分布广泛。全新世中期是共和盆地沙地生草成壤最强盛的时期，沙地环境呈现疏林草原—草原景观。新冰期时在古沙丘上形成的新沙丘表明，在全新世中、晚期之交的千年间，共和盆地曾为风沙活动所主导。沙地环境随气候频繁波动变化的情景充分表明，地处东亚季风边缘的共和盆地沙地环境对气候波动变化具有十分敏感的响应。

2 毛乌素沙地

毛乌素沙地位于鄂尔多斯高原西南部，沙地北起高原中部的石质梁状剥蚀高地，南至黄土高原丘陵沟壑区北缘，西至高原西南洼地西缘，东与黄河晋陕峡谷以西的黄土状丘陵相接。地理位置介于37° 25′ 14″ ~ 39° 43′ 11″ N，107° 07′ 11″ ~ 110° 35′ 13″ E之间，沙地面积38 022.5 km^2，为我国面积最大的沙地。沙地行政区划涉及内蒙古、陕西、宁夏3省（区）10市、15个县（旗）的101个乡（镇、苏木），其中以内蒙古境内分布面积最大，占沙地面积的68.91%，陕西占28.44%，宁夏仅占2.65%。

▼ 毛乌素沙地及其周边卫星影像

2.1 地质构造与地貌

鄂尔多斯高原构造上属新华夏系第三沉降带，在多次构造运动中历经抬升与沉降，接受了大量的风化疏松沉积物，第四纪初期高原西南部的洼地持续抬升，但因构造抬升的不均衡，形成西北高东南低的倾斜地势。毛乌素沙地主要展布在高原西南部的湖盆洼地，海拔1 200 ~ 1 600 m。湖相冲积平原广泛分布于整个沙地，其主要物质为细沙、粉沙。沙地西北部为白垩纪红色砂岩和侏罗纪灰绿色砂岩构成的梁状高地，南部和东部为黄土高原的丘陵沟壑区，发源于沙地东部的窟野河、秃尾河、无定河深切高原后依次注入黄河，其间侵（风）蚀平原与沙地交错分布；沙地中西部侵蚀平原与条带状剥蚀高地呈西北-东南走向相间分布，沙地北部分布着众多大小不一的湖盆。沙地南部外缘，剥蚀及洪积平原呈带状分布在沙地与黄土丘陵之间。

2.2 沙物质来源与风沙地貌特征

毛乌素沙地所处的鄂尔多斯盆地自形成以来经历了多次以沉降与抬升为特征的构造运动，接受了大量的疏松沉积物，其中深厚的第四纪湖相沉积物在湖盆抬升、湖泊退缩后出露地表，成为沙地形成的主要物质来源；分布在沙地北、西北及西面的干燥剥蚀高地，其构成物质主要为白垩纪、侏罗纪砂岩，岩性松软，极易风化，其居高临下的倾斜地势以及处于沙地上风向的地理位置，为流水及冬季风将高地的侵蚀、风化剥蚀物的搬运提供了有利条件，这些风化剥蚀物既是最早湖盆沉积物的主要物源，也是沙地发展中沙物质的

▼毛乌素沙地及其周边数字高程地貌图

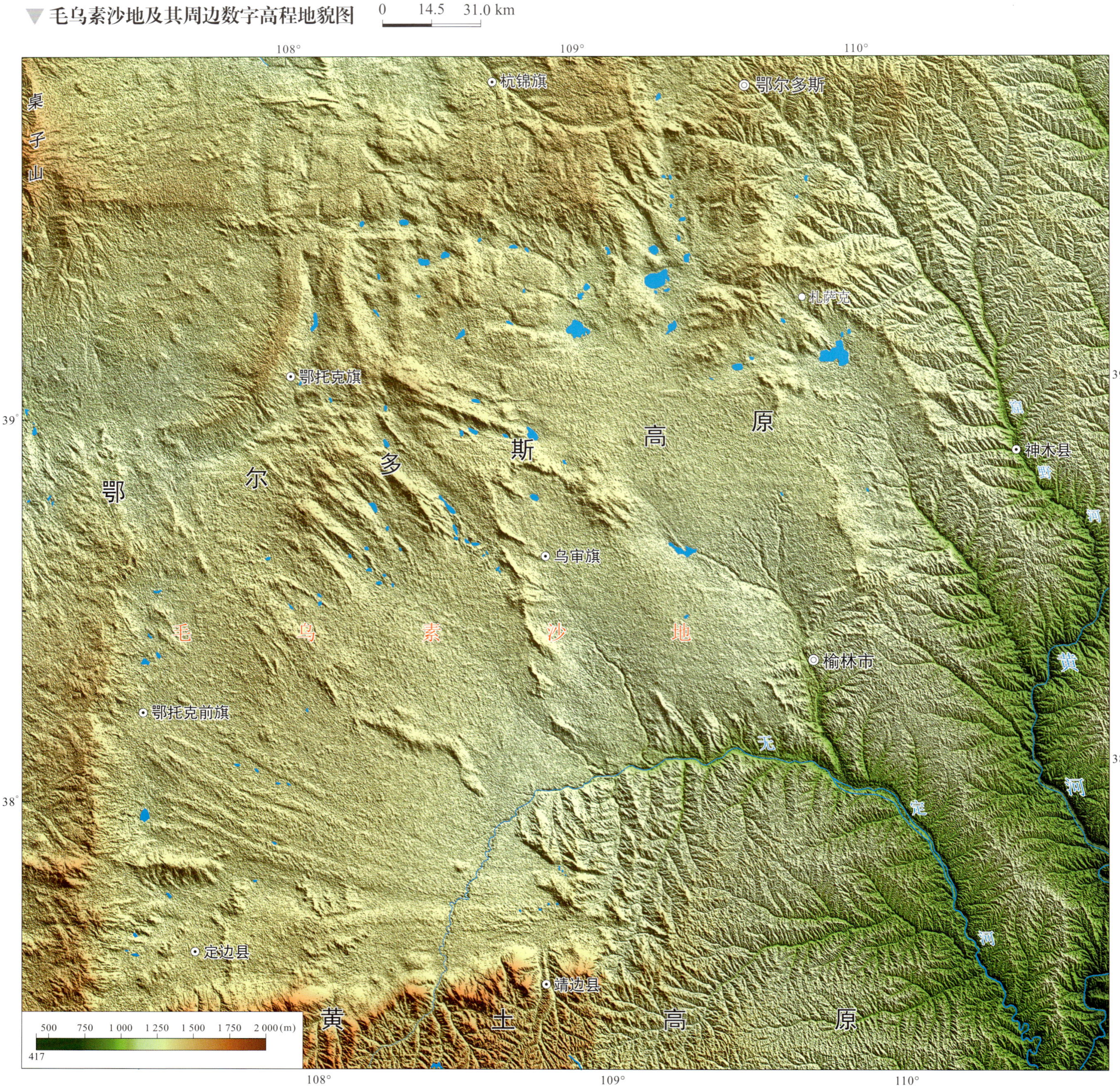

补充来源；此外，沙地中部部分干燥剥蚀高地的侵蚀、风化物，对其周围沙丘的形成与发展也有一定的物质贡献。

毛乌素沙地以固定、半固定沙丘占绝对优势，其中固定沙丘占沙地面积的86.73%，半固定沙丘占10.34%，流动沙丘占2.93%。

固定沙丘广泛分布在沙地各处，尤以沙地北部、西部外缘及沙地中南部分布最为集中、广泛；半固定沙丘主要分布在沙地中部及其以北的沙地腹地，且多与流动沙丘相间分布；流动沙丘主要分布于沙地中、北部和南部。在中、北部，流动沙丘多与半固定沙丘以西北-东南走向呈带状相间分布，在沙地南部，流动沙丘则与固定沙丘呈条带状相间分布，沙带走向与盛行西北风大体平行。固定、半固定沙丘的沙丘形态多以梁窝状沙丘、灌丛沙堆及抛物线沙丘为主，丘高一般3～5 m，部分可达5～15 m，丘间地水分条件较好、植被覆盖较高；流动沙丘的形态主要为新月型沙丘及沙丘链，格状沙丘较少，沙丘高度多在5～10 m，部分可达10～20 m，最高可达30 m，沙丘链与冬季风向大体垂直。

毛乌素沙地的土地利用类型包括以固定、半固定沙丘为主的草地和灌丛林地，其中草地面积24 377.43 km^2，占沙地分布范围面积47 233.93 km^2的51.61%，灌丛林地面积16 205.75 km^2，占34.31%；此外，还有耕地4 015.27 km^2，占8.50%，未利用地1 163.70 km^2，占2.46%，水域533.42 km^2，占1.13%，居民及工矿交通用地935.54 km^2，占1.98%。

毛乌素沙地沙丘形态类型图 0 19 38 km

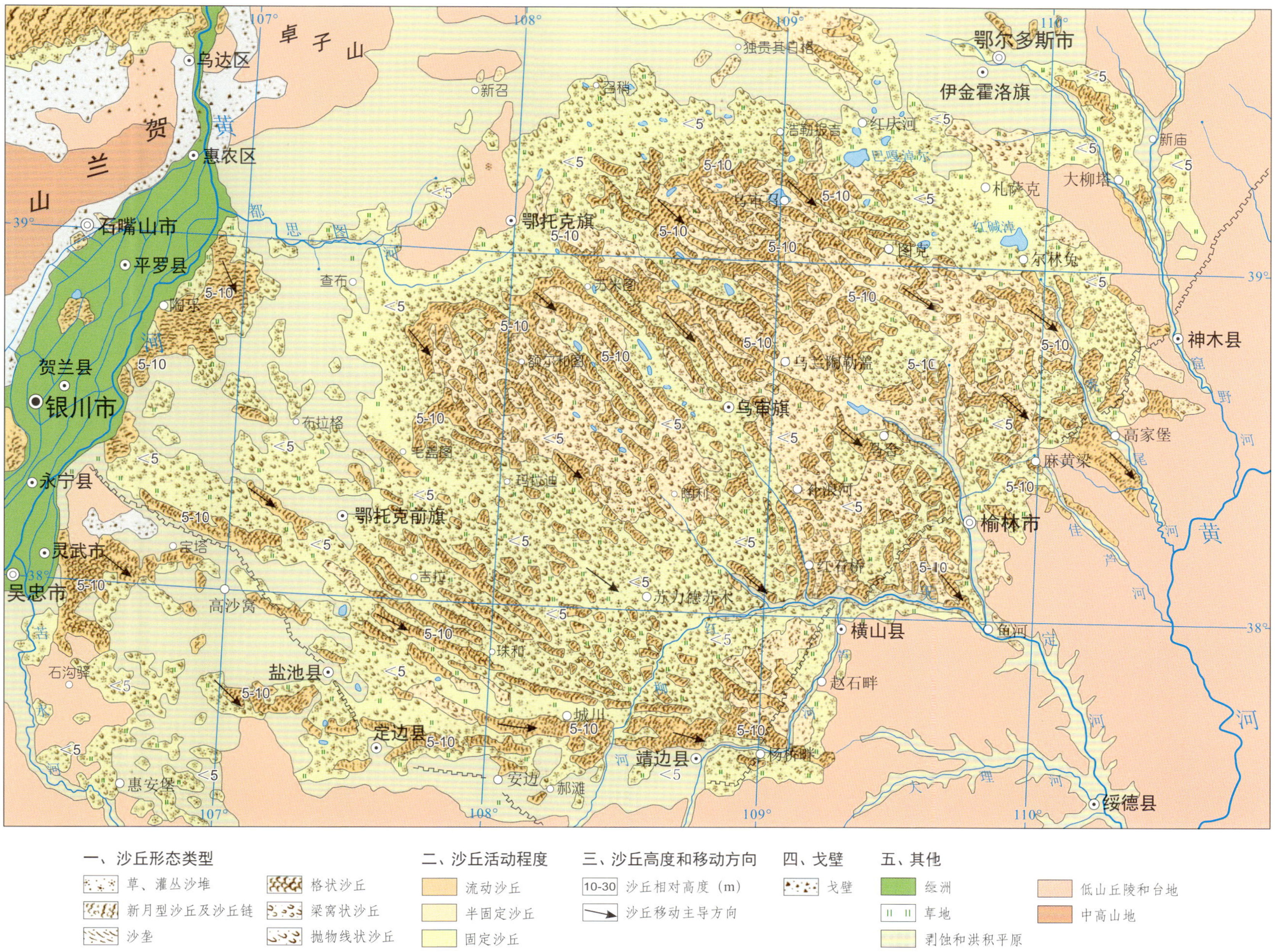

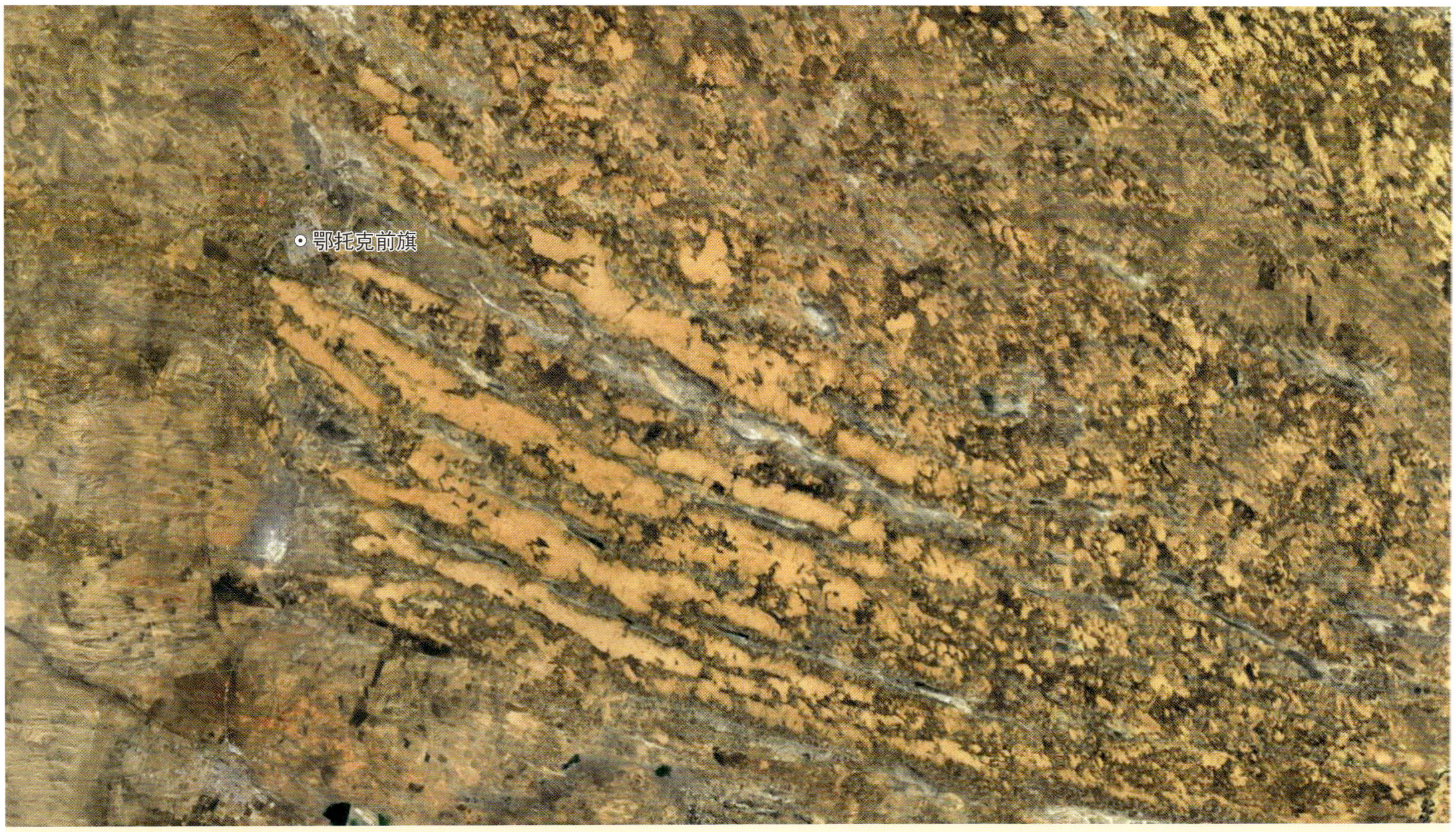

沙地西南部湖盆底部沙带呈西北-东南向分布

沙地东北部的河流谷地一般比较平缓，经泥沙淤积后成为肥沃的耕地，影像为一条沟谷（采兔沟）及沟谷中的村庄、耕地和两岸的沙丘。

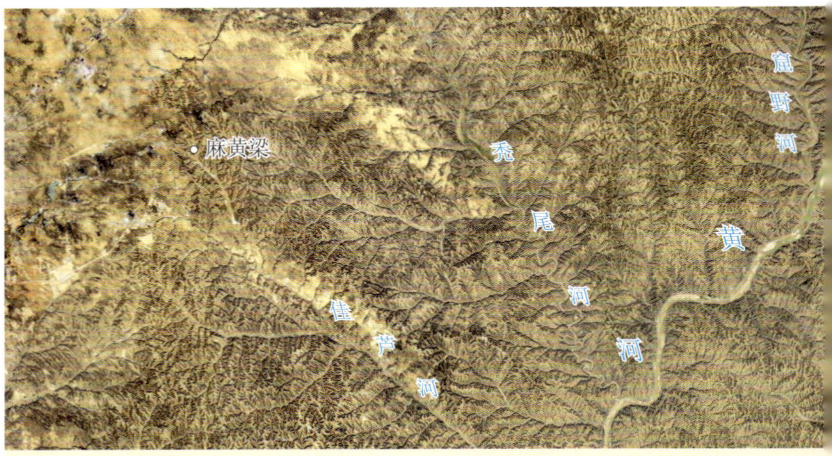

在盛行西北风作用下，沙带沿着河谷向南侧的黄土高原扩散。

横亘在沙地南缘的无定河犹如一道鸿沟，成为沙地与黄土的分界线，也是游牧与农耕的分界线，在遥感影像中表现得十分清楚。

沙地北部分布着大面积的紫色砂岩高地，岩性松软抗侵蚀强度极弱，在流水和风力作用下，为毛乌素沙地提供了大量的沙物质。（昝国盛 摄）

盆地西北部的紫色砂岩被流水切割得支离破碎，裸露的地表更促进了岩层的物理风化。

沙地西南部的格状沙丘及丘间低地的植被

毛乌素沙地的半固定沙丘景观（杨维西 摄）

2.3 沙地的自然条件

2.3.1 气候与水文

毛乌素沙地所处区域接近东南季风影响范围的西北边缘，年均降水量250 ~ 450 mm，由东南向西北呈递减趋势，年均蒸发量2 100 ~ 2 600 mm，与降水的分布趋势相反，蒸发量由东南向西北呈递增趋势。年均温度6 ~ 8℃，≥10℃积温2 500 ~ 3 600℃。沙地处于蒙古高压东进的中部通道，冬半年盛行西北风，年均风速2.9 ~ 3.5 m/s，年大风日数20 ~ 40天。

毛乌素沙地地表水系分内流和外流两大区域。内流区主要分布在沙地中西部洼地，因降水量较低，无重要河流发育，地表水较为贫乏；沙地东部、东南部为外流区，由于降水量较高，河流比较发育，无定河、秃尾河、窟野河等多条河流均发源于此，向东注入黄河。沙地内分布有众多大小湖泊，但多数为盐湖，淡水湖较少，湖泊水位及水质与降水量关系密切。沙地地下水资源总量18.71亿m^3/a，埋藏较浅，丘间地一般埋深1 ~ 3m，局地仅0.5m。

2.3.2 土壤与植被

毛乌素沙地地处草原向荒漠草原的过渡地带，沙地中部及东部为干草原，西部为荒漠草原。地带性土壤有栗钙土、棕钙土及黑垆土。棕钙土主要分布在沙地西部荒漠草原地带，栗钙土主要分布在沙地中、东部的干草原地带。非地带性土壤主要是风沙土以及盐碱土、草甸土、沼泽土等。风沙土主要分布在流动、半固定沙丘及部分固定沙丘，盐碱土主要分在沙地西部洼地边缘及滩地中心，在低湿地或河谷地有草甸土和沼泽土分布。

毛乌素沙地的地带性植被，中、东部为本氏针茅及沙地锦鸡儿、沙柳、蒿类灌丛草原，西部为狭叶锦鸡儿、短花针茅和蒿类群落为主的荒漠草原，东南部为羊草、黄背草草原。非地带性植被有草甸植被、沼泽植被、盐生植被及沙生植被等，流动沙丘上沙米、沙竹等先锋种类及蒿类植物较多，固定沙丘主要以蒿类、锦鸡儿类及麻黄、沙地柏等为主，半固定沙丘上蒿类、杨柴、沙柳多见。低湿丘间地以乌柳、沙棘及杂草类为多。沙地西南低洼地的盐渍土植被主要有碱蓬、白刺、盐爪爪等。

沙地东北部被天然沙地柏覆盖的固定沙丘（丁　荣　摄）

2.4 沙地环境的演变

毛乌素沙地至少在早更新世就已经形成。沙地形成以来经历了多次流沙堆积、沙地扩展与沙丘固定、生草成壤的发展过程。古风成沙测年揭示，仅距今50万年以来，沙地就至少经历了13次较大正逆发展旋回。末次冰期时气候异常干冷，植被极度退缩，流沙漫延，是沙地形成以来扩展最为强烈的时期。末次冰盛期，沙地南界超出现代边界约30 ~ 50 km，沙地环境呈现荒漠草原—荒漠景观。

全新世以来，在总体温、湿的气候环境中，毛乌素沙地仍然经历了多次程度不同的正逆演变过程。其中，在距今6 000 ~ 5 000年间，流动沙丘全被固定，并有一薄层黑垆土形成，这一时期是沙地土壤化过程最为鼎盛的时期，沙地环境呈现森林草原–草原景观。

16 ~ 19世纪的小冰期，随着气候转冷转干，植被退缩，沙地沙丘活化及局部区域流沙扩张。小冰期过后气温回暖，沙地环境有所转好。此后，虽然也曾出现多次气候波动变化，但都不及小冰期时那样严酷，不足以导致沙地环境发生剧烈的变化，沙地风沙地貌逐渐演变到当今的格局。

毛乌素沙地生态环境十分脆弱，对气候波动变化及人类活动等外力干扰的反应非常敏感，适度的植被覆盖是维持沙地环境稳定的重要条件，过度放牧导致的植被破坏以及过高的植被覆盖都是导致沙地环境负向变化的因素。

3　河东沙地

河东沙地地处鄂尔多斯高原西南部向西倾斜的波状高地，因位于黄河以东而得名。沙地北起黄河一级支流都思图河，南抵黄土高原北缘，西和宁夏平原相接，东与毛乌素洼地为邻。地理坐标为37° 15′ 55″ ~ 39° 05′ 11″ N，106° 14′ 45″ ~ 107° 21′ 46″ E之间，沙地面积5 923.75 km^2。沙地行政区划涉及宁夏回族自治区和内蒙古自治区的5市、10县（旗）、34个乡（镇、苏木），其中宁夏境内分布面积占53.33%，内蒙古占46.67%。

▼ 河东沙地及其周边卫星影像

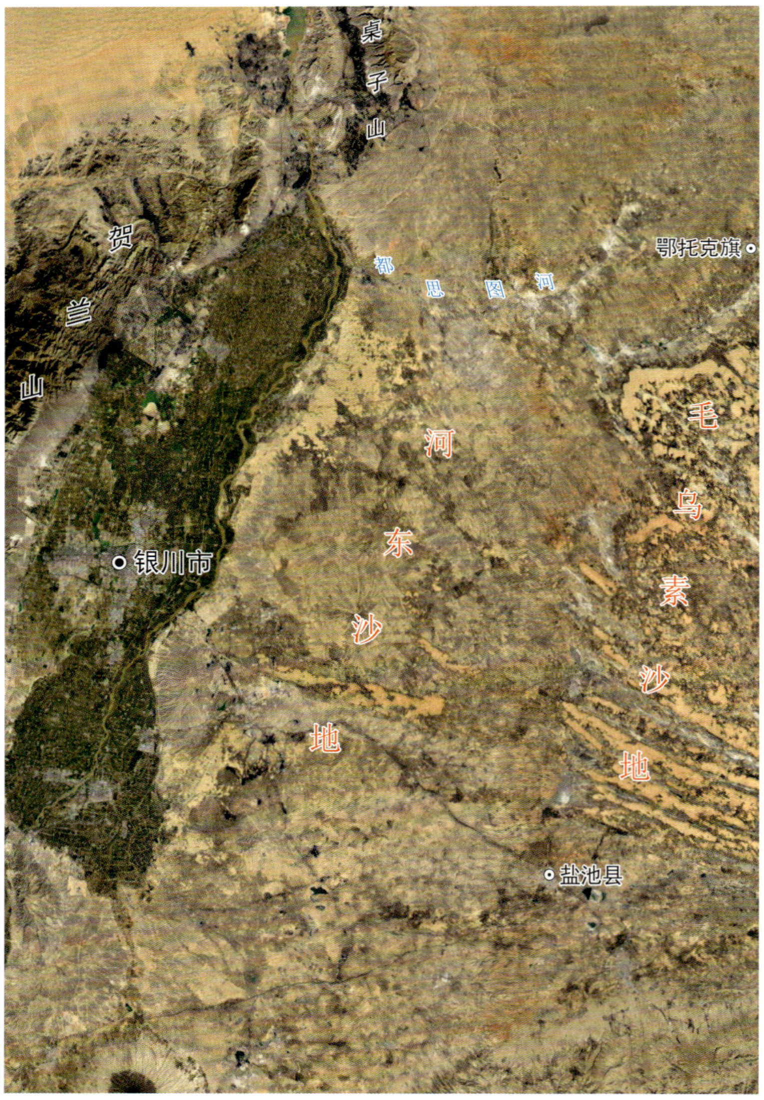

▼ 河东沙地及其周边数字高程地貌图

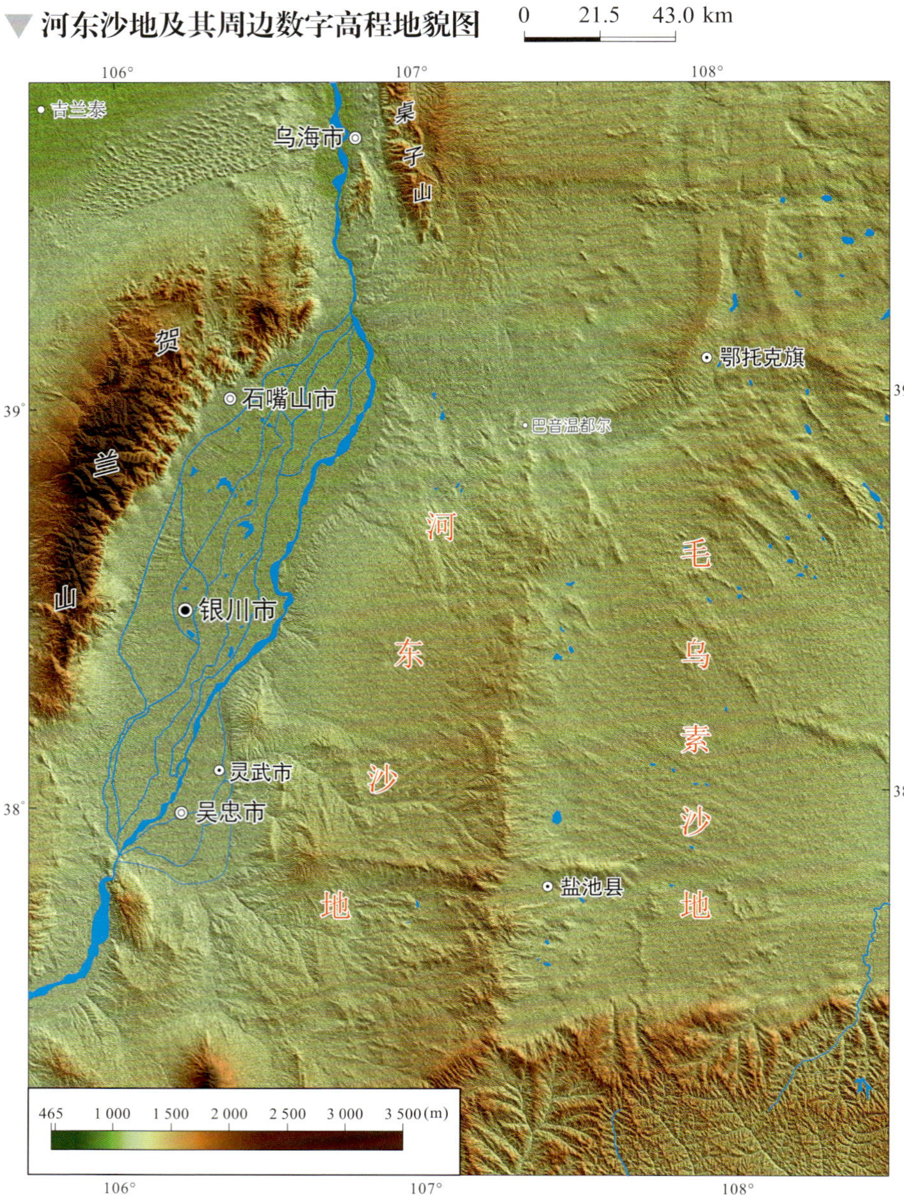

3.1　地质构造与地貌

河东沙地所处的鄂尔多斯高原，构造上属新华夏系第三沉降带。沉降带自中生代中晚期发育形成后在多次构造运动中历经抬升与沉降，第三纪末第四纪初在构造抬升中成为高原，由于高原西部抬升速度较快而翘起，以及宁夏平原的断陷沉降，使高原西缘形成由东向西倾斜的高平原，在强烈流水侵蚀冲刷下，逐渐发展为现今南北长约195 km，东西宽约90 km的波状高原。河东沙地就散布在西倾波状高原上。

波状倾斜高原海拔1 200 ~ 1 500 m，从西向东逐渐抬升，以海拔1 500 m左右的南北向倾斜高原脊线与毛乌素沙地为界。高原北部为地势较低的湖盆洼地，中部地形开阔平坦，南部起伏相对较大，下伏基底以白垩纪砂岩为主，局部为第三系紫色砂岩。沙地西侧为沉积层深厚的宁夏平原，黄河从平原与沙地之间穿流而过，沙地南侧为黄土高原的北缘，地势向西北倾斜。

3.2 沙物质来源与风沙地貌特征

河东沙地的物源主要来自三个方面：一是高原广泛分布的中生代富含沙粒的砂岩和砂质泥岩，岩性松软，易于剥蚀，风化崩解后形成大量的松散沙粒；二是向西倾斜的地形，发育了众多的河流及间歇性干河谷，在流水冲刷下产生了丰富的沙物质；三是沙地西北部湖盆洼地出露的河湖相沉积物。这些多源沙物质在冬季风的吹扬下堆积在高原面上，形成了河东沙地。

受风向和地形影响，河东沙地多以条带状散布在波状起伏的高原面及黄河阶地上，沙带多呈西北-东南向延伸，走向与盛行冬季风风向大体一致。

河东沙地以固定沙丘为主，其中固定沙丘占沙地面积的67.45%，半固定沙丘占19.84%，流动沙丘占12.71%。固定沙丘广泛分布在沙地各处，尤以沙地中南部分布最为广泛；半固定沙丘在沙地中南部和北部分布较多；流动沙丘主要分布于沙地中部和北部，以条带状与固定沙丘、半固定沙丘相间平行分布。固定、半固定沙丘的沙丘形态多以梁窝状沙丘、灌丛沙堆及抛物线沙丘为主，丘高一般3～5 m，丘间地或平沙地水分条件较好，植被覆盖较高；流动沙丘的形态主要为新月型沙丘及沙丘链，格状沙丘较少，沙丘高度多在5～10 m之间，部分新月型沙丘及沙丘链可达10～20 m，沙丘链与冬季风向大体垂直。

▼河东沙地沙丘形态类型图

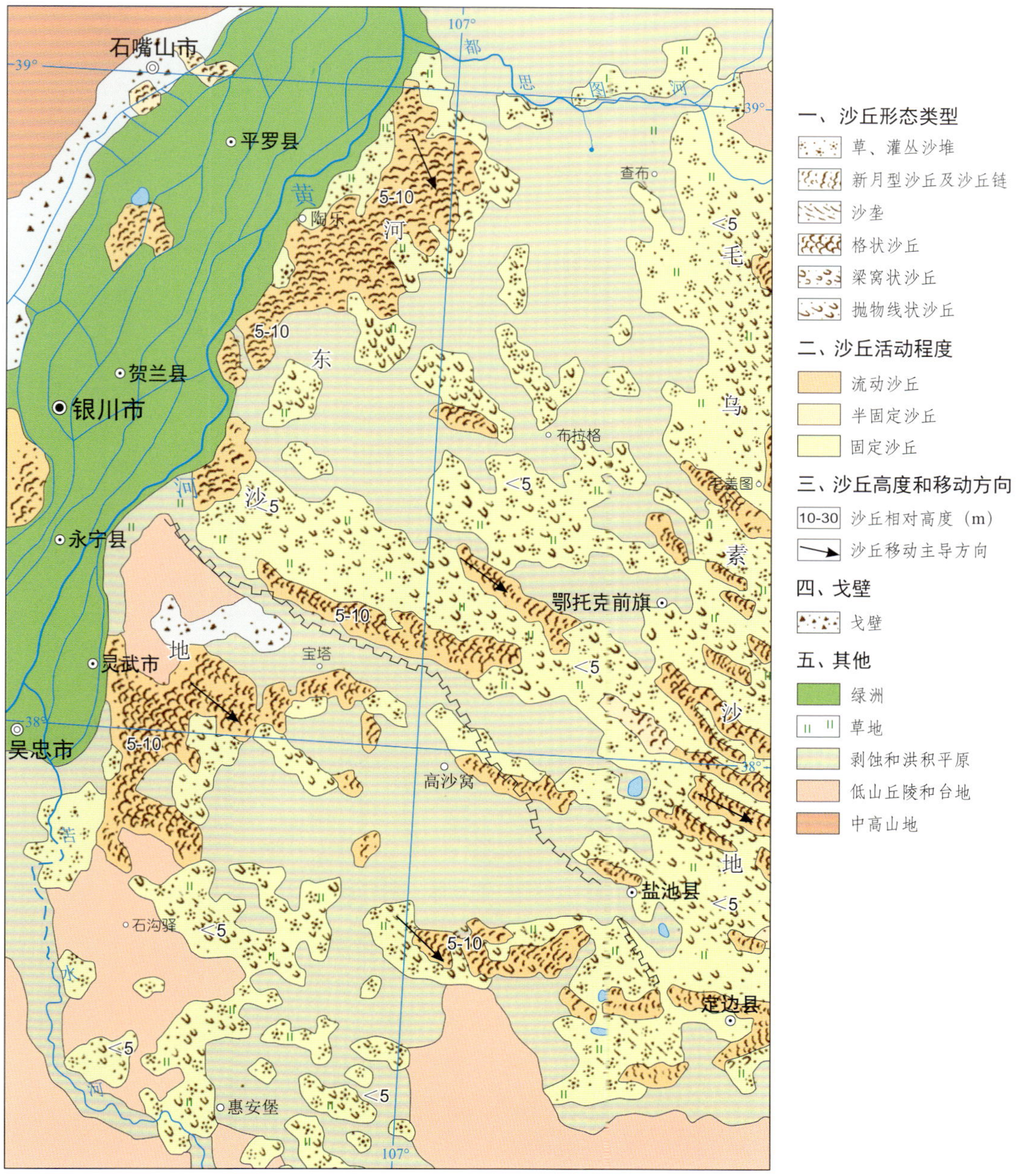

河东沙地南缘与黄土高原相接，盛行西北风把沙地的沙粒抛撒到梁状起伏的黄土上，掩盖了下伏的黄土层。影像为覆盖在起伏黄土丘陵地形上的半固定沙地景观，地形低凹处植被盖度较高，沙丘多被固定。

从河东沙地向西看去，沙丘、黄河、银川平原及贺兰山从东向西依次展现。

3.3 沙地的自然条件

3.3.1 气候与水文

河东沙地属于中温带大陆性气候，降水受东南夏季风控制，年均降水量200～300mm，年均蒸发量2 100～2 500mm。沙地处于蒙古高压东进的中部通道，冬半年盛行西北风，年均风速2.8m/s，年平均大风日数25天左右。

沙地南部河流较为发育，中部和北部现代水文网多不发育，且多为间歇性干河沟。常流河仅有直接注入黄河的都思图河、苦水河等，水量不大。黄河虽从沙地西侧流过，但因河床地势低于沙地，无力惠及沙地，沙地地下水主要靠降水渗入补给，受波状起伏地形影响，地下水丰度及埋藏深度的地域差别较大。

3.3.2 土壤与植被

河东沙地属于棕钙土荒漠草原自然带。地带性土壤为棕钙土，发育广泛。低湿地带有盐碱土分布，风沙土主要分布在覆沙地段。

地带性植被以多年生草本植物为主，并与半灌木、灌木相间分布。草本植物种主要为针茅、细弱隐子草等多年生丛生小禾草，灌木及半灌木主要为锦鸡儿、白刺、沙蒿等。

3.4 沙地环境的演变

以往文献多将河东沙地看做毛乌素沙地的一部分，且研究多集中在毛乌素沙地的主体区域，相关河东沙地的基础研究相对较少。

根据高原地质环境、区域气候演变，结合相邻毛乌素沙地的相关资料，河东沙地可能在早更新世与毛乌素沙地同期形成。末次冰期，由于蒙古高压的增强，沙地面积可能大幅扩展、流沙蔓延。在全新世大暖期，由于东南季风向西北推进，降水大幅增加，沙地植被盖度增加，沙丘基本固定，生草成壤作用加强，发育了大面积的黑沙土，呈现草原景观。全新世晚期以来，沙地除在小冰期可能出现沙丘活化和局部扩展外，沙地环境总体处于比较稳定的状态。

流动沙丘与固定、半固定沙丘交替分布，是河东沙地的总体现状。（魏 蒙 摄）

在人工作用下趋于稳定的沙地景观（魏 蒙 摄）

河东沙地人工绿化后的半固定沙丘（魏 蒙 摄）

4 浑善达克沙地

浑善达克沙地（亦称小腾格里沙地）位于内蒙古高原东部。沙地东起大兴安岭西麓，西至集二铁路以西，南以乌兰察布高原–坝上高原北缘为界，北与阿巴嘎火山熔岩台地相接，东西最长处约400km，南北最宽处约120km，大体呈西北–东南向展布，沙地面积33 331.63km^2，地理坐标42° 52′ 51″ ~ 44° 11′ 01″ N，111° 42′ 15″ ~ 117° 46′ 29″ E。沙地分布范围涉及内蒙古自治区锡林郭勒盟、赤峰市及河北省承德市的12个旗（市、县）、64个乡（镇、苏木），其中内蒙古境内分布面积占96.55%，河北仅占3.45%。

▼ 浑善达克沙地及其周边卫星影像

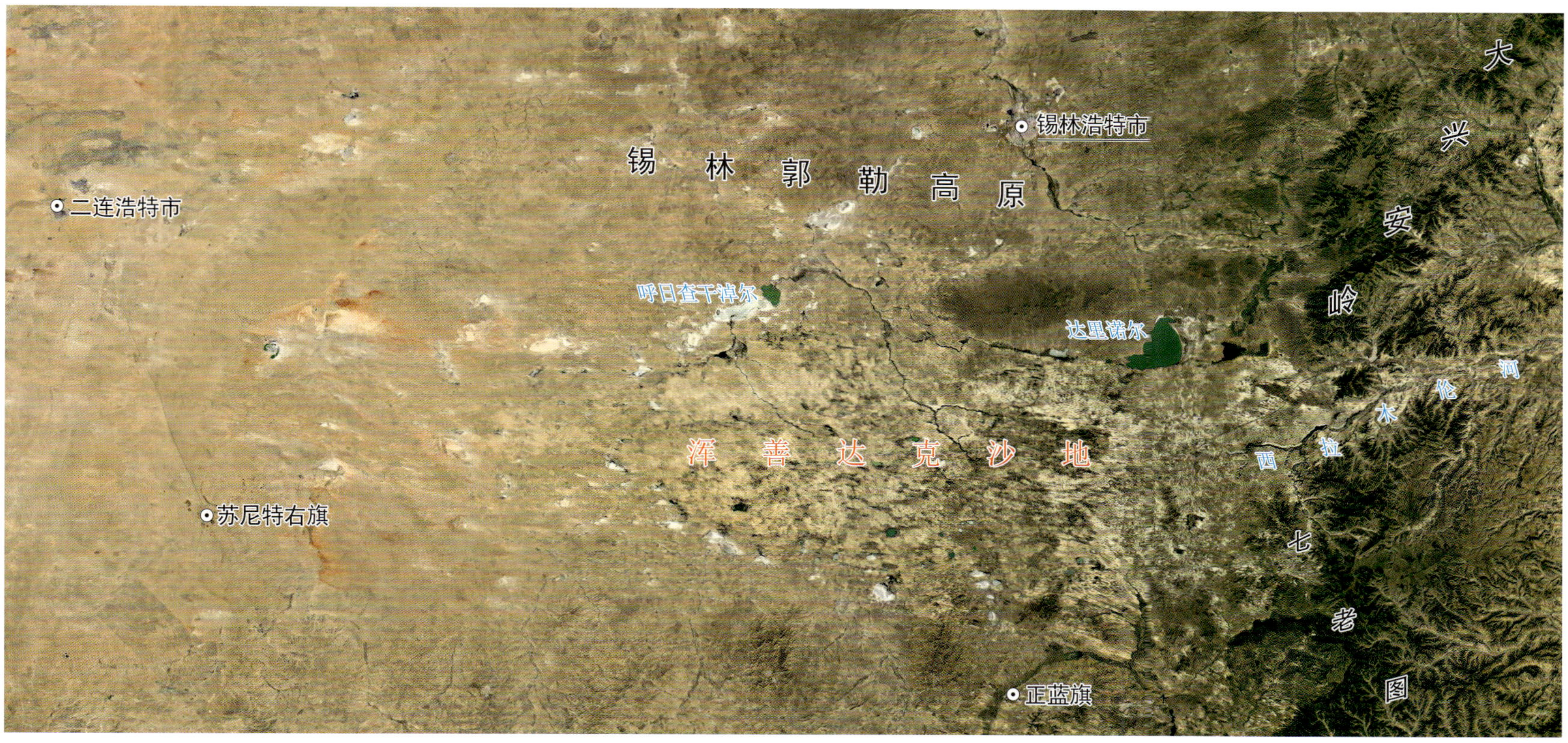

4.1 地质构造与地貌

地质构造上，浑善达克沙地属蒙古地槽古生代褶皱带的一部分。沙地北侧有西拉木伦–乌日根达拉大断裂，南侧为阴山北缘复杂构造的东西向断裂，总体地势为一地堑式凹陷带。第三纪早期，该区发生沉降，形成规模巨大的内陆湖盆，接受周边山（高）地风化剥蚀物沉积，湖相沉积层累积达100 ~ 200 m，后因构造抬升形成高原地貌。

沙地东南部为海拔1 500 ~ 2 000 m的燕山东段七老图山低山丘陵，北部为海拔900 ~ 1 100 m左右的高平原，东部是大兴安岭南端，西部和西北部地形开阔、平缓。沙地地势总体上由东南向西北倾斜，但起伏较小，西拉木伦河发源于沙地东部，穿越大兴安岭向东注入西辽河。

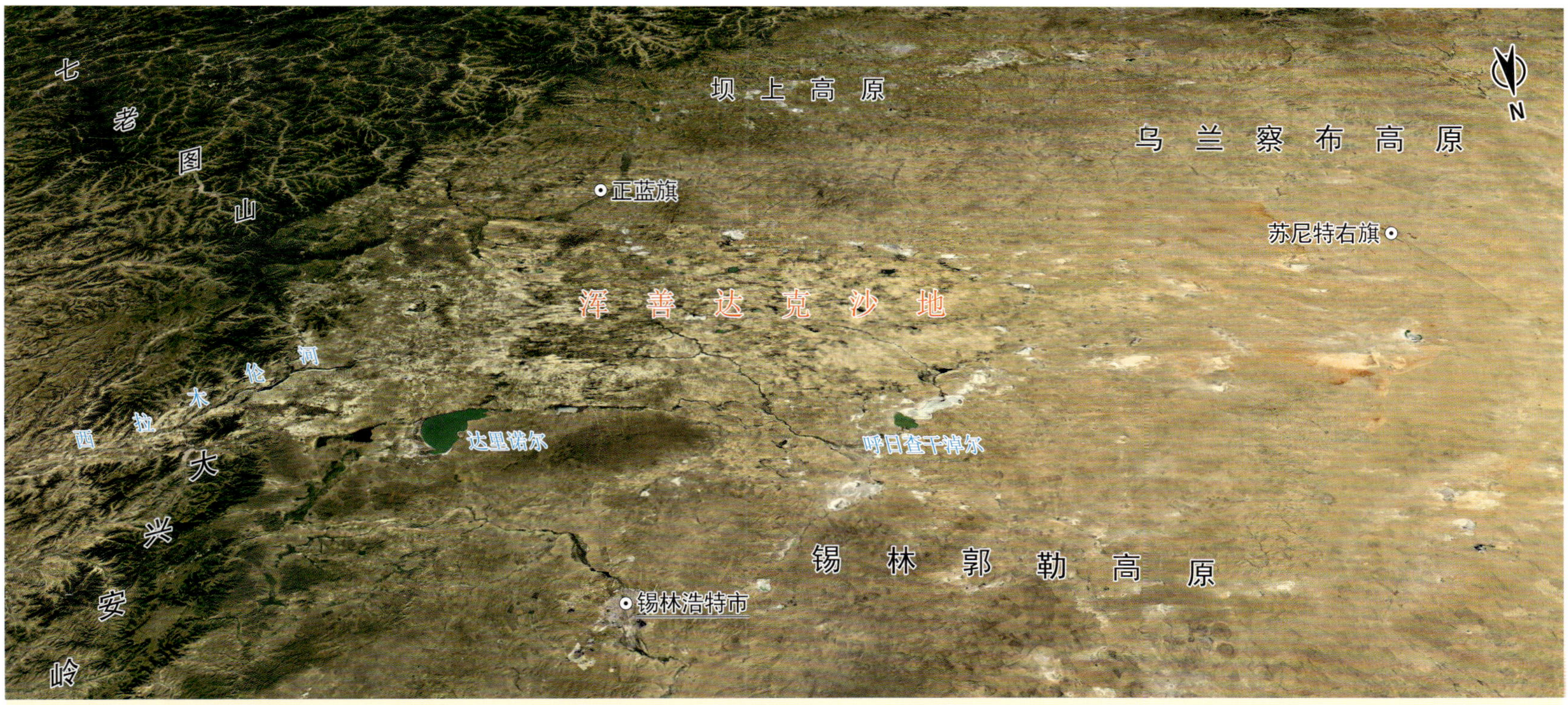

如果换一个方向从北向南看，浑善达克沙地所处的湖盆地形就比较清晰，沙地东面是大兴安岭，南面是乌兰察布高原—坝上高原，北面为锡林郭勒高原，唯西面较为平缓、低陷。

▼浑善达克沙地及其周边数字高程地貌图　0　20　40 km

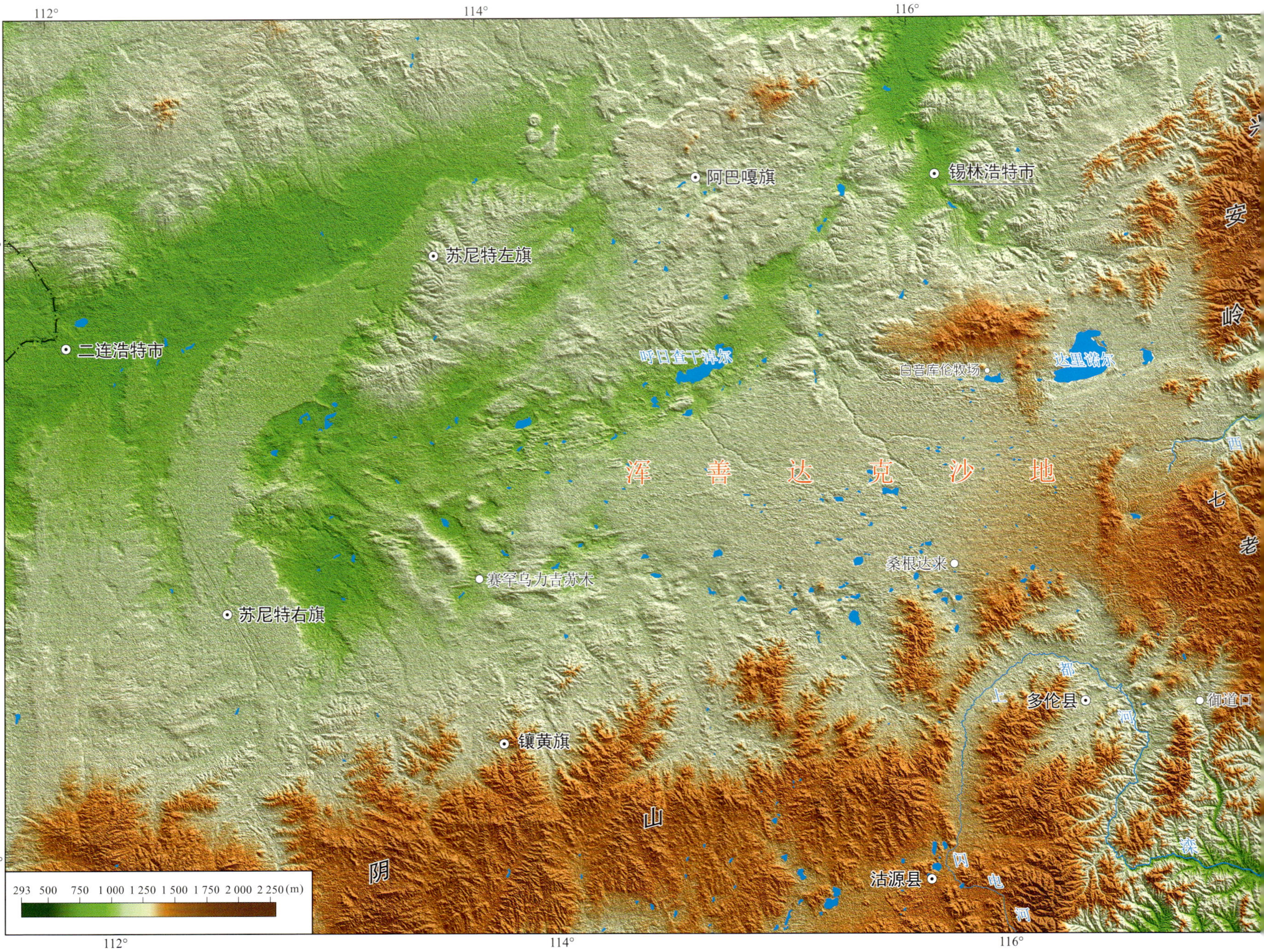

4.2 沙物质来源及风沙地貌特征

浑善达克沙地的沙物质主要来自白垩纪—第三纪的湖相沉积物；沙地西侧花岗岩质剥蚀低山的风化物亦为沙地的重要物源；此外，沙地北部外围分布的玄武岩熔岩台地，其火山岩碎屑物质也是沙地物源之一。

疏林草原——浑善达克沙地的独特景观（杨　孝　摄）

浑善达克沙地是以固定、半固定沙丘占绝对优势的沙地，其中固定沙丘面积占沙地面积的85.41%，半固定沙丘占12.83%，流动沙丘仅占1.76%。固定、半固定沙丘主要分布在沙地东部、中部及中西部的部分区域，流动沙丘主要分布在沙地西部边缘地带。固定、半固定沙丘形态以梁窝状、蜂窝状沙丘为主，丘高多在5～10 m之间；沙垄广泛分布在沙地的中西部，其中固定沙垄以沙地北部分布最为集中，中西部偏南侧亦有分布，半固定沙垄主要分布在沙地中西部，东部亦有集中分布，丘高一般5～10 m，部分小于5 m。西北风为冬半年沙地盛行风向，沙丘、沙丘链及沙垄走向大体与盛行西北风向一致。流动沙丘形态主要为新月形沙丘及沙丘链，丘高10～30 m。

浑善达克沙地沙丘、湖泊、河流交错分布，沙丘间为广阔平坦的丘间低地，植被生长良好，亦为当地的重要牧场。在沙地分布范围中，草地面积占69.05%，林地面积占25.45%，未利用地面积占2.33%，另有耕地、水域和居民及工矿用地分别各占1.74%、0.88%和0.56%。

浑善达克沙地沙丘形态类型图

一、沙丘形态类型
- 草、灌丛沙堆
- 新月型沙丘及沙丘链
- 沙垄
- 格状沙丘
- 梁窝状沙丘
- 抛物线状沙丘

二、沙丘活动程度
- 流动沙丘
- 半固定沙丘
- 固定沙丘

三、沙丘高度和移动方向
- 10-30 沙丘相对高度（m）
- 沙丘移动主导方向

四、戈壁
- 戈壁

五、其他
- 片林
- 疏林
- 草地
- 盐碱地
- 剥蚀和洪积平原
- 低山丘陵
- 中高山地

火山熔岩台地遭受侵蚀时，抗蚀力较强的玄武岩层留存下来，形成孤立的平顶山，被剥蚀的细碎物质在风力作用下补充到沙地中（锡林浩特附近）。（杨维西 摄）

沙地西北部广为分布的火山熔岩剥蚀台地是沙地的另一个物源

火山熔岩台地经强力剥蚀后，下伏的第三纪红色沉积地层及其上发育的季节性河沟，上部残留的火山锥及火山口仍依稀可见。

沙地西部、西北部分布着辽阔的干燥剥蚀台地，在流水冲刷和风力的吹扬下为沙地提供了疏松物质。

4.3 沙地的自然条件

4.3.1 气候与水文

浑善达克沙地属温带半干旱-干旱大陆性季风气候。受东南季风影响，年均降水量从东南部的350～400 mm 逐渐递减到西北部不足200 mm。年均蒸发量则由东部的1 700～1 900 mm 逐渐递增到西部的2 500～2 700 mm。沙地常年盛行西北风，尤以冬半年风力最为强劲，年均风速4～5m/s，全年大风日数60～80天，其中40%～50%发生在春季。

受降水分布的影响，浑善达克沙地东、中部水资源比较丰富。除西拉木伦河上游及东南部的滦河支流闪电河流域局部范围外，沙地绝大部分属内陆流域。境内有大小河流20条，其中内流区年均水资源总量为2.77亿m^3，年均流出域外总量约1.7亿m^3。域内有大小湖泊100多个，主要分布在沙地中、东部及东南部。位于沙地东部的达里诺尔湖原属辽河水系，后因东部山地在构造运动中抬升，致其与西拉木伦河隔断，成为内流湖泊，现为沙地中最大的湖泊。沙地地下水资源比较丰富，潜水埋深一般小于10 m，局地只有1～2 m，在沙地东南部的低凹地段常有泉水出露，矿化度1～3 g/L，水质较好。

4.3.2 土壤与植被

浑善达克沙地地带性土壤以栗钙土为主，棕钙土次之。沙地东部一般为草甸栗钙土或暗栗钙土，向西逐渐过渡为棕钙土。非地带性土壤主要为风沙土和分布在丘间甸子地的草甸土。

位于沙地东北部的达里诺尔湖原与西拉木伦河相连，后在构造运动中与西拉木伦河隔断，成为内流湖泊，也是沙地中最大的湖泊。

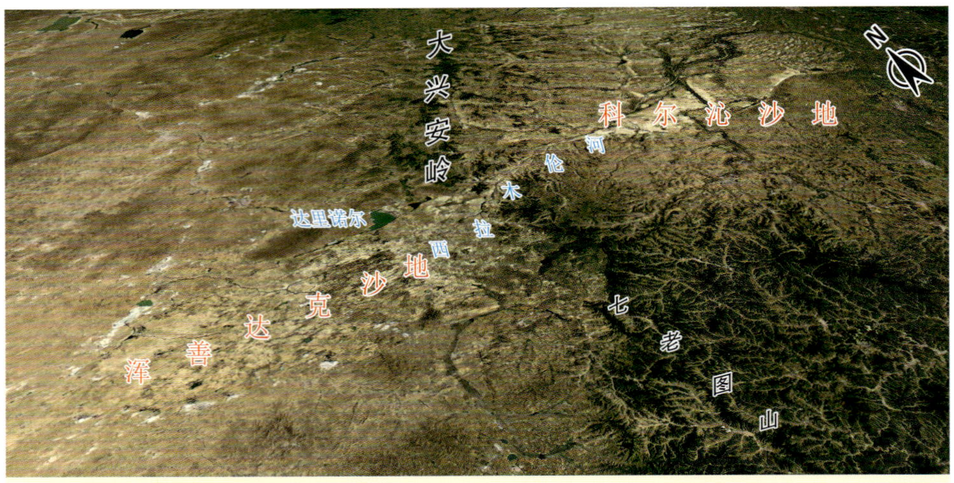

浑善达克沙地和科尔沁沙地分别展布在大兴安岭的西、东两侧，孕育了科尔沁沙地的西拉木伦河发源于浑善达克沙地，它像一根绳子，一头牵着浑善达克，一头拽着科尔沁。

在沙地东南部的固定沙丘及丘间地上，桦木、山杨及樟子松交错分布，形成不规则的混交林分。（杨　孝　摄）

沙地东南部的一个山间盆地，呈现出典型的榆树疏林草原沙地景观。（昝国盛　摄）

浑善达克沙地的降水东多西少，沙地中东部以固定沙丘为主，仅在沙丘顶部有流沙出现。

沙地中西部的环境景观-疏林草原的特征逐渐淡化，灌木和半灌木成分增加，而乔木树种密度明显减小。（杨维西　摄）

地带性植被为锦鸡儿、蒿类灌丛及羊草草原。榆树疏林草原是浑善达克沙地的典型景观，榆树广泛分布在沙丘及丘间低地，林间为灌、草。疏林草原从沙地东部一直延续到沙地中部甚或更西的区域。受降水分布影响，疏林中榆树密度总体上从东向西依次减低，长势变差而锦鸡儿及蒿类成分则逐渐增加，到沙地西部榆树变为零星分布以至消失，锦鸡儿密度和植株亦明显变小，沙蒿、沙竹等耐旱植物成分增加，沙地环境由东部的干草原逐渐过渡到西部的荒漠草原景观。

沙地东部大兴安岭西麓的白音敖包一带有孑遗的沙地云杉片林，受地形影响，常以纯林或与山杨、白桦混生分布。

在浑善达克沙地东部分布着孑存的沙地云杉，多在沙丘上形成稀疏的纯林或与白桦、榆树混生，丘间地的禾草草地散生着榆树或灌丛。（杨维西　摄）

4.4 沙地环境的演变

浑善达克沙地于第四纪早期甚或更早即已形成。沙地形成以来，随着气候的冷暖交替，发生过多次流沙扩张与沙丘固定的正逆过程。在末次冰期，蒙古高压极其强盛，东南季风大幅减弱，气候寒冷干旱，风沙活动剧烈，植被稀疏，流沙漫延，沙地范围空前扩展，末次冰盛期流沙南界较现代边界向南推进了约40km，沙地环境呈现荒漠草原—荒漠景观。

全新世大暖期，蒙古高压减弱北退，东亚季风向北向西大幅推进，气候温暖湿润，其中距今7 100～5 900年的最暖时期，沙地植被繁茂，风沙活动减弱，整个沙地的流动沙丘几乎全被固定，土壤明显发育，沙地呈现森林草原景观。

沙地中部的半固定沙地，疏林草原中的榆树主要分布在丘间低地，且比较稀疏，以禾草及灌丛为主的植被覆盖在丘间低地。

大暖期过后，气温转凉，气候进入频繁波动期，沙地环境亦随之发生多次程度不同的正逆旋回。15世纪至19世纪的小冰期，以冷干为特征的气候导致部分区域沙丘活化，沙地范围也较现今为大。小冰期过后，气温和降水有所回升，沙地总体上以固定、半固定沙丘为主，沙地环境已与当今比较接近。

20世纪中期以来，以过度放牧为主的人类活动对沙地环境的干扰不断加剧，导致局部固定、半固定沙丘出现活化，沙地环境趋向退化。新世纪以来，沙地环境开始显现趋好迹象。

5　乌珠穆沁沙地

乌珠穆沁沙地位于内蒙古锡林郭勒高原，沙地由自南向北分布的三条沙带组成，散布在乌珠穆沁盆地中部及大兴安岭南端西麓的山前洼地上，地理坐标 44° 15′ 25″ ~ 45° 37′ 05″ N，116° 14′ 38″ ~ 119° 13′ 58″ E，沙地面积 2 473.53km^2。沙地行政区划涉及锡林郭勒盟西乌珠穆沁、东乌珠穆沁及锡林浩特等3个旗、市的8个苏木（镇）。

▼ 乌珠穆沁沙地及其周边卫星影像

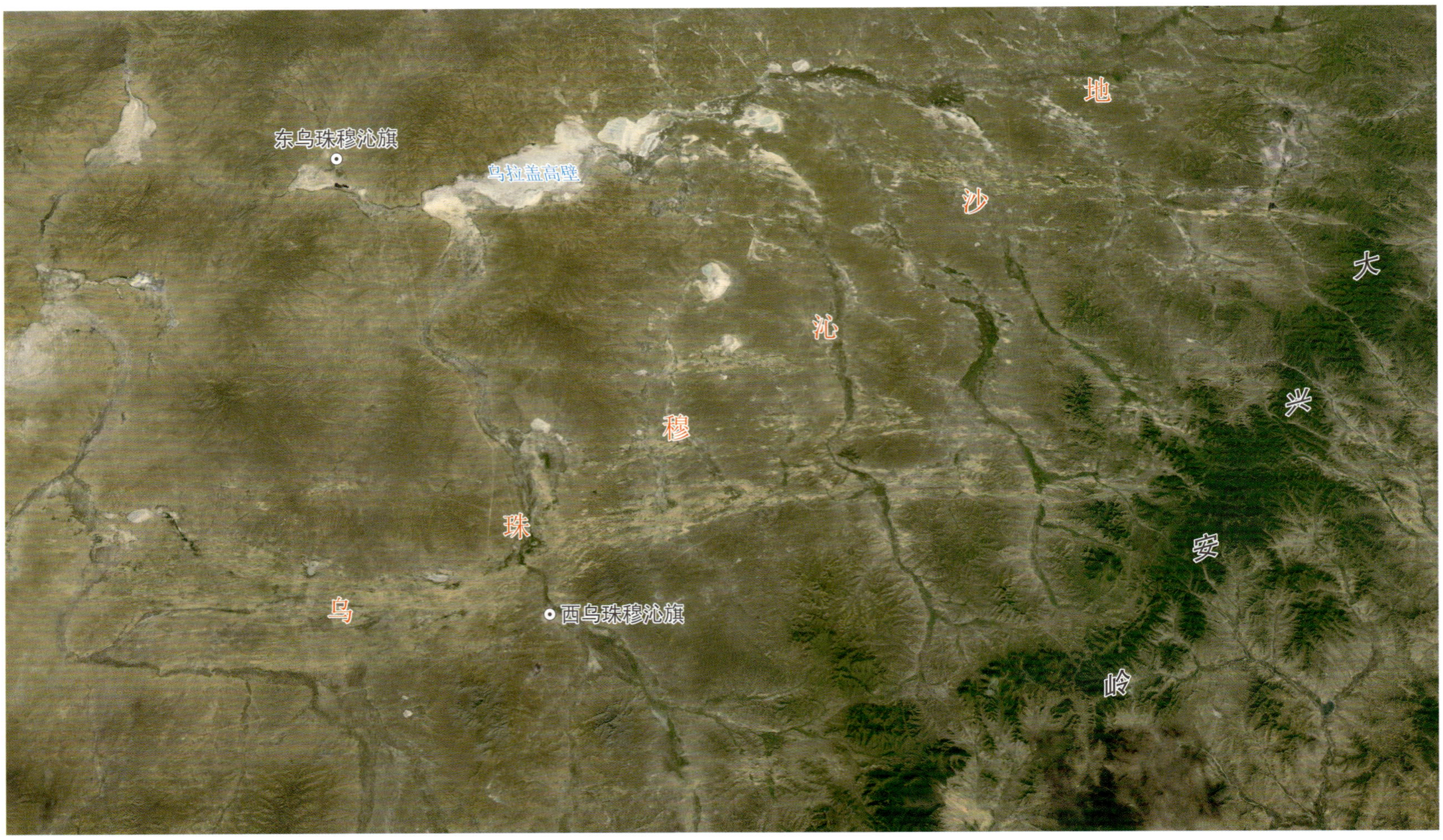

▼ 乌珠穆沁沙地及其周边数字高程地貌图

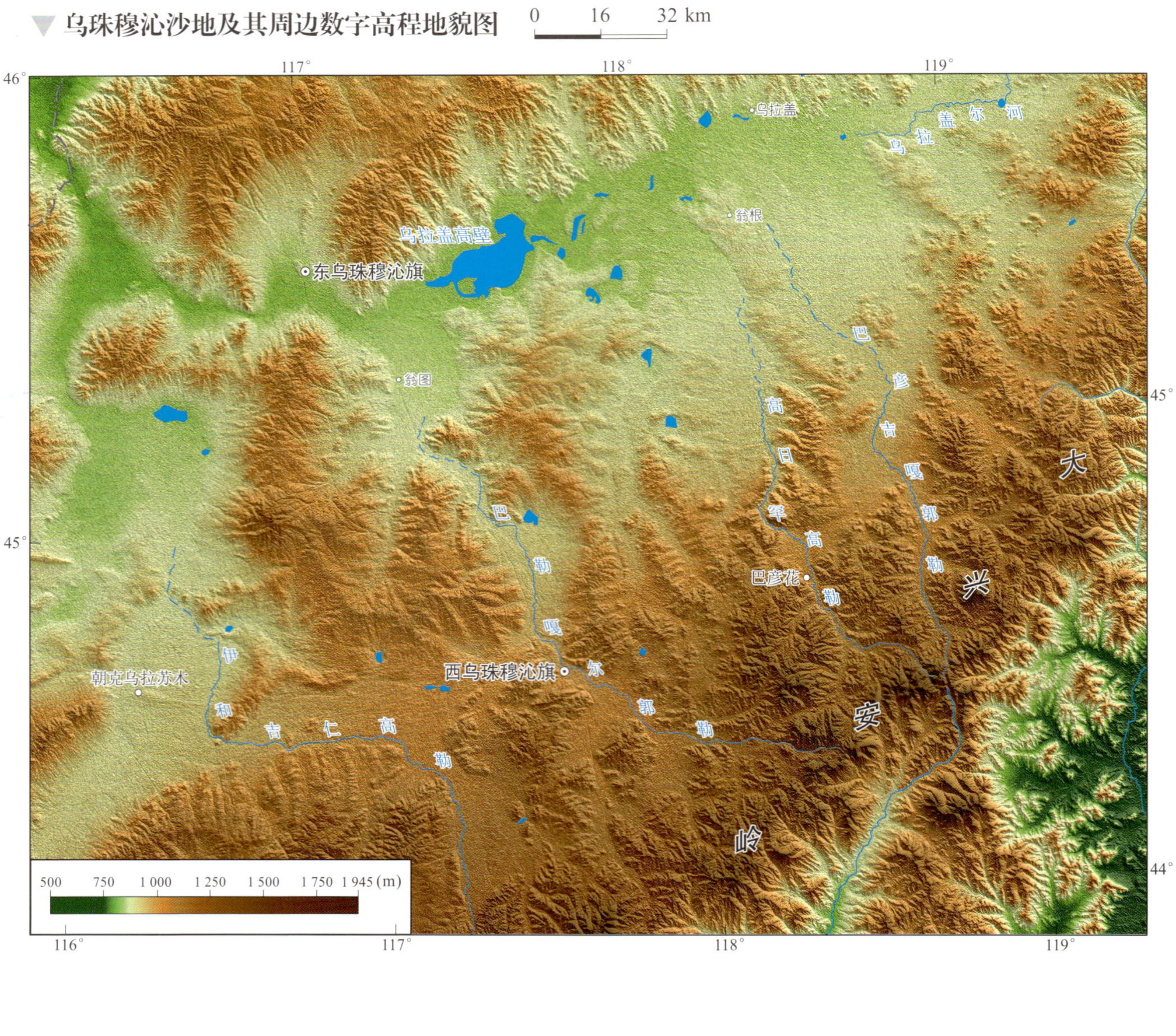

5.1　地质构造与地貌

乌珠穆沁沙地构造上属呼伦贝尔-巴音和硕裂谷南部的乌珠穆沁盆地，第三纪中、晚期的喜马拉雅运动使盆地周边地势抬升，形成丘陵和台地，在长期侵蚀中基岩风化的残积、坡积物堆积在山麓和丘陵、台地间的洼地中。第四纪盆地在下沉过程中接受了大量河湖相沉积物。全新世，除局部区域在新构造运动中下沉外，大部分区域和缓抬升，在前期构造的基础上形成了现今波状平原的地貌轮廓。

乌珠穆沁沙地东侧和南侧为海拔1 300～1 400 m的大兴安岭西麓低山丘陵，西侧为海拔1 000～1 300 m主要由玄武岩组成的阿巴嘎熔岩台地，北侧为海拔1 100～1 250 m以花岗岩为主的巴隆马格隆丘陵，沙地与周边地势相对高差多在200 m以上。沙地地势自东南向西北倾斜，北侧的乌勒盖音高壁为乌拉盖河的尾闾湖，亦为盆地的汇水中心。沙地由数条沙带组成，其中位于盆地东南缘波状平原的主沙带（亦称嘎亥额勒苏沙地），东西延展约150 km，南北宽约10～20 km，面积约占沙地总面积的80%以上，其余两个面积较小的沙带分别散布在盆地中部或一些河流上游宽谷。

▼ 乌珠穆沁沙地主沙带

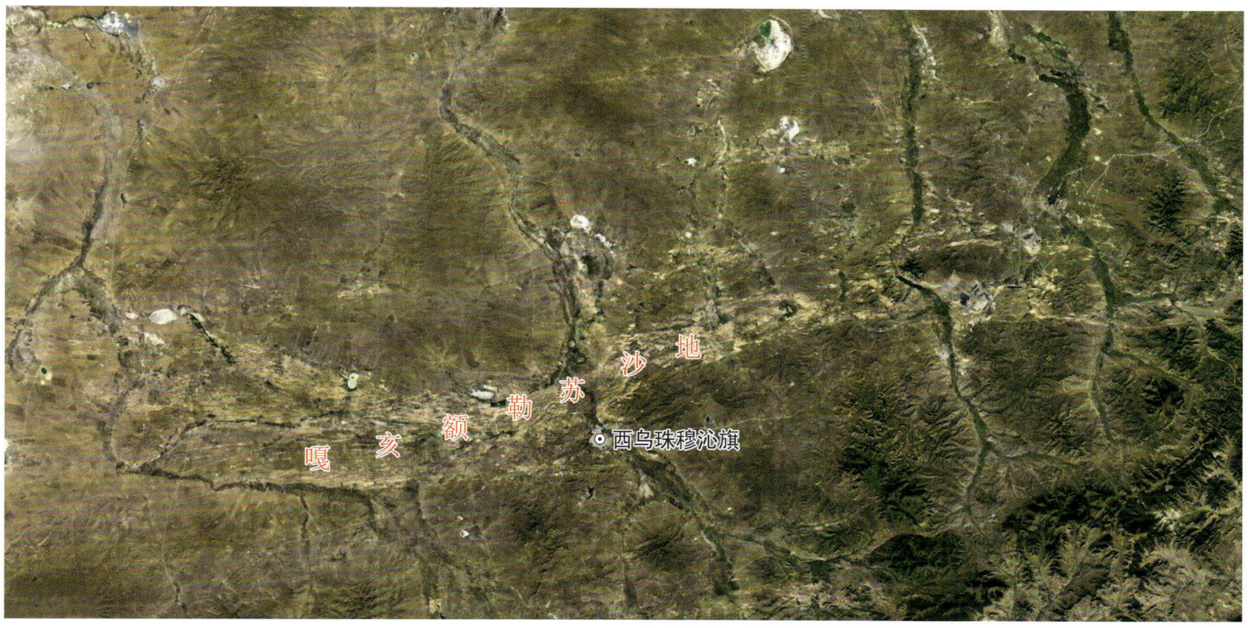

中部沙带的沙地景观

▼ 乌珠穆沁沙地沙丘形态类型图

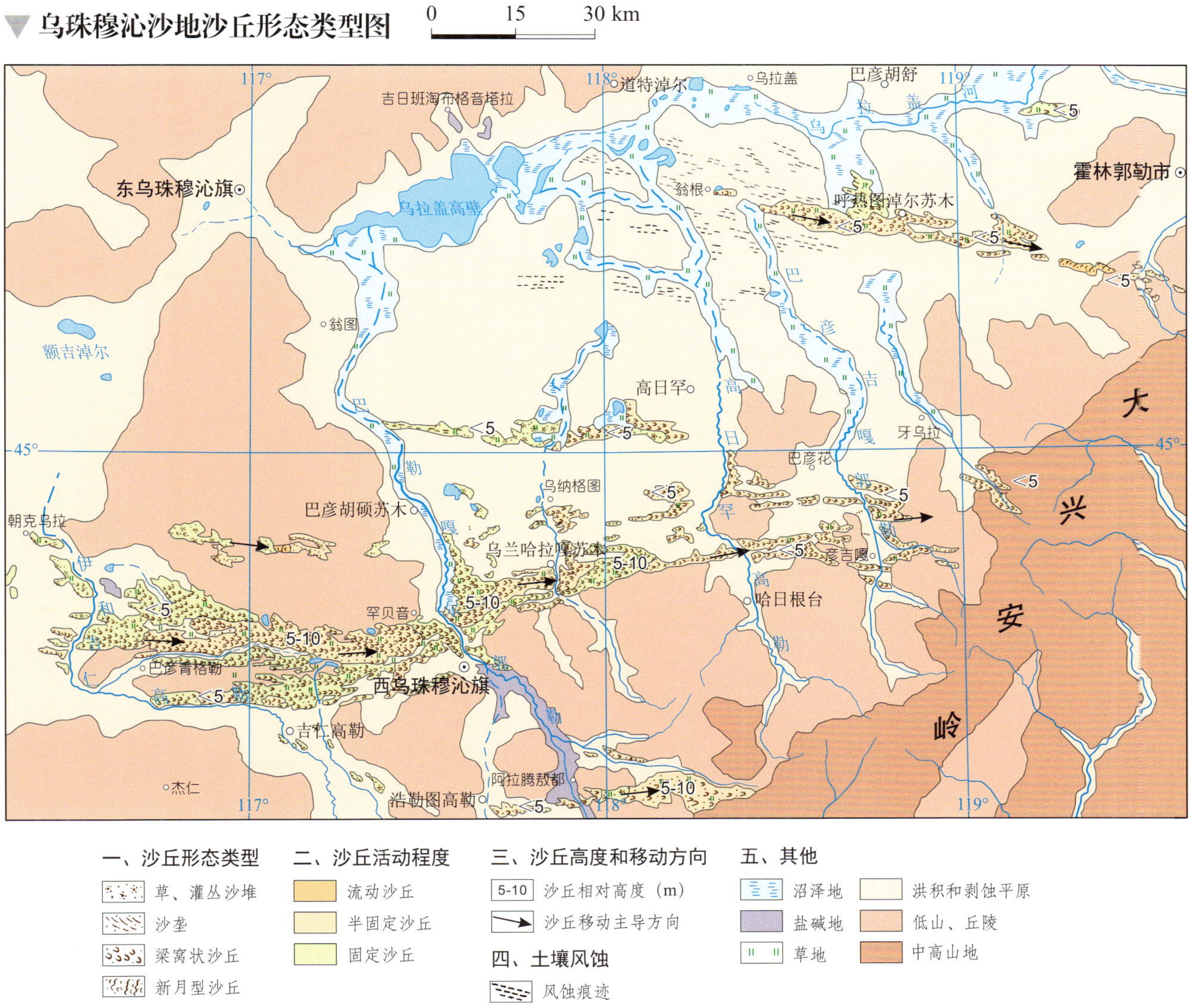

5.2 沙物质来源及风沙地貌特征

乌珠穆沁沙地的来源主要为第四纪河湖相沉积物和周边丘陵、台地、山麓堆积的基岩风化物等。当冰期到来时，气候寒冷干旱，湖面水位下降或萎缩，堆积于湖底的深厚疏松沉积物暴露地表，成为沙地形成的丰富物源；发源于大兴安岭西麓的诸多河流，把大兴安岭的大量风化剥蚀物搬运、堆积于盆地或沿途河床，这些风化剥蚀物亦成为沙地的重要沙物质来源。此外，沙地周边的干燥侵蚀台地、低缓丘陵的风化剥蚀物，也为沙地形成和发展提供了丰富的物源。

乌珠穆沁沙地以固定沙丘占绝对优势，其中固定沙丘2 368.59 km^2，占沙地面积的95.76%，半固定沙丘84.63 km^2，占沙地面积的3.42%，流动沙丘20.31 km^2，仅占沙地面积的0.82%。沙地的沙丘形态比较简单，固定、半固定沙丘主要是沙垄、梁窝状沙丘及草、灌丛沙堆，相对高度多在5～10 m，丘间地宽度多不超过百米，部分丘间低洼地段散布有小型湖、泡。流动沙丘主要为新月形沙丘，多以斑点状散布在沙地西部的风蚀坑周围。

乌珠穆沁沙地地处锡林郭勒草原，亦为牧民的重要草场。沙地土地利用类型中，草地约占沙地总面积的67.29%，灌丛林地占30.40%，其他土地类型合占2.31%。

乌珠穆沁沙地主沙带中部鸟瞰（孙 涛 摄）

中部沙带半固定沙丘上的植被与风蚀坑

北部沙带局部景观

乌珠穆沁沙地主沙带东部环境景观（丁　荣　摄）

5.3 沙地的自然条件

5.3.1 气候与水文

乌珠穆沁沙地地处东南季风的末端，年降水量为250～350 mm，由东南向西北呈递减分布，6～8月份降水量占全年降水量的70%，年均蒸发量1 500～2 100 mm，年均温0～1℃。偏西及西北风为冬半年盛行风向，年均风速3.5～5.0 m/s，大风日数50～80天。

源自大兴安岭西坡的诸多河流自南而北横穿沙地，地表水资源较为丰富。乌拉盖湖为盆地汇水中心，也为盆地最大湖泊。

5.3.2 土壤与植被

乌珠穆沁沙地位于干草原向森林草原的过渡带。地带性土壤以栗钙土为主，主要分布在沙地东部；非地带性土壤有风沙土、丘间低地多发育草甸土或盐化草甸土、盐碱土和沼泽土。沼泽土、草甸沼泽土、盐化草甸土、草甸土、风沙土常以环状格局由湖盆沉积中心向外依次分布。

沙地地带性植被，在沙地东部以羊草、冰草、克氏针茅、糙隐子草群落为主，呈斑块状镶嵌于沙地中；沙地榆树疏林在沙地西部和中部分布广泛。沙地灌丛主要有黄柳、绣线菊、小叶锦鸡儿等；沙地半灌木主要为沙蒿群落。喜湿植被多分布在河谷滩地、湖盆低地、丘间洼地与风蚀洼地等隐域性生境中。

主沙带中部的疏林景观

5.4 沙地环境的演变

乌珠穆沁沙地是一个面积较小的沙地，研究文献较少。根据现有研究，乌珠穆沁沙地约形成于晚第四纪，是在末次冰期和青藏高原隆升的大背景下形成并不断演化的。末次冰期冰盛期（21～16ka B.P.），气候极为干冷，风沙活动空前强烈，植被退缩，沙地呈现荒漠或荒漠草原景观。全新世以来，随着气候的干、湿变化，沙地也相应地经历了多次沙丘固定、沙地缩小和沙丘活化、流沙漫延的正逆过程。全新世初期（10～8ka B.P.），气候冷湿，沙地呈现干草原景观。全新世大暖期（8～3ka B.P.），气候温暖湿润，沙丘可能完全固定，普遍发育古土壤，沙地先后呈现疏林草原和以蒿、藜为主的干草原自然景观。全新世晚期以来，随气候波动，沙地环境大体介于干草原-疏林草原之间。

与浑善达克沙地相似，乌珠穆沁沙地的主体景观也是疏林草原，但草原的成分更明显，照片为主沙带东部的沙地景观，疏林中出现了桦木成分。（丁　荣　摄）

乌珠穆沁沙地边缘平沙地上的风积沙层剖面，不同地质时期形成的沙层依次叠覆，记录了该区域沙地环境演化的历史过程。（杨维西　摄）

6 呼伦贝尔沙地

呼伦贝尔沙地位于内蒙古东北部的呼伦贝尔高原，沙地呈不规则的带状、片状散落在高原面上，是我国分布纬度最高的沙地。沙地东起大兴安岭西麓山前冲洪积平原，西至呼伦湖滨，北到海拉尔河北岸，南抵中蒙边界与大兴安岭相接部，东西绵延约270 km，南北跨越170km，地理坐标47° 22′ 44″ ~ 49° 34′ 01″ N，117° 6′ 55″ ~ 120° 38′ 14″ E，沙地面积7 773.05 km^2。沙地全域均在内蒙古自治区呼伦贝尔市内，行政区划涉及陈巴尔虎旗、新巴尔虎左旗、新巴尔虎右旗、鄂温克旗、海拉尔区、扎赉诺尔区、满洲里市等7旗（市、区）的33个乡（苏木、镇）。

▼ 呼伦贝尔沙地及其周边卫星影像

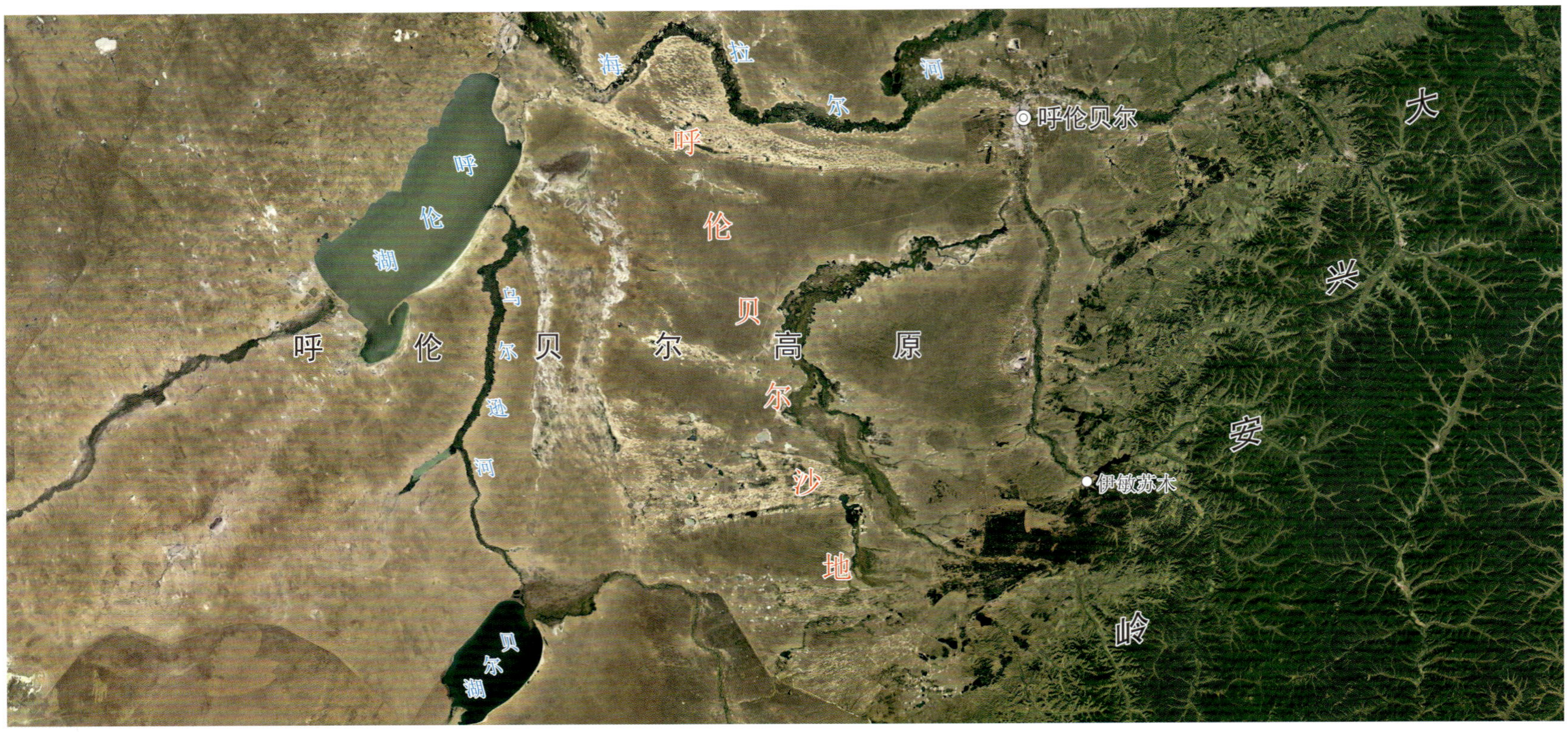

6.1 地质构造与地貌

呼伦贝尔沙地在地质构造上属新华夏系第三沉降带最北端的呼伦贝尔沉降带，是侏罗纪以来在古生代褶皱基底基础上发育起来的中新生代沉积盆地。第三纪末的构造运动中盆地东西两侧形成两个大的断层，早更新世，随着大兴安岭的抬升，盆地沉积中心向西迁移至现呼伦湖与贝尔湖一带。同时，东部的大兴安岭在缓慢抬升中，给盆地带来了厚达20 ~ 40 m的第四纪河湖相沉积层。晚更新世，区域性抬升导致盆地内湖泊萎缩或干涸及河流下切摆动或改道，疏松沉积层出露，在剥蚀与沉积作用下，逐渐形成现今的高原地貌格局。

呼伦湖位于呼伦贝尔高原中西部，其支流乌尔逊河以东依次为盆地中部微向西倾的缓起伏湖积、冲积平原及大兴安岭西麓山前丘陵地带；海拉尔河是高原最大河流，从高原东北部向西流入中俄界河额尔古纳河，其流域控制了高原的整个东部区域。呼伦湖以西及以南分别为向东、向北倾斜的低矮丘陵或侵蚀高地；乌尔逊河及克鲁伦河从蒙古国入境后分别从高原的南缘及西南缘向北注入呼伦湖。高原海拔约500 ~ 800 m，地势总体上从东南向西北倾斜。广布高原的波状起伏或平缓的“漫岗”沙质草原与片状沙地交错分布，湖泊、沼泽、河流镶嵌其间，构成了呼伦贝尔沙地的特有地貌特征。

▼ 呼伦贝尔沙地及其周边数字高程地貌图

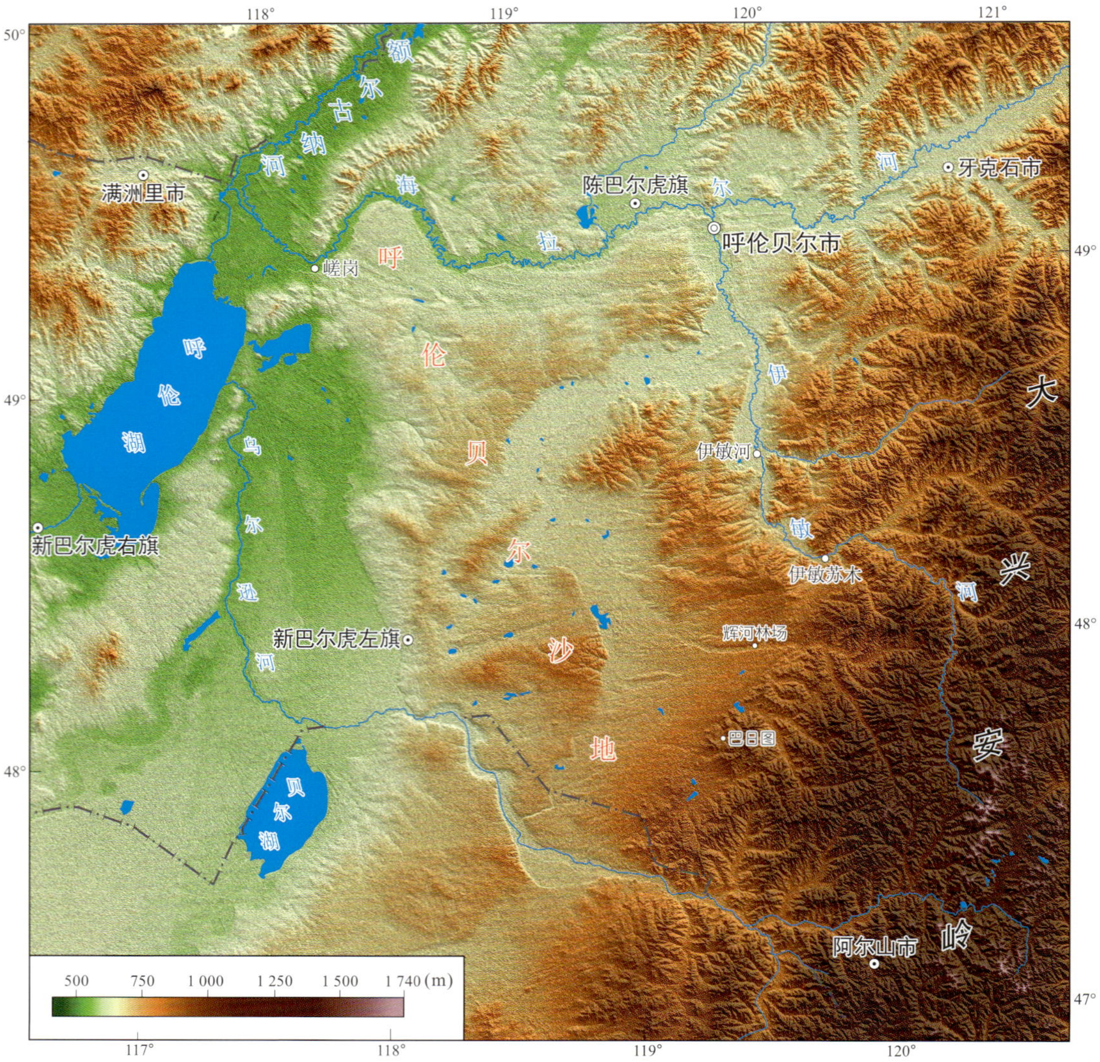

6.2 沙物质来源及风沙地貌特征

第四纪期间形成的河湖相沉积物是呼伦贝尔沙地的主要物源。高原北部的海拉尔盆地是一个古老的沉积盆地，形成以来堆积了巨厚的疏松物质，其中侏罗系厚达3 000 m，白垩系也有300 m。覆盖于高原地表层厚约20～40 m的第四系，特别是其中易于吹扬的更新统细砂层，成为呼伦贝尔沙地的主要物源；晚更新世的构造抬升导致了盆地河流的摆荡、改道，现代沙地风沙地貌与河流的分布关系揭示，古河道遗留的冲洪积物即为沙地的重要物源，其中海拉尔河沿岸的沙带就发育在海拉尔河故道上；盆地东部大兴安岭西麓的低山丘陵、山前倾斜平原以及剥蚀高地堆积和不断产生的剥蚀物也为沙地的形成和发展提供了重要的物源。

▼呼伦贝尔沙地沙丘形态类型图

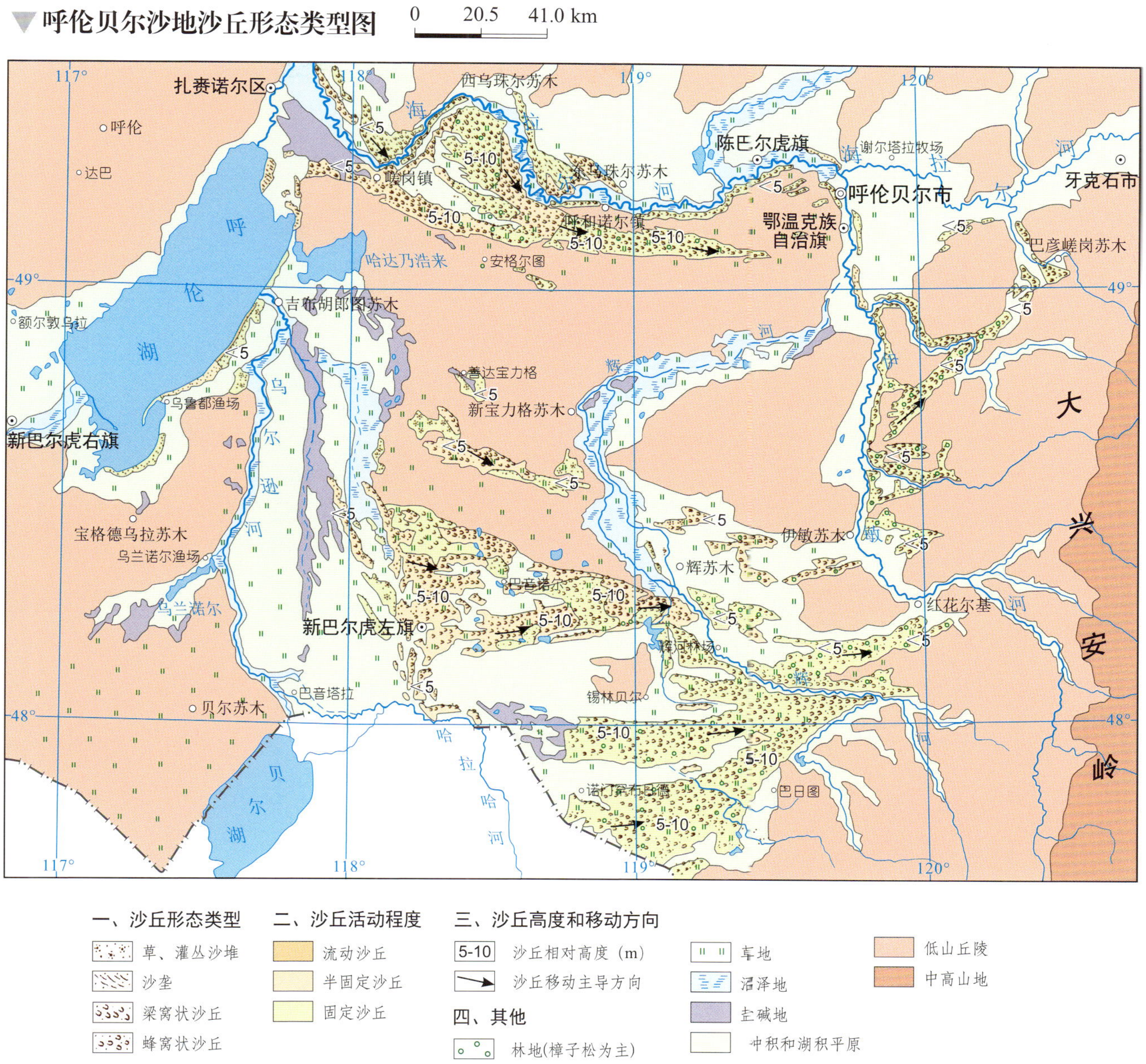

呼伦贝尔沙地主要由分布在高原南部和北部的两大沙带组成，两条沙带之间的波状平原、伊敏河沿岸冲积平原及呼伦湖东岸湖滨也有较为集中的分布。北部沙带（亦称海拉尔沙带）东起海拉尔西山，西到呼伦湖的东侧，长达130km，最宽处近40km，主要分布在海拉尔河南岸；南部沙带（亦称阿木古郎沙地）由集中分布在新巴尔虎左旗阿木古郎镇以东、伊敏河上游以西的多条沙带相连而成，由多条西北-东南及西南-东北走向的沙带组成，东西延展约160km，南北宽约100km，是呼伦贝尔沙地的主体部分。此外，在伊敏河中游东岸及其支流的冲积平原，有多条带状沙丘分布；在呼伦湖东岸散布着一些面积较小的斑状、带状沙丘。

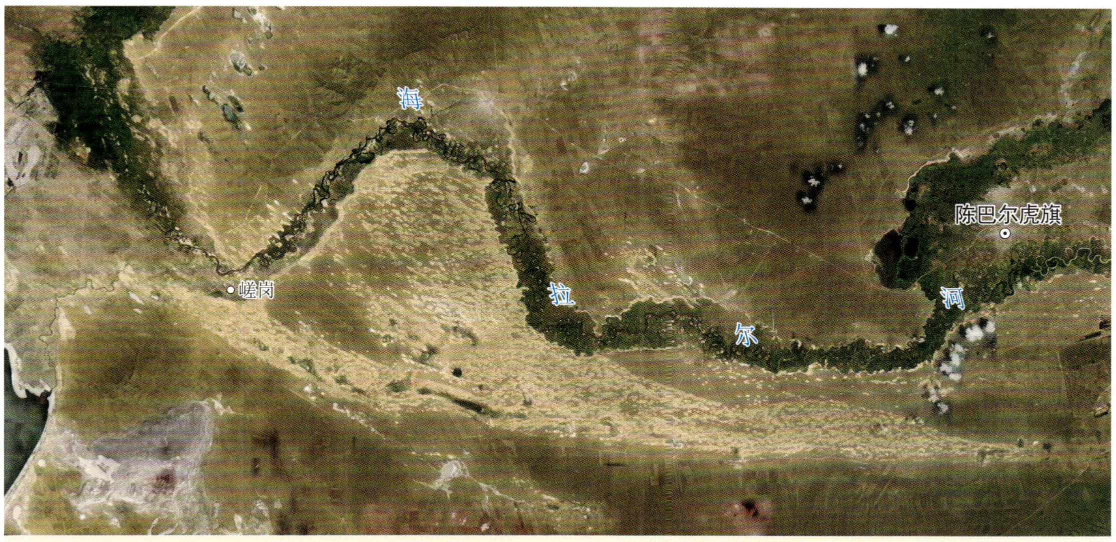

北部沙带是在海拉尔河以南的河流故道上发育起来的

南部沙带的流动沙丘（新巴尔虎左旗东南）

呼伦贝尔沙地是镶嵌在草原上的沙地，草场、沙丘与湖泊相间分布。（李纯英　摄）

呼伦贝尔沙地以固定沙丘占绝对优势，其占沙地总面积的95.59%，半固定沙丘占4.12%，流动沙丘仅占0.29%。流动沙丘仅见于呼伦湖岸边及北部沙带沙垄的干旱阳向斜坡；除此之外，沙地全为固定和半固定沙丘所覆盖。呼伦贝尔沙地沙丘形态比较单一，以蜂窝状沙丘、梁窝状沙丘占绝对优势，遍布各条沙带，高度一般5 ~ 15 m，丘间多有宽达数十到数百米的广阔平地；以固定沙丘为主的灌丛沙丘，多分布在水分较好的地段，丘高一般低于5 m；呼伦湖东岸的沙地以低缓沙丘为主。由植被破坏后地表出现的小坑经风力掏蚀不断扩展形成的风蚀坑，是呼伦贝尔沙地的重要风蚀类型，在南部沙带常见风蚀深坑底部发育的百年樟子松大树，坑内灌草丰茂，是风蚀坑趋于恢复的一种标志。

呼伦贝尔沙地是呼伦贝尔草原的重要组成部分，亦为重要的牧场。草地是呼伦贝尔沙地最重要的土地利用类型，其面积占比达68.48%，林地及灌丛占28.76%；耕地占0.35%；未利用地占0.45%；水域、道路以及其他建筑用地占1.96%。

呼伦贝尔沙地景观——散落在草原上的沙丘与湖泊（丁　荣　摄）

6.3 沙地的自然条件

6.3.1 气候与水文

呼伦贝尔沙地地处西风带与东亚夏季风的过渡区，降水同时受到两大环流的影响，年均降水量250 ~ 380 mm，从东到西呈递减趋势，年均蒸发量1 100 ~ 1 630 mm，从东到西呈递增趋势；年平均气温 −2.5 ~ 0℃。由于纬度较高，蒸发量相对较小，沙地环境较为湿润。冬半年受蒙古高压控制，沙地盛行西北风，年平均风速4.5 m/s，最大风速20 m/s，全年8级以上大风日数平均30天以上。沙地春季升温较为和缓，是我国沙地中沙暴天数最少的沙地。沙地水文网主要由海拉尔河及呼伦湖两大水系构成，其中海拉尔河及其支流伊敏河、辉河、莫勒格尔河构成了沙地最大的水系，沙地河流流量比较稳定，水质良好；呼伦湖为区内最大湖泊，湖水微咸，中部湖积平原及地势低洼区域散布着许多湖、泡。地下水以沙地潜水为主，埋深多在4 m以上，水质较好。

6.3.2 土壤与植被

呼伦贝尔沙地地带性土壤有栗钙土、淡栗钙土，非地带性土壤有风沙土以及隐域性的草甸土、沼泽土和盐碱土等，其中风沙土为沙地主要土壤类型，集中分布于沙地及其外围沙质草地。

呼伦贝尔沙地属温带栗钙土干草原，植被类型具有十分明显的大兴安岭西麓山地植被与蒙古高原东部草原植被复合性特征，沙地东部冲、洪积平原为含有贝加尔针茅的羊草草原。中部湖积、冲积平原及其以西的侵蚀平原为含有羊草的针茅草原，其中中部湖积、冲积平原以大针茅、克氏针茅为主，并含有较高的羊草成分，呼伦湖南部、以西的侵蚀平原及部分湖积冲积平原虽然也以大针茅、克氏针茅为主，但冷蒿、百里香的成分较多；在辉河上游及伊敏河沿岸的沙丘及沙质平原发育有大片樟子松林，局部郁闭度可达0.6左右，林相及林下植被覆盖良好；北部沙带的沙垄阴坡及顶部亦有沙地樟子松林天然林发育，但林相较差，林内环境比较干燥，河流沿岸及滩地多有黄柳灌丛生长，沙垄阳坡植物主要为沙地锦鸡儿、蒿类等。

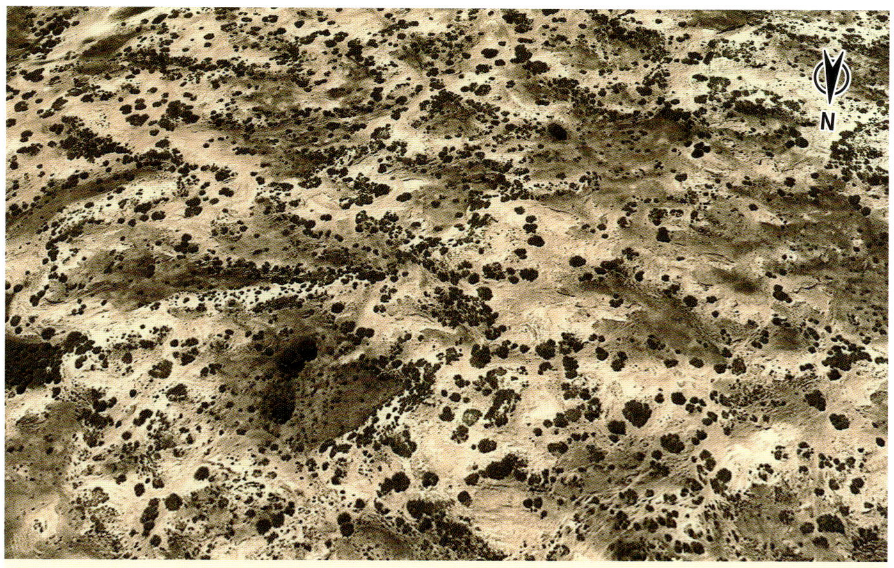

北部沙带半固定沙梁上的樟子松

北部沙带的一条沙梁，梁顶生长着干燥的樟子松林，阳向梁坡多呈半固定状态，覆盖着稀疏的灌丛和禾草类植被。（李纯英　摄）

北部沙带沙梁上的樟子松林分及林窗地表状况（李纯英　摄）

沙地中部的固定沙丘

6.4 沙地环境的演变

呼伦贝尔沙地大约形成于中更新世晚期甚至更早。形成后随着气候冷暖交替及季风的频繁进退，沙地环境经历了多次扩展与收缩的正逆旋回。末次冰期，特别是末次冰盛期，植被退缩，沙丘全面活化，流沙漫延，沙地界线向外扩展了数十千米，南北两条沙带之间全为流沙占据，沙地环境呈现荒漠草原景观。晚更新世末期以来，沙地经历了4个正逆发展旋回，其中晚更新世末-全新世初，随着气温回升和降水增加，沙地普遍发育了土壤化程度较弱的沙质土壤。全新世中期的大暖期，沙地植被繁茂生长，流沙完全固定，进入生草成壤的最盛期，沙地环境呈现干草原—森林草原景观。全新世晚期以来，气候波动频繁，在大约距今3 000 ~ 2 500、1 400 ~ 1 000年间，沙地先后出现过短暂的风沙堆积过程，沙地植被中蒿、藜类植物成分有所增加。在前后两个风沙堆积过程之间，则以植被恢复及土壤化过程为特征的沙地逆向发展过程为主。

南部沙带中分布着团块状樟子松林，林下草被茂盛，沙丘固定。

7 科尔沁沙地

“科尔沁”为历史上蒙古族部落名，科尔沁沙地因地处该部落领地而得名。沙地位于西辽河平原，大兴安岭呈东北-西南走向横亘于沙地西北部，燕山余脉七老图山和努鲁尔虎山紧密相接，合围在沙地西部的东南及南部，使沙地西半部处于一个半闭合环境，沙地东部和北部为开阔平坦的西辽河平原及松嫩平原。沙地分布区地理坐标42°33′15″～45°44′26″N，117°48′12″～124°29′01″E，分布区面积66 311.34km^2，其中沙地面积35 077.07km^2，为我国第二大沙地。沙地的行政区划涉及内蒙古自治区、吉林省和辽宁省的8盟（市）22个县（旗）187个乡（镇、苏木），其中内蒙古境内分布面积占沙地总面积的86.42%，吉林和辽宁分别占12.26%和1.32%。

7.1 地质构造与地貌

科尔沁沙地所处的西辽河流域构造上属松辽沉降带的西部，在第三纪构造下沉的基础上，第四纪早更新世-中更新世又经历了缓慢及强烈下沉，接受了深厚的松散沉积物，第四系沉积厚度100～200m，其中中更新统厚度达90m。到晚更新世，沉降构造趋稳后流域又出现微弱抬升，一方面造成西辽河诸支流侵蚀下切，发育了一级河流阶地，并塑造了辽阔的西辽河平原；另一方面构造抬升又导致河湖相沉积层的出露，由单纯沉积过程转为水力侵蚀伴有风蚀和风沙沉积过程。

▼ 科尔沁沙地及其周边卫星影像

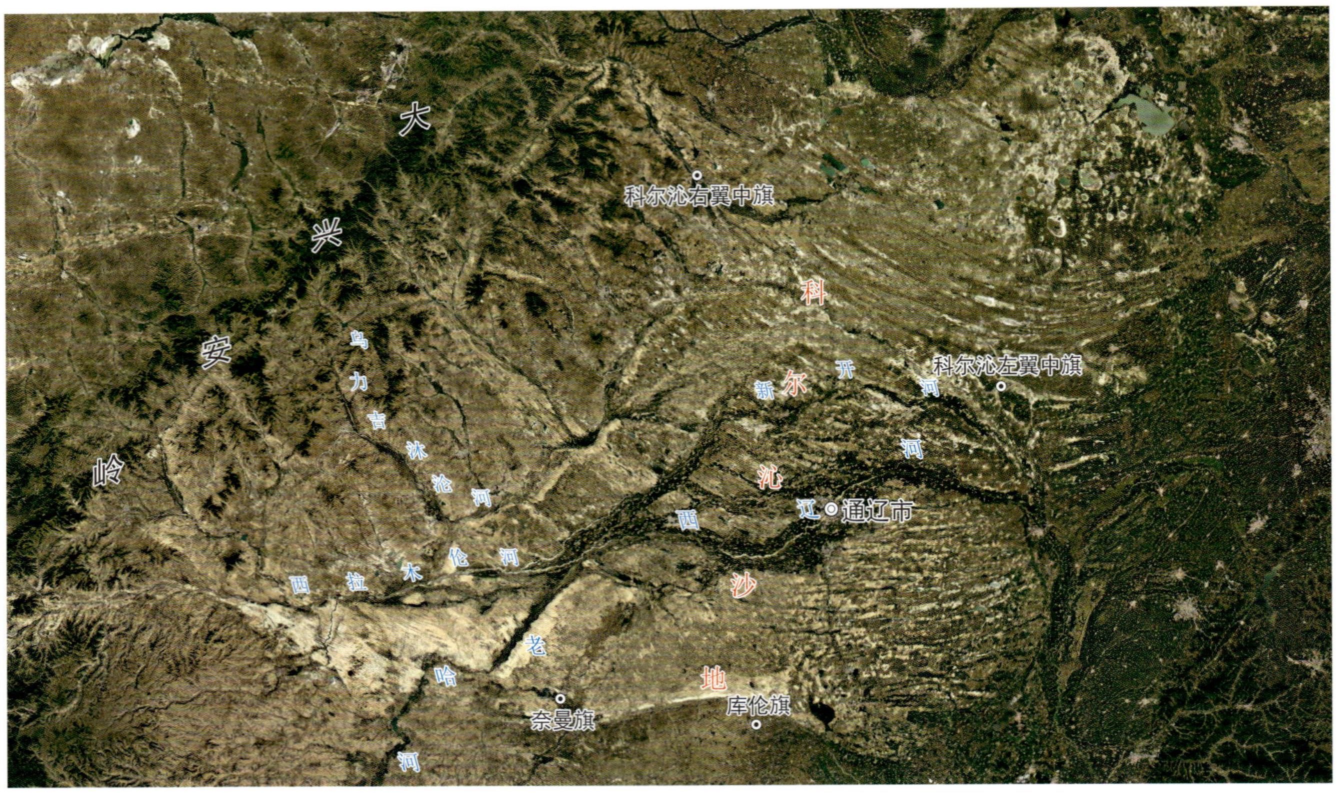

西辽河流域处于蒙古高原向东北平原的过渡地带，西部和西北部为砂砾石、角砾岩等混杂堆积的大兴安岭山前冲洪积台地，地势分别向东和东南倾斜；南部为黄土覆盖的燕山山脉东延低山丘陵与台地，地势自东南向西北倾斜；东部为地势平坦的河流冲积平原。流域地势总体由西向东倾斜，海拔从西部山地的800m左右下降至东部平原的120m。科尔沁沙地展布在西辽河诸支流的河谷地带、山前冲积台地及下游的冲积平原。西辽河诸支流从西部山地到东部平原将整个沙地网络其中。

▼ 科尔沁沙地及其周边数字高程地貌图　0　24.5　49.0 km

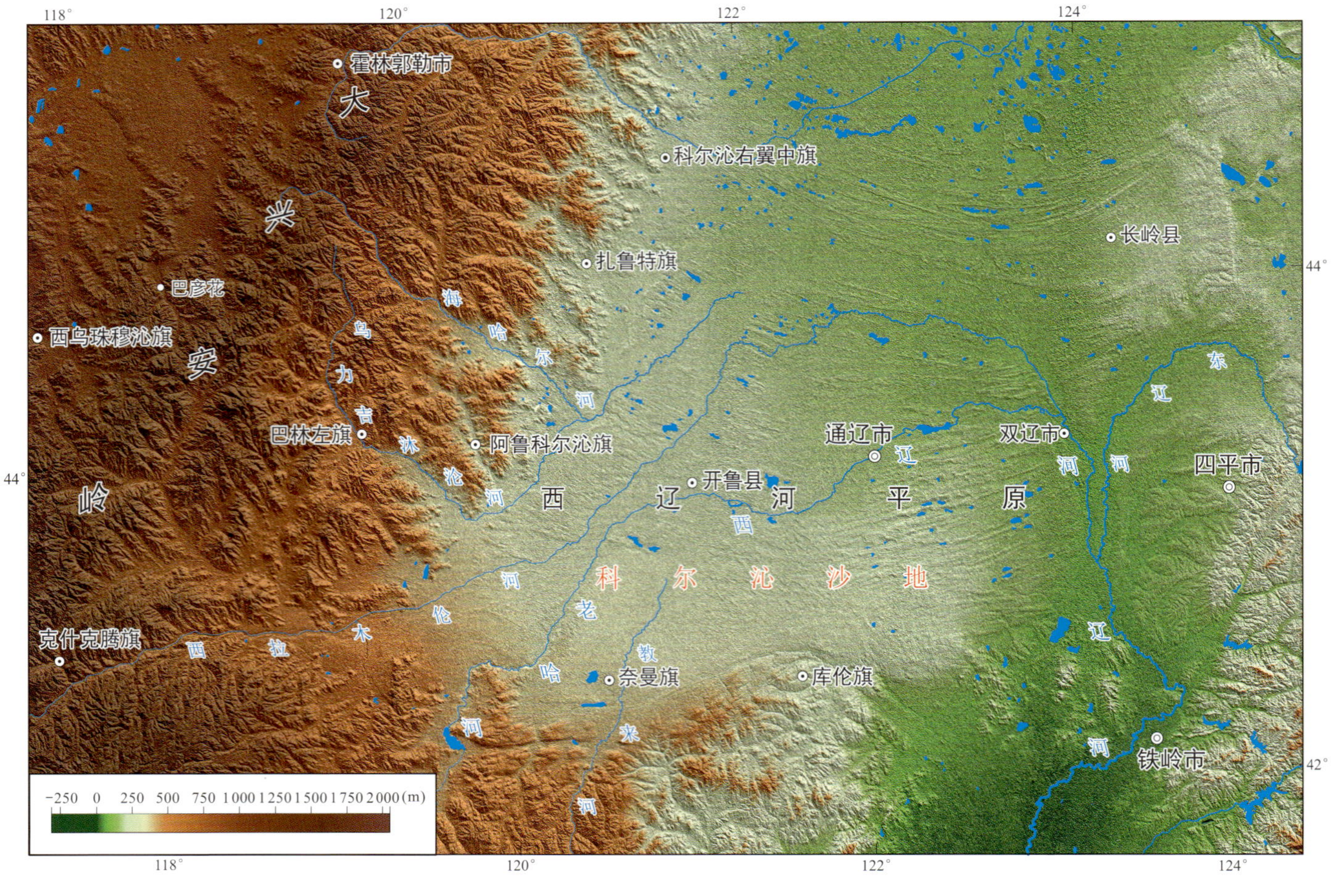

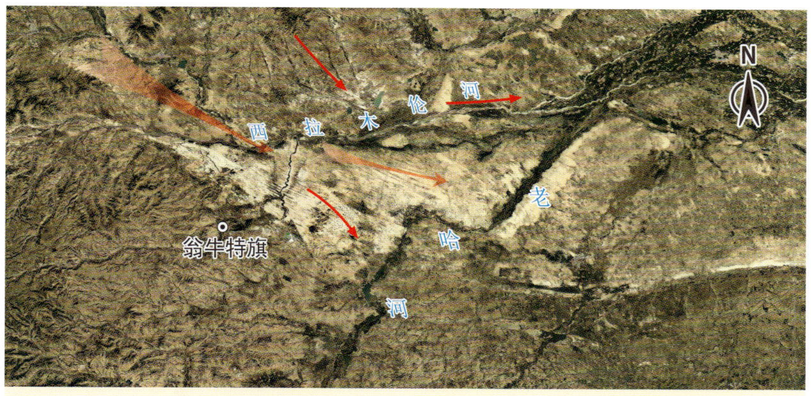

受西北向蒙古高压的强烈影响，科尔沁沙地的流动沙丘主要分布在大兴安岭东麓的河流宽谷及冲积平原。

在西北气流作用下，流沙沿着乌力吉沐沦河支流海哈尔河河谷向东南移动。

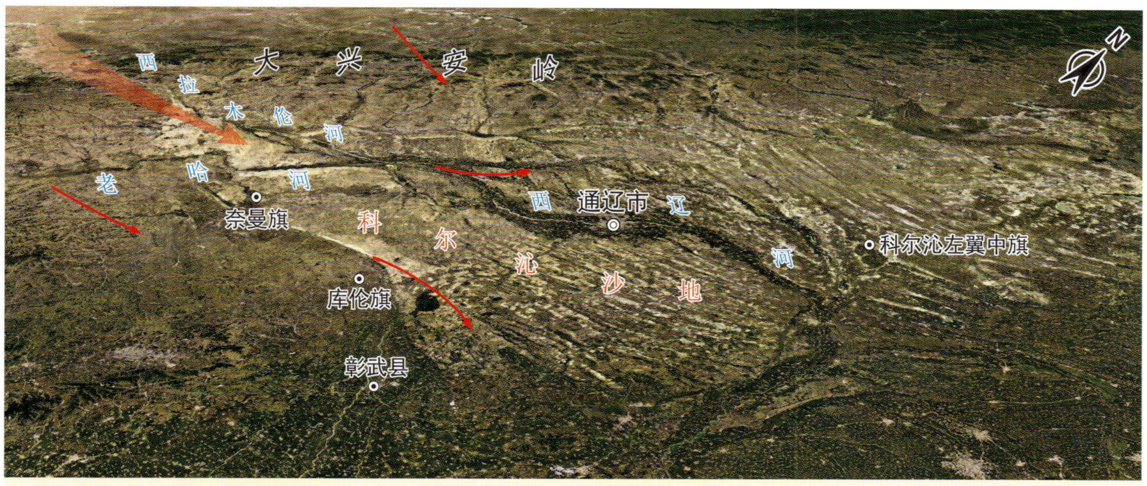

科尔沁沙地的带状轮廓形态既表明其形成与大兴安岭密切相关，也与穿越西拉木伦河谷的蒙古高压出岭后的扩散关系密切，两者的结合使科尔沁沙地的形成与发展既有丰富的物源及搬运动力（主要是水力），又为多样风沙地貌的形成提供了营力（风力）。

7.2 沙物质来源及风沙地貌特征

第四纪以来，除晚更新世曾有微弱抬升外，科尔沁沙地一直处于持续下沉状态，接受了深厚的疏松沉积物，沉积厚达100～200 m，并以中沙、细沙、粉沙构成的中更新统为主，这些丰富的疏松物成为沙地形成与发展的主要物源；西辽河上游山地风化剥蚀物经流水搬运，沉积于河流两岸或山前平原，亦为沙地提供了重要沙源；松嫩平原的湖相沉积物为沙地北部的风沙地貌提供了主要物源；大兴安岭山前堆积的冲积、洪积物是沙地西北部风沙堆积的主要来源。

▼ 科尔沁沙地沙丘形态类型图

科尔沁沙地是以固定沙丘占绝对优势的沙地，半固定沙丘和流动沙丘所占比重较小。其中：固定沙丘占沙丘总面积的91.80%，半固定沙丘占4.82%，流动沙丘仅占3.38%。受穿越西拉木伦河谷的蒙古高压影响，流动沙丘主要分布在沙地西部的河流上游宽谷及山前台地，其中西拉木伦河与老哈河交汇处的三角洲地带分布最为集中，诸河流右岸及部分河段两侧呈条带状或集中连片分布；流动沙丘形态多为新月型沙丘及沙丘链，高度一般5～10 m，高者可达20～30 m。半固定沙丘主要分布在沙地西部西拉木伦河与教来河之间的台地、柳河以北及通辽东南的湖积平原，在沙地西北部沿海哈尔河河谷呈集中分布。受风力扩散减小及水分条件较好的影响，固定沙地主要分布在沙地中、东部的广大区域。在东部湖积平原区，固定、半固定沙丘多与丘间平地、湖沼呈带状相间分布，其东西向排列大体与控制风向平行。固定、半固定沙丘以梁窝状沙丘为主，沙垄次之。梁窝状沙丘多呈波状起伏，高度一般5～10 m，部分小于5 m。沙垄主要分布于沙地北部及西北部的河谷地带，多为复合型垄丘状，高度一般小于5 m，其走向亦与控制风向一致，且多呈固定状态。

科尔沁沙地植被覆盖良好，为科尔沁草原的重要组成部分，沙地中东部的农业垦殖历史久远。范围内土地利用类型具有典型的农牧交错地带特征：草地面积最大，占34.24%，其次为耕地，占31.29%，林地及灌丛占28.04%，其他地类占6.43%。

沙地东部湖积平原的沙丘具有典型的“坨甸相间”分布的特征——凸起的沙梁与凹陷的低湿地和水泡构成的丘间低地相间平行分布。

沙地西北部老哈河东南岸的流动沙丘与固定、半固定沙丘交错分布。

在下游平原，老哈河两侧的风沙地貌——上风向一侧河岸的风蚀风积交替分布，下风向的一侧风积更为明显。

科尔沁沙地西部景观。受蒙古高压影响，流动及半固定沙丘主要分布在沙地西部。

（孙 涛 摄）

7.3 沙地的自然条件

7.3.1 气候与水文

科尔沁沙地地处东亚季风区，为温带半干旱大陆性季风气候。沙地年均降水量340～500 mm，年均蒸发量1 500～2 500 mm，年均气温5.2～6.4℃，沙地环境比较湿润。受蒙古高压影响，冬半年盛行西风和西北风，年均风速3.5～4.5 m/s，冬半年大风日数占全年的68.0%～80.5%。

科尔沁沙地水资源较为丰富。地表水系主要为西辽河及其支流西拉木伦河、老哈河、教来河、新开河、乌力吉沐沦河等，年径流总量22亿m^3，径流主要集中在汛期，且年际变化幅度较大。沙地东部平原区湖、泡十分发育，总数达上百个。大部分区域地下水埋深1～4 m，矿化度500～1 000 mg/L，水质较好。

科尔沁沙地中的沙湖（丁　荣　摄）

7.3.2 土壤与植被

科尔沁沙地的地带性土壤主要是栗钙土、暗棕壤及黑垆土。栗钙土主要分布在西拉木伦河流域及新开河以北区域，暗棕壤主要分布在南部低山丘陵。非地带性土壤主要有风沙土、草甸土和沼泽土，风沙土广布沙丘集中分布区域，草甸土和沼泽土主要分布在地势低洼的滩地和湖沼地。

科尔沁沙地的地带性植被受地形影响较大。西部低山丘陵及河谷主要为含有多种杂草的羊草草原；南部台地为白羊草、黄背草草原；沙丘覆盖的侵蚀平原及湖积平原主要为沙地锦鸡儿、蒿类及灌木柳为主的灌丛草原，植物种主要有锦鸡儿、黄柳、差巴嘎蒿、东北木蓼等。榆树疏林草原是沙地具有特色的植被类型，呈不连续的斑状分布在沙地北部、通辽以南及西拉木伦河与老哈河之间的沙丘、丘间地及沙质平地。

流动沙丘背风坡多为沙米、灌木柳，丘间地则以灌木柳、蒿类居多。（咎国盛　摄）

沙地北缘的沙地榆树疏林，密度较大，林相较好，树体也比较高大。（杨维西　摄）

7.4 沙地环境的演变

科尔沁沙地形成于中更新世，后随气候的干湿变化，历经了多次正逆旋回。晚更新世，沙地在距今10万～7万年经历了一段较强的逆 过程之后，便进入以强烈发展为主的正过程。末次冰期，特别是距今2.2万～1.3万年前的末次冰盛期，沙地植被退缩，流沙漫延，沙地范围分别向南、北扩展了数十千米，是沙地形成以来正过程最强烈、沙地范围最大的时期。进入全新世后，气候转暖，降水增加，植被恢复，流沙固定，沙地进入生草成壤时期，普遍形成了2～4层发育程度不同的古土壤。特别是全新世大暖期，流动沙丘全被固定，沙地发育的黑色沙质古土壤，土壤化程度很高、厚度较大。全新世，由于东亚季风的频繁进退，沙地总体呈现沙漠逆过程的同时，也曾出现数次历时短暂、风沙活动较弱的沙漠正过程。多层弱发育古土壤与风成沙交替出现的情景显示，全新世晚期以来，科尔沁沙地总体处于较弱的土壤化时期。

地处北方农牧交错带的科尔沁沙地，近几百年间农耕活动不断向沙地草原推进，20世纪初以来，推进速度及规模呈加剧趋势。大面积的沙地被垦为农田，特别是以过量提取地下水维持的农垦活动，已经导致区域地下水位持续下降。从长远看，这种大规模垦殖农耕导致的区域水资源持续透支状况终将难以持续，或在孕育着潜在的生态风险。

第四部分

其他零散分布的沙漠沙地

在我国的沙漠中，除了前述的18个沙漠、沙地之外，在青藏高原、蒙新高原的一些河流沿岸、湖泊周边还零散分布着一些片状、带状沙漠或沙地。

1 雅鲁藏布江河谷沙地
2 青海湖滨沙地
3 阿克别勒沙漠
4 黑河中游的沙带
5 塔克莫乎尔沙漠

1　雅鲁藏布江河谷沙地

沙地主要分布在西藏雅鲁藏布江中游的大竹卡、泽当、加查及上游仲巴等宽谷河段，东西断续绵延达上千千米，沙地总面积2 648.50 km^2。沙地沿雅江河谷呈间断分布，其中曲水—桑日间河谷较宽，沙丘分布相对较为集中。雅江中游河谷总体呈东西走向，与西偏北向的盛行风风向大体相近，河谷宽处可达10～30 km，有利于风沙活动。沙丘主要分布在河漫滩及河谷两侧冲积平原，部分平缓河段的江心洲亦有分布，在中游宽谷地段由于河流走向与盛行风向夹角较大，以及山谷风的作用，沙丘可分布到下风向一侧山坡，一般可爬到谷坡100 m左右。冬半年强风将沙粒送上山坡，为风沙活动的正过程，夏半年的降水常使流沙向下滑动，保持了流沙分布的相对平衡。

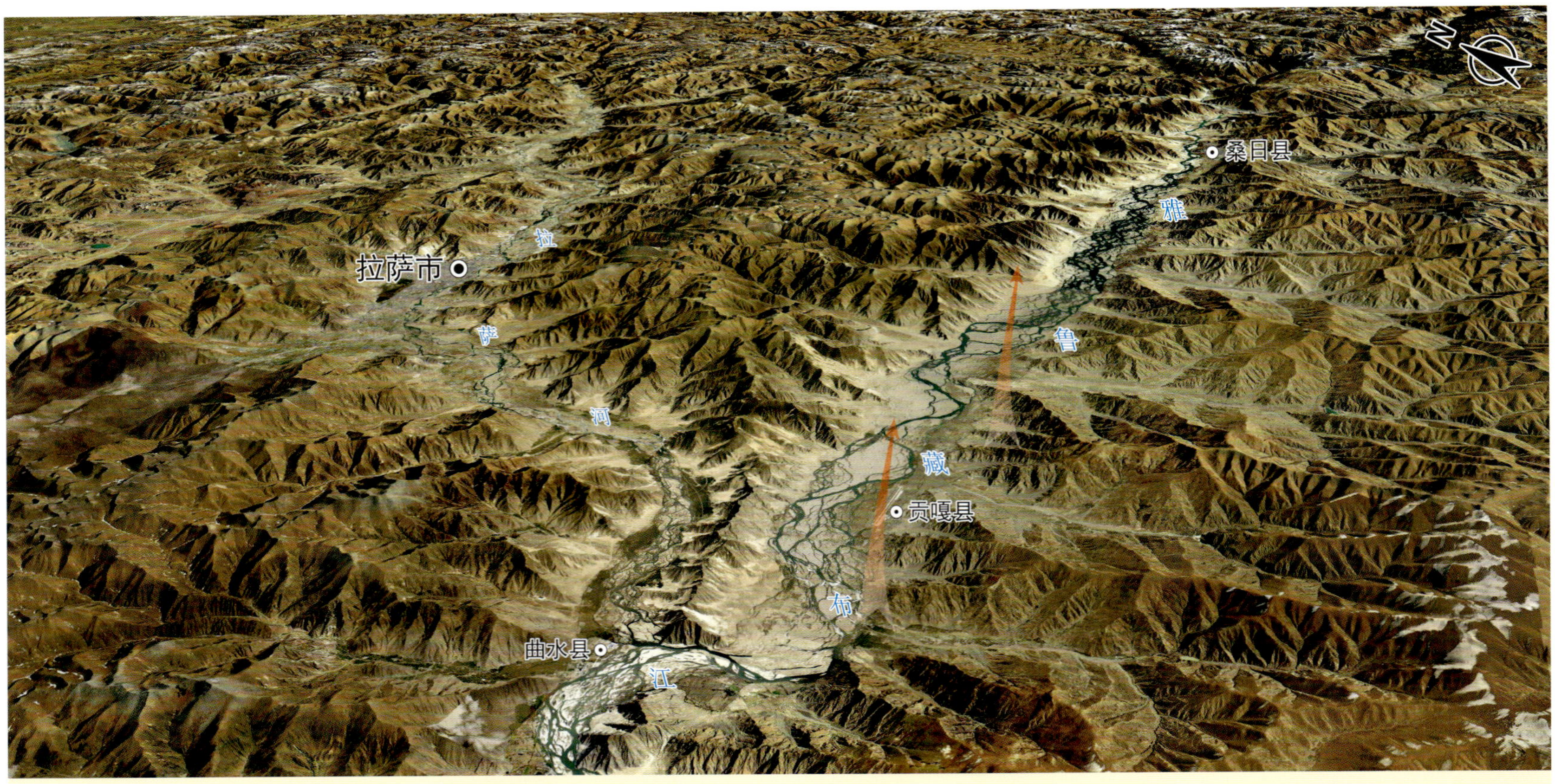

雅江河谷沙地主要分布在雅鲁藏布江中游宽谷地段，尤以曲水－桑日县之间分布最为集中，受西偏北向冬季风影响，雅鲁藏布江中游河谷的沙丘主要分布在河流下风向的左岸山坡上。

覆盖在拉萨河与雅鲁藏布江汇流处山坡上的流沙

雅江上游马泉河宽河谷上的新月形沙丘（仲巴县西）

沙地的物源主要是河流的冲积物，河谷两侧的山前冲积扇及江心沙洲也是沙地的物源之一。沙丘形态以新月形沙丘、沙丘链为多，丘高一般低于10 m，最高可逾50 m。流动沙丘占80%以上，在上游马昊河谷边缘冲积扇及低山丘陵有半固定沙丘分布。沙地分布区年均降水量280～498 mm，中游河谷地带性植被为干河谷灌丛草原，主要有狼牙刺灌丛、小蓝雪花灌丛，上游河谷多锦鸡儿灌丛。

在山谷风的推动下，流沙一般可爬至100 m左右的高度。

雅江中游河谷的流沙（扎囊县桑耶寺）（王　宁　摄）

2　青海湖滨沙地

青海湖滨沙地呈片状、带状分布在湖东岸的湖滨平原至日月山西麓山前倾斜平原及湖周浅水湖底。其中从干子河口向南经海晏湾、到满隆山北麓一带为沙丘集中分布区。此外，在湖西北岸的布哈河、红柳河河口三角洲及湖东南约40 km处的倒淌河上游，亦有片状沙丘分布，沙地总面积694.86 km^2。

沙地以流动沙丘为主，沙丘形态以新月形沙丘、沙丘链为主，一般丘高10～20 m。在满隆山前的湖滨平原金字塔沙山呈链状分布，最高可达150 m以上。沙地物源主要为第四纪湖相沉积物及河流冲积物，尤以湖西北的布哈河口贡献最大。河口沉积物被冬季风吹扬到湖泊东南，遇日月山阻挡后沉降堆积为各种形态

青海湖滨沙地主要分布在湖泊东岸与日月山前的湖滨地带，另在湖东南的倒淌河上游（影像右下角），亦有片状分布。

▼青海湖及周边数字高程地貌图

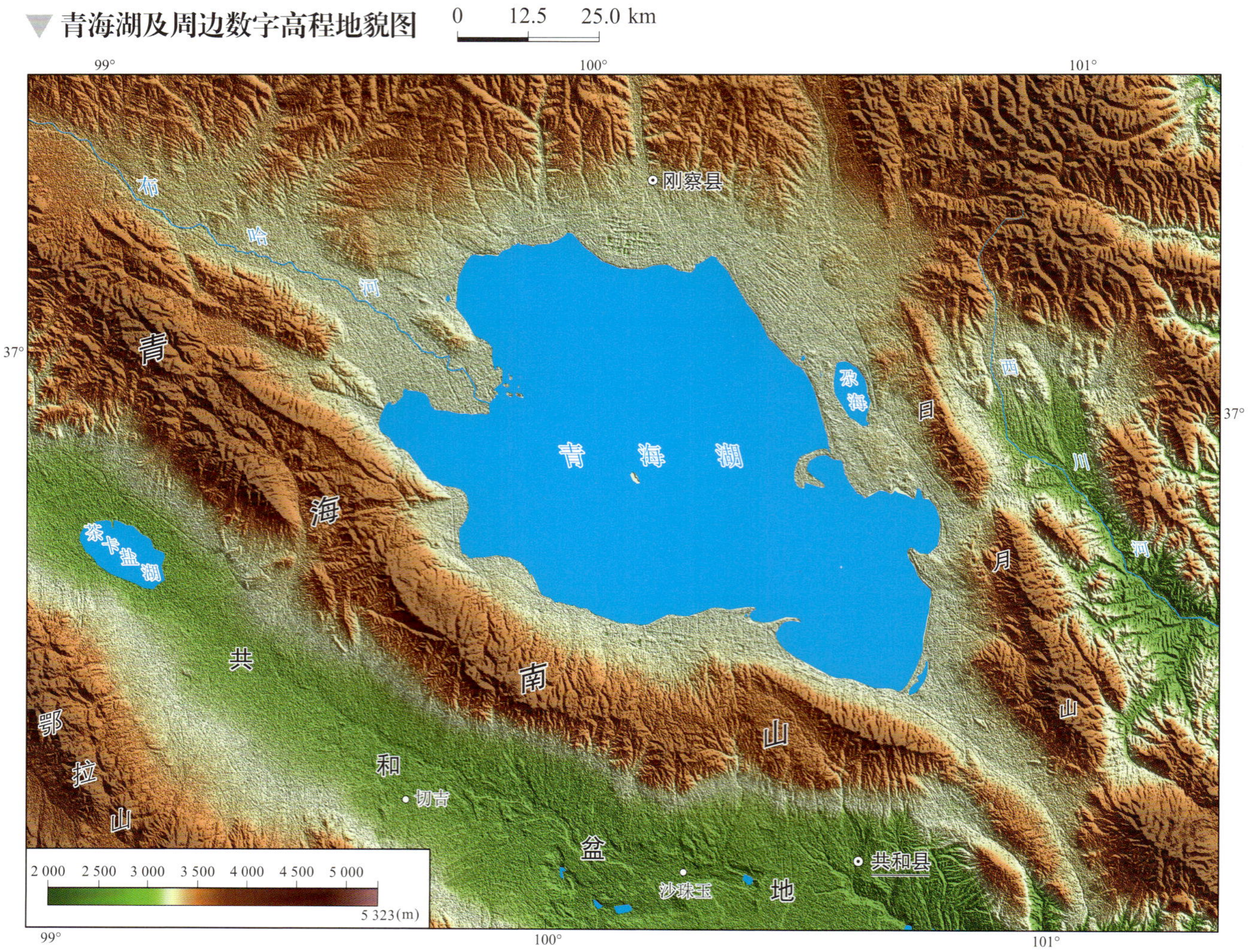

青海湖滨的流动沙丘（张胜邦　摄）

的沙丘，特别是冬季湖面封冻之后，光滑的冰面成为风沙流动的最好通道。湖滨现代沙丘可能形成于全新世初期曾出现的高湖面退缩之后。

沙地平均海拔3 300 m，年均降水量约300 mm，年均蒸发量约2 000 mm，冬半年盛行西北风和偏西风，风力强劲，地带性植被为以针茅类为主的温性草原，沙地植物主要有籽蒿、沙地柏、中麻黄等。

▼青海湖东岸沙丘是湖滨沙地的主体分布区

西北向冬季风让流沙一直覆盖到日月山西麓的丘陵山地上，受东南部围限地形影响，在山前倾斜平原形成了一条高大的金字塔沙山带。

3　阿克别勒沙漠

阿克别勒沙漠位于新疆焉耆盆地的博斯腾湖东侧及东南侧，亦称博斯腾湖滨沙漠。沙漠从湖岸南侧——东侧沿湖滨平原绕湖分布，其中以湖泊南侧沙丘分布最为集中，沙漠总面积993.28 km^2。焉耆盆地是一个新生代山间盆地，发源于天山山脉的开都河为盆地带来了大量的风化剥蚀物，在湖盆底部形成了深厚的第四系沉积层，在盛行西北风的作用下，成为沙漠的主要物源；此外，环绕盆地周边的山前冲积扇也为沙漠提供了大量的物源。

焉耆盆地年均降水量76 mm，年均蒸发2 000 mm，为极旱荒漠，沙漠以流动沙丘为主。

▼ 阿克别勒沙漠及其周边卫星影像

▼ 博斯腾湖及其周边数字高程地貌图　0　15　30 km

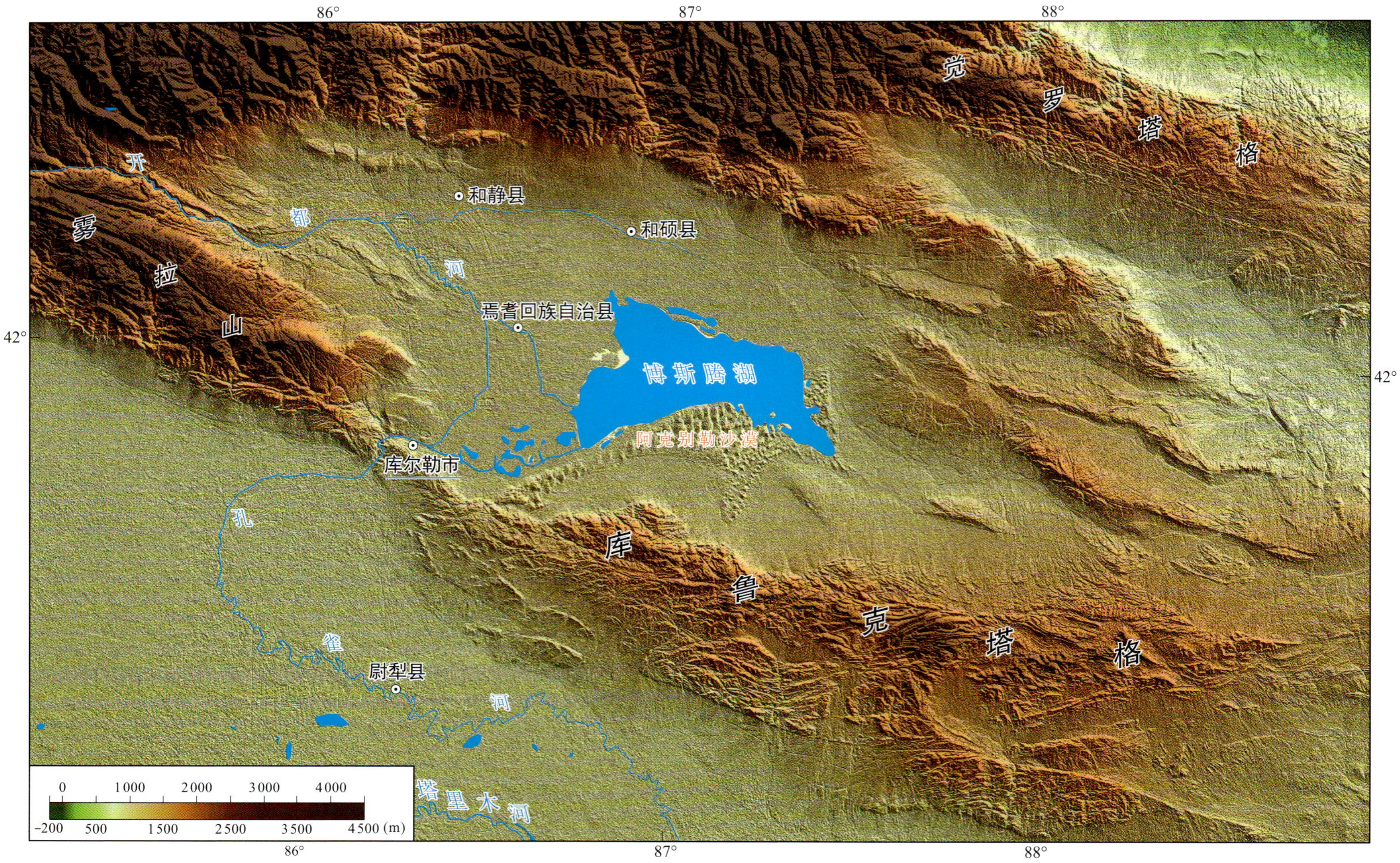

▼ 阿克别勒沙漠沙丘形态类型图　0　19.5　39.0 km

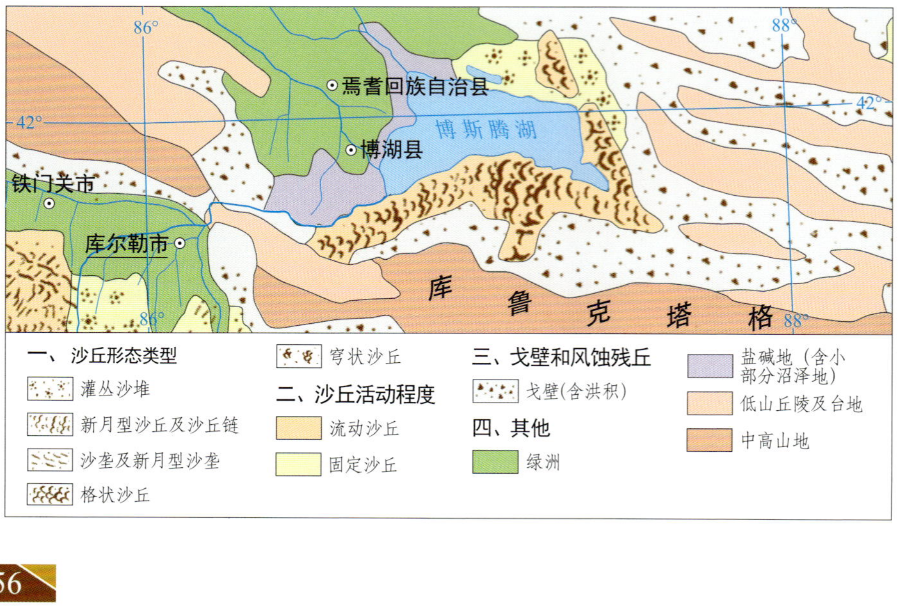

受西北向盛行风影响，阿克别勒沙漠主要分布在博斯腾湖东南侧及东侧湖滨，卫星影像为博斯腾湖南侧湖滨平原上的沙带。

4 黑河中游的沙带

黑河中游的沙带，主要分布在河西走廊黑河干流的高台、肃北及其支流讨赖河下游的金塔等地的山前平原、河流阶地与湖盆滩地，总面积约4 771.70 km^2。沙带物源主要来自山前戈壁、河湖沉积物、干河床堆积物等。

区域年均降水量约100～118 mm，年均蒸发量1 900～2 500 mm左右，地带性植被为红砂、泡泡刺灌丛荒漠。盛行风向为西北风，流动沙丘约占80%，沙丘形态多为新月形沙丘链，丘高小于10 m。占比较小的固定、半固定沙丘主要为白刺或柽柳沙堆，堆高一般3～5 m。黑河高阶地上的沙丘较为平缓，植物以籽蒿、骆驼刺等为主。

▼ 黑河中游沙带分布区卫星影像

黑河中游的沙带分布在河西走廊中部的山前冲积平原，主要由黑河、讨赖河等河流的冲积物及山前戈壁带的疏松物经风力吹蚀堆积形成，沙丘多为流动状态。

5 塔克莫乎尔沙漠

塔克莫乎尔沙漠位于新疆霍城中哈边境霍尔果斯河以东我国境内，主要覆盖在伊犁河北侧向南倾斜的河流阶地上，为伊犁河及其支流冲洪积物经偏西向冬季风吹扬风积而成。沙漠总面积210.35 km^2，被河流及其河流沿岸绿洲分割为多个南北向沙带，几乎均为固定、半固定沙丘（99.6%）。

此外，在青藏高原局地的河谷沿岸、湖泊周边及内蒙古河套平原的乌梁素海东侧等处也有片状、带状零星沙地分布，其物源主要来自河流、湖盆沉积物及河流两岸谷坡、湖盆周缘山前冲积扇的疏松堆积物，在盛行冬季风吹扬下，于河湖下风向一侧的河岸或湖滨，形成连片起伏的沙丘。

▼塔克莫乎尔沙漠卫星影像

此外，在青藏高原及河套平原的一些河岸湖滨及冰川前沿也分布有小片沙地或沙丘。

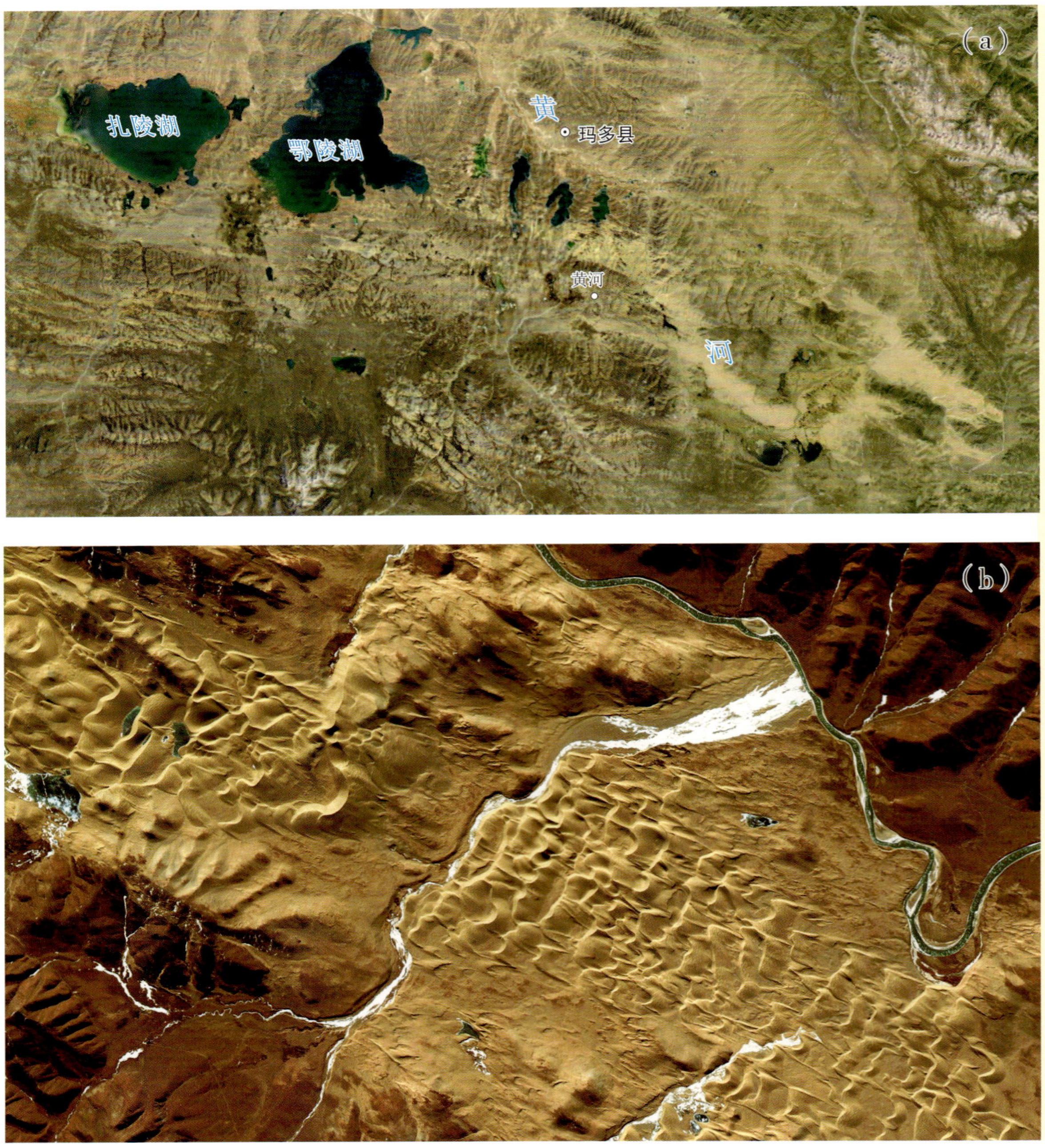

黄河上游沙地主要分布在鄂陵湖东南（a）的黄河沿岸（b），为河流冲积沙经风力作用而成，沙丘类型以新月形沙丘及沙丘链为主。

长江北源楚玛尔河上游叶鲁苏湖（多尔改错）湖滨的新月形沙丘

▼**河套平原东端的乌梁素海湖滨沙地**

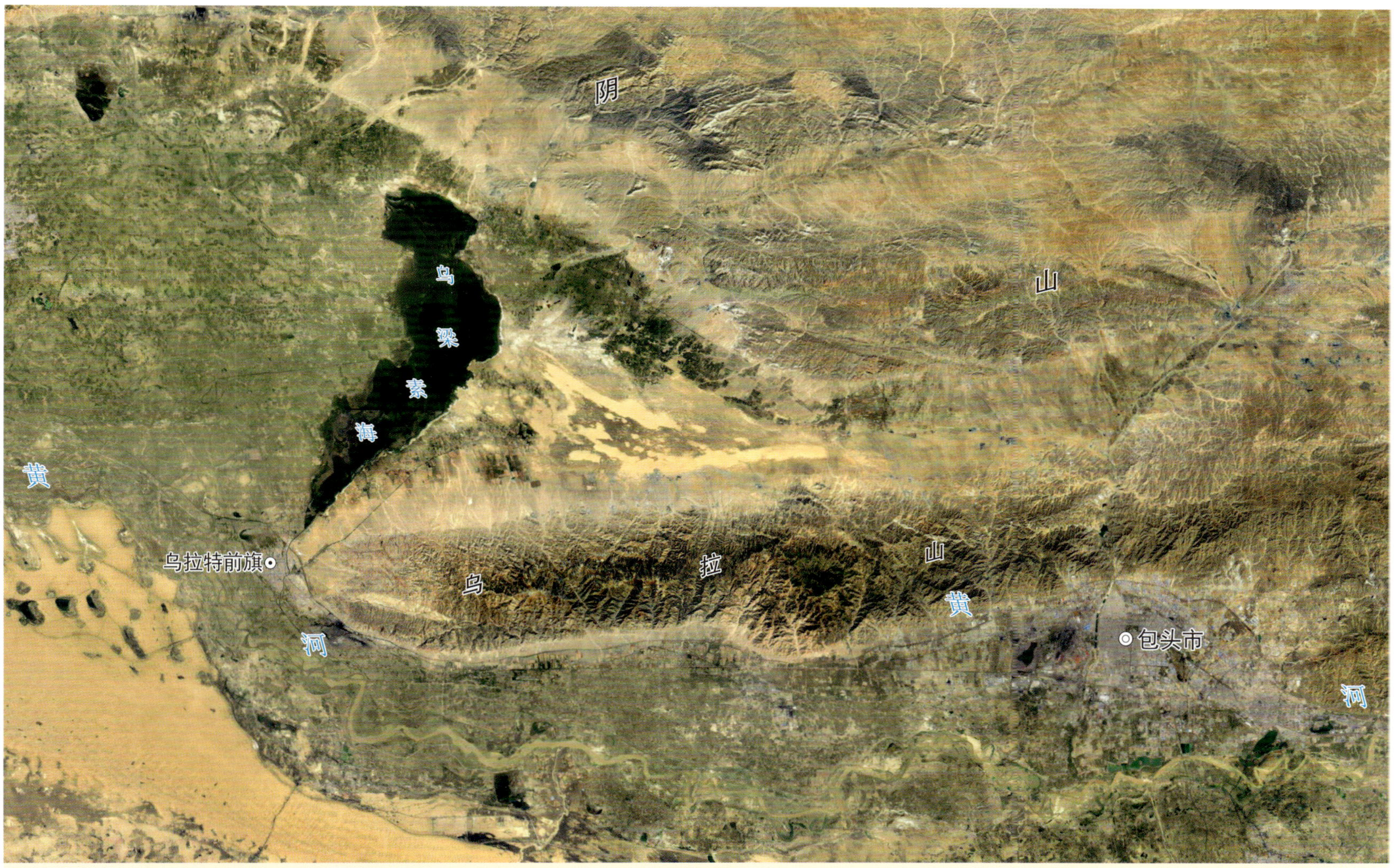

乌梁素海位于河套平原东缘，由黄河古道的河迹湖发育而成，沙地展布在湖泊东侧的湖滨及其以东地带，系由河湖相沉积及来自两侧山地的风化冲积物经偏西向冬季风吹扬堆积而成。由于南北两侧乌拉山和大青山走向形成渐趋变窄的夹持地形，导致风力强劲，使沙地在离湖滨较远处保持了较大比例的流动沙丘。

普若岗日冰川前缘海拔5 300m左右的山坡，分布着一片新月形沙丘，这可能是地球上已知分布海拔最高的沙丘。

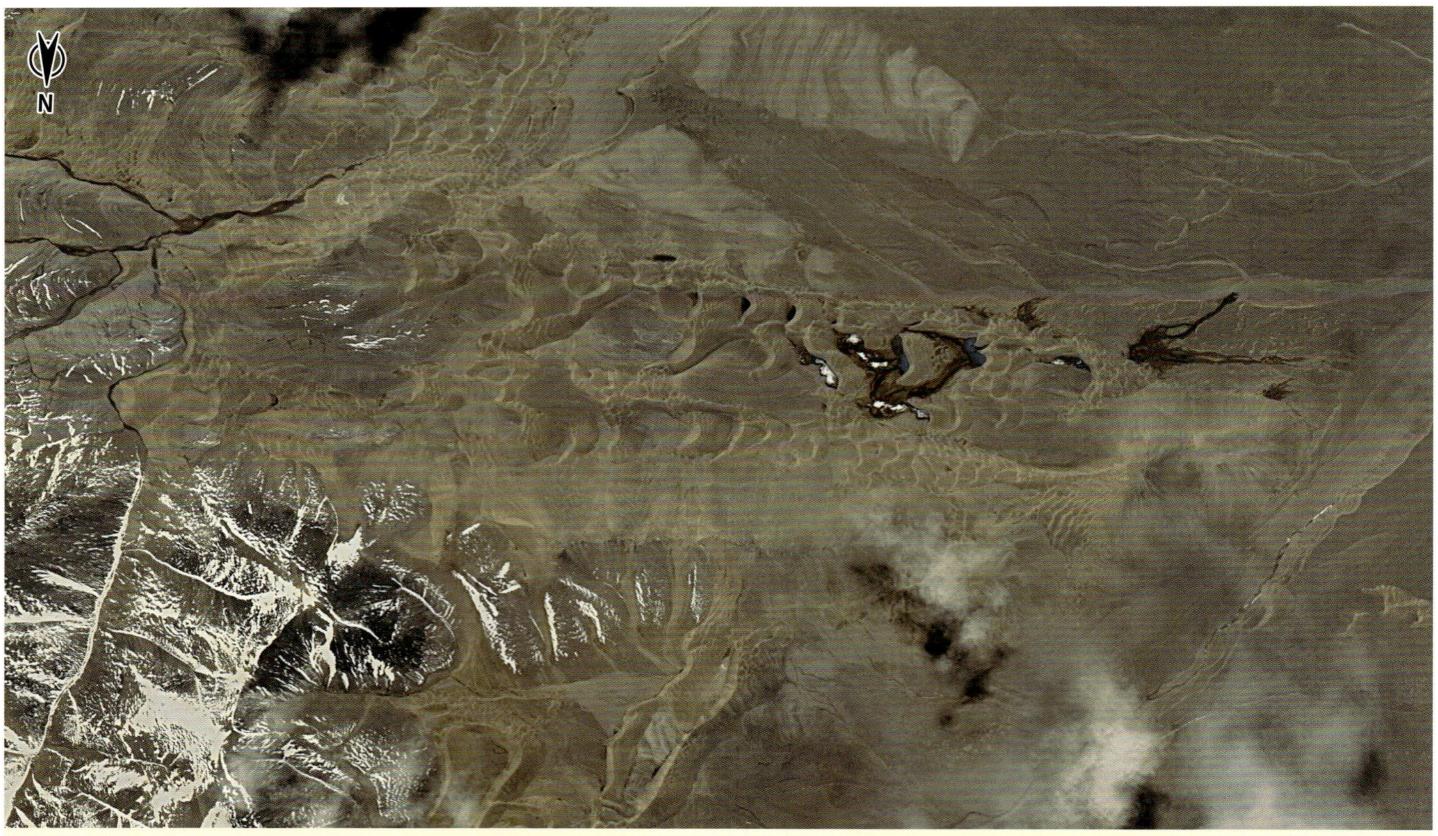

普若岗日冰川下部海拔5 300 m左右的新月形沙丘（细部）

主要参考文献

吴正. 2009. 中国沙漠及其治理. 北京：科学出版社 .

朱震达 ，吴正 ，刘恕. 1980. 中国沙漠概论. 北京：科学出版社 .

马世威，马玉明，姚洪林. 1998. 沙漠学. 呼和浩特：内蒙古人民出版社 .

王涛. 2003. 中国沙漠与沙漠化. 石家庄：河北科学技术出版社 .

刘东生. 1985. 黄土与环境. 北京：科学出版社 .

王绍武，董光荣. 2002. 中国西部环境特征及其演变//秦大河 主编. 中国西部环境演变评估（第一卷）. 北京：科学出版社 .

施雅风. 2000. 中国冰川与环境——现在、过去和未来. 北京：科学出版社.

王永炎. 1984. 岩漠・砾漠・沙漠・黄土. 西安：陕西人民美术出版社.

杨针娘等. 2000. 中国寒区水文. 北京：科学出版社.

黄春长. 2000. 环境变迁. 北京：科学出版社.

陈隆亨，李福兴等. 1998. 中国风沙土. 北京：科学出版社.

郑喜玉. 2002. 中国盐湖志. 北京：科学出版社.

耿宽宏. 1986. 中国沙区的气候. 北京：科学出版社.

中国植被编辑委员会. 1980. 中国植被. 北京：科学出版社.

刘明光. 2010. 中国自然地理图集. 北京：中国地图出版社.

刘东生. 2004. 西北地区自然环境演变及其发展趋势. 北京：科学出版社.

附录　植物种中文名拉丁名对照表

中文名	拉丁名	中文名	拉丁名
霸王（木霸王）	*Sarcozygium xanthoxylon*	木本猪毛菜	*Salsola arbuscula*
白刺	*Nitraria tangutorum*	柠条	*Caragana korshinskii*
白桦	*Betula platyphylla*	泡泡刺	*Nitraria sphaerocarpa*
白梭梭	*Haloxylon persicum*	匍匐水柏枝	*Myricaria prostrata*
白羊草	*Bothriochloa ischaemum*	青藏苔草（硬叶苔草）	*Carex moorcroftii*
百里香	*Thymus mongolicus*	沙地柏	*Sabina vulgaris*
贝加尔针茅	*Stipa baicalensis*	沙地锦鸡儿	*Caragana davazamcii*
本氏针茅	*Stipa capillata*	沙地榆树	*Ulmus pumila* var. *sabulosa*
冰草	*Agropyron cristatum*	沙地云杉	*Picea mongolica*
草麻黄	*Ephedra sinica*	沙冬青	*Ammopiptanthus mongolicus*
糙隐子草	*Cleistogenes squarrosa*	沙拐枣	*Calligonum* spp.
草原锦鸡儿	*Caragana pumila*	沙蒿	*Artemisia desertorum*
差巴嘎蒿	*Artemisia halodendron*	沙棘	*Hippophae rhamnoides*
长芒针茅	*Stipa bungeana*	沙芥	*Pugionium cornutum*
柽柳（红柳）	*Tamarix* spp.	沙柳	*Salix psammophyla*
川青锦鸡儿	*Caragana tibetica*	沙米（沙蓬）	*Agriophyllum squarrosum*
刺沙蓬	*Salsola ruthenica*	沙木蓼	*Atraphaxis frutescens*
大针茅	*Stipa grandis*	沙生针茅	*Stipa glareosa*
垫状驼绒藜	*Ceratoides compacta*	沙竹	*Psammochloa mongolica*
蝶果虫实（棉蓬）	*Corispermum patelliforme*	莎草	*Cyperus rotundus*
短花针茅	*Stipa breviflora*	山杨	*Populus davidiana*
多枝柽柳	*Tamarix ramosissima*	绳虫实（棉蓬）	*Corispermum dedinatum*
灌木柳	*Salix saposhnikovii*	四合木	*Tetraena mongolica*
蒿类	*Artemisia* spp.	梭梭	*Haloxylon ammodendron*
蒿叶猪毛菜	*Salsola abrotanoides*	驼绒藜	*Ceratoides latens*
合头草	*Sympegma regelii*	乌柳	*Salix cheilophila*
褐沙蒿	*Artemisia halodendron*	狭叶锦鸡儿	*Caragana stenophylla*
红砂（琵琶柴）	*Reaumuria soongorica*	细弱隐子草	*Cleistogenes gracilis*
胡杨	*Populus euphratica*	小角柱花（小蓝雪花）	*Ceratostigma minus*
花棒	*Hedysarum scoparium*	小叶锦鸡儿	*Caragana microphylla*
黄背草	*Themeda triandra* var. *japonica*	小针茅	*Stipa klemenzii*
黄柳	*Salix gordejevii*	绣线菊	*Spiraea salicifolia*
灰杨	*Populus pruinosa*	盐柴	*Salsola* spp.
芨芨草	*Achnatherum splendens*	盐爪爪	*Kalidium foliatum*
假木贼	*Anabasis* spp.	眼子菜	*Potamogeton distinctus*
碱蓬	*Suaeda glauca*	羊草（碱草）	*Leymus chinensis*
锦鸡儿	*Caragana* spp.	杨柴	*Hedysarum mongolicum*
克氏针茅	*Stipa krylovii*	隐子草	*Cleistogenes* spp.
昆仑蒿	*Artemisia nanschanica*	油蒿（黑沙蒿）	*Artemisia ordosicaa*
赖草	*Leymus secalinus*	榆树（白榆）	*Ulmus pumila*
狼毒	*Stellera chamaejasme*	圆头蒿（籽蒿）	*Artemisia sphaerocephala*
狼牙刺	*Sophora viciifolia*	藏锦鸡儿	*Caragana tibetica*
冷蒿	*Artemisia frigida*	樟子松	*Pinus sylvestris* var. *mongholica*
藜类	*Chenopodium* spp.	针茅类	*Stipa* spp.
芦苇	*Phragmites australis*	针茅	*Stipa capillata*
罗布麻	*Apocynun venetum*	中麻黄	*Ephedra intermedin*
骆驼刺	*Alhagi sparsifolia*	猪毛菜	*Salsola collina*
麻黄	*Ephedra* spp.	籽蒿	*Artemisia salsoliodes*
膜果麻黄	*Ephedra przewalskii*	紫花针茅	*Stipa purpurea*
绵刺	*Potaninia mongolica*		